DYNAMISCHE BIOLOGIE

Herausgegeben von Eberhard Weismann
und Andreas Bertsch

Band 2

Andreas Bertsch

Blüten – lockende Signale

Otto Maier Verlag Ravensburg

Zeichnungen: Jürgen Wirth
Typografie und Layout:
Klaus Detjen, Jürgen Wirth

Printed in Germany 1975
ISBN 3-473-35572-0

Zeichenerklärung:
▷ Dieses Zeichen im laufenden Text verweist den Leser auf die Randspalte, die Erläuterungen, Worterklärungen, Bildhinweise und Literaturangaben enthält.
□ Hiermit werden auf der Randspalte Bilderläuterungen gekennzeichnet.
♂ Blaue Farbe und dieses Zeichen stehen in allen grafischen Darstellungen für »männlich«.
♀ Rote Farbe und dieses Zeichen stehen in allen grafischen Darstellungen für »weiblich«.

Inhalt

Notwendige Vorbemerkungen, die man nicht überspringen sollte

Jedes Jahr im Herbst und Winter sterben unzählige Pflanzen und Tiere den Kältetod. Eine große Zahl Lebewesen wird von hungrigen Tieren gefressen oder wird von Krankheit befallen und stirbt. Vergänglichkeit ist ein Kennzeichen des Lebens. Und doch wissen wir, daß es seit Milliarden Jahren Pflanzen und Tiere auf der Erde gibt, daß immer wieder neue Lebewesen entstehen. Die Fähigkeit der Lebewesen, neue Individuen hervorzubringen, sich fortzupflanzen, ermöglicht die Erhaltung der Pflanzen, Tiere und des Menschen über den Tod des Individuums hinaus. Die Fähigkeit, sich fortzupflanzen, ist eine Eigenschaft aller Lebewesen.

Bestäubung und Befruchtung

Bei den Samenpflanzen entstehen die Nachkommen aus den *Samen* und wachsen zu jungen Pflanzen heran. Aus den Samen der Erbse wachsen junge Erbsen, aus Eicheln junge Eichen, aus Bucheckern junge Buchen.

Im ersten Band dieser Reihe ▷ wird erklärt, wie es bei Tieren dazu kommt, daß die Eigenschaften einer Tierart von Generation zu Generation weitergegeben werden. Männliche und weibliche Tiere bilden in ihren Keimdrüsen besondere Geschlechtszellen, die Männchen *Samenzellen* ▷, die Weibchen *Eizellen*. Verschmelzen bei der *Befruchtung* Samenzelle und Eizelle, dann entstehen in einer oft langwierigen Entwicklung die Nachkommen.

In den Zellkernen befinden sich die Träger der Erbeigenschaften, die sogenannten Chromosomen ▷. Bei der Befruchtung kommen die Erbanlagen der beiden Elternteile zusammen. Die Nachkommen sind also stets Mischungen aus mütterlichem und väterlichem Erbe.

In den chemischen Grundlagen der Vererbungsvorgänge, den Strukturen, an die sie gebunden sind, und den Mechanismen, die für die Weitergabe der Erbinformation an die nächste Generation sorgen, sind die biologischen Kräfte wirksam, welche die Erhaltung des Bestehenden sichern.

Bei der geschlechtlichen Fortpflanzung, also bei der Bildung und Verschmelzung der Keimzellen, findet aber auch ein fortwährender Austausch und eine ständige Neukombination des Erbmaterials statt. In manchen Eigenschaften gleicht das neue Individuum mehr dem »Vater«, in anderen mehr der »Mutter«. Häufig kommen auch Eigenschaften der »Großeltern« zum Vorschein, oder es zeigen sich völlig neue Kombinationen von Merkmalen. Im Prozeß der geschlechtlichen Vermehrung wird das Erbgut gemischt, es entstehen neue Formen.

Das Erbmaterial in den Chromosomen hat also zwei wesentliche Aufgaben zu erfüllen. Einerseits ist es *Grundlage für die Konstanz* der Arten. Es sorgt dafür, daß die Artmerkmale an die nächste Generation weitergegeben werden. Andrerseits ist es *Grundlage für die Veränderlichkeit,* da bei der Bildung und Verschmelzung der Keimzellen die Erbanlagen neu gemischt werden. Weitergabe und Veränderung der Erbinformation sind Grundlage für die Erhaltung der Arten und für die stammesgeschichtliche Weiterentwicklung, die Evolution. *Vererbung* und *Evolution* sind also unmittelbar an die geschlechtliche Fortpflanzung der Lebewesen geknüpft.

□ Eine Hummel saugt Nektar an einer Blüte der Bachnelkenwurz, Geum rivale. Im Pelz der Hummel sieht man vereinzelt Blütenstaub.

Eberhard Weismann »Partnersuche und Ehen im Tierreich«.

Samenzellen: Lange Zeit glaubte man, daß die männlichen Keimzellen den Embryo liefern, indem sie auskeimen wie ein Samen in der Erde. Daher kommt der Namen »Spermatozoen« oder »Samentierchen«.

Chromosomen: Kernschleifen; Strukturen, die bei der Kernteilung sichtbar werden und die Träger der Erbinformation sind.

Im Band 1 »Partnersuche und Ehen im Tierreich« erfahren wir, wie die Tiere sich geschlechtlich fortpflanzen. Eine Vielfalt teilweise komplizierter Verhaltensmuster führen weibliche und männliche Tiere zueinander. Sie krabbeln, gehen, laufen, fliegen und schwimmen. Tiere können sich fortbewegen.
Wie ist das aber bei Pflanzen, die mit ihren Wurzeln fest im Boden verankert sind? Sie können sich doch nicht zueinander bewegen. Gibt es bei ihnen überhaupt eine geschlechtliche Fortpflanzung?
Von alters her weiß man, daß die Blüten für die Bildung von Samen und Früchten von Bedeutung sind. Wie jedoch die Samen entstehen, darüber herrschten lange Zeit recht unklare Vorstellungen. Über die Frage, ob es auch bei den Pflanzen, wie bei den Tieren, eine geschlechtliche Fortpflanzung gibt, ist immer wieder *diskutiert* worden. Im Jahre 1694 zeigte dann Rudolf Jacob Camerarius ▷ *mit* klaren *Experimenten,* daß es auch bei den Pflanzen zwei Geschlechter gibt. Die Blüten enthalten männliche Staubblätter mit dem Blütenstaub und weibliche Fruchtblätter mit den Samenanlagen. Reife Samen bilden sich nur, wenn die Narbe mit dem Pollen ▷ bestäubt wird.
Nachdem man entdeckt hatte, daß der Pollen auf der Narbe mit einem langen Schlauch auskeimt, der in das Gewebe des Griffels hineinwächst, konnte Eduard Straßburger ▷ im Jahre 1884 zeigen, daß in den Blüten der Pflanzen eine Befruchtung stattfindet. Der Pollenschlauch wächst zur Samenanlage, dort befindet sich die Eizelle der Pflanzen. Dann tritt aus dem Pollenschlauch ein Zellkern in die Eizelle über und verschmilzt mit dem Eikern. Aus der befruchteten Eizelle wächst ein neues Pflänzchen heran. Insofern ▷ stimmt die Entstehung der nächsten Generation bei Tieren und Pflanzen gut überein.

Die Blüten der Samenpflanzen dienen also der Fortpflanzung. Dabei unterscheidet man zwei aufeinanderfolgende

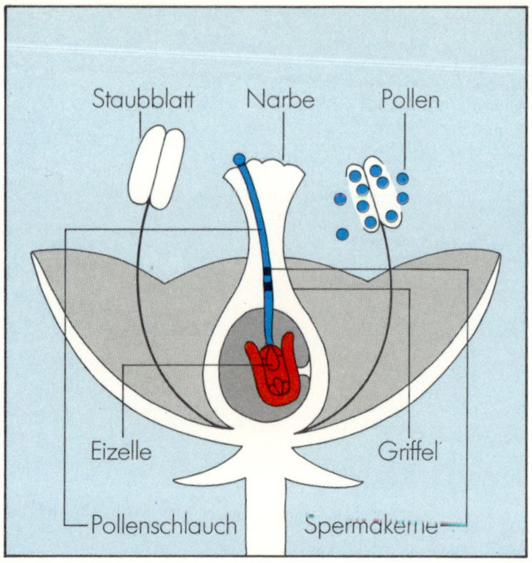

□ **Schematischer Längsschnitt durch eine zwittrige Blüte mit männlichen und weiblichen Blütenteilen.**

Abschnitte: *die Bestäubung,* also die Übertragung des Pollens auf die Narbe, und *die Befruchtung,* die Verschmelzung der beiden Keimzellen.
Bei den Tieren sind die Geschlechter meist auf verschiedene Individuen verteilt, männliche und weibliche Tiere, die zur Fortpflanzung zusammenkommen müssen. In den meisten Blüten finden wir weibliche und männliche Blütenteile beisammen. Sie sind zwittrig und besitzen Staubbeutel und Fruchtknoten. Lange Zeit hat man daher angenommen, daß die Bestäubung der Blüten problemlos sei. Die Pollenkörner werden ja nur wenige Millimeter von den Narben entfernt gebildet. Irgendwie wird die Übertragung schon funktionieren.
Da zeigte im Jahre 1876 Charles Darwin in seinem Buch »Die Wirkung der Kreuz- und Selbstbefruchtung im Pflanzenreich«, daß bei den Pflanzen die Selbstbestäubung, also die Übertragung des Pollens von Staubbeuteln einer Blüte auf die Narbe derselben Blüte, die Ausnahme ist. Normalerweise muß, damit Samen entstehen, der Pollen von einer Blüte zur nächsten übertragen werden.
Das kann die bewegungsunfähige Pflanze nicht selbst, dazu bedarf sie der Hilfe. Wie wird der Pollen von Blüte zu Blüte transportiert?

Rudolf Jacob Camerarius (1665–1721), Professor der Medizin und Direktor des Botanischen Gartens in Tübingen.

Pollen: lat. Staubmehl, Blütenstaub; die in den Staubbeuteln gebildeten Pollenkörner.

Eduard Straßburger (1844–1912), Professor der Botanik in Jena und Bonn, der Begründer der modernen botanischen Zellforschung.

Auf die grundsätzlichen Verschiedenheiten der geschlechtlichen Fortpflanzung bei Pflanzen und Tieren, insbesondere auf den Generationswechsel und die doppelte Befruchtung bei den Samenpflanzen, kann hier nicht eingegangen werden.

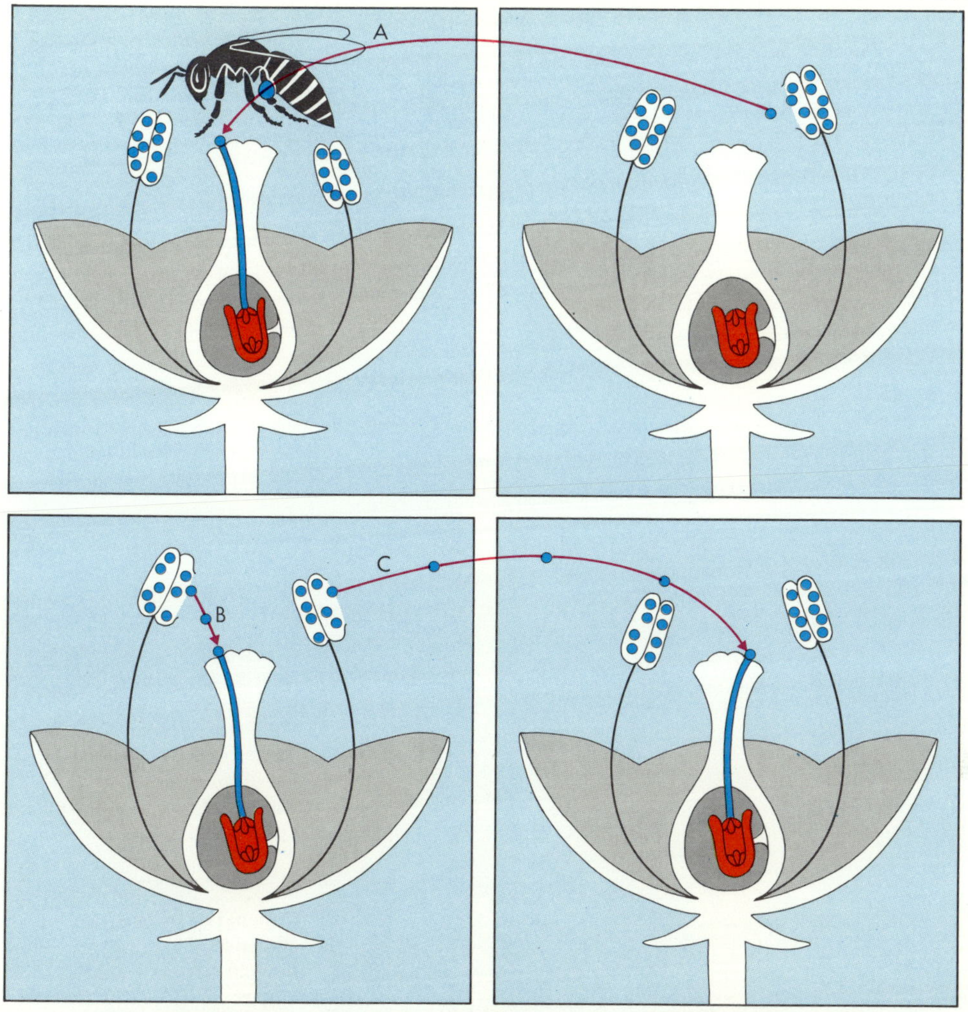

□ **Verschiedene Bestäubungstypen:**
A. Ein Insekt überträgt Blütenstaub.
B. Selbstbestäubung (Autogamie): Der Blütenstaub gelangt aus dem Staubblatt auf die Narbe derselben Blüte.
C. Fremdbestäubung (Allogamie): Der Blütenstaub wird auf die Narbe einer anderen Blüte übertragen.

Wasser, Wind und Tiere als Bestäuber

Das Leben auf der Erde nahm vor mehr als 3 Milliarden Jahren im Wasser seinen Anfang. Die ersten Pflanzen waren Wasserpflanzen. Ein bedeutender Schritt in der Entwicklung der Pflanzen war dann die Eroberung des Landes. Die ältesten sicheren Funde von Urlandpflanzen stammen aus dem unteren Devon ▷. Im Laufe der stammesgeschichtlichen und geologischen Entwicklung haben die Pflanzen in immer weiterem Umfang das feste Land erobert. Das war nur möglich durch eine tiefgreifende Veränderung in ihrem Bau und ihrer an das Wasserleben angepaßten Fortpflanzungsweise.

Beim Leben im Wasser ist die Vereinigung der Keimzellen unkompliziert. Die begeißelten, eigenbeweglichen Samenzellen, die Spermatozoiden, schwimmen durch das Wasser zur freiliegenden Eizelle. Bei den Algen, die wir im Wasser finden, ist das bis heute so geblieben.

Auf dem Lande verlieren derartige Keimzellen ihren Sinn, denn in der Luft haben sie keine Überlebensmöglichkeit, sie würden austrocknen. Auch können sich die männlichen Keimzellen nicht durch die Luft bewegen. Bei den Landpflanzen ist daher eine Spore mit fester Wand entstanden, die die Zellen vor Austrocknung schützt. Diese Sporen, die Pollenkörner, werden bei den ursprünglichen Land-

Devon: Geologischer Zeitabschnitt vor etwa 400 Millionen Jahren.

pflanzen durch die Luft verbreitet ▷. Die ersten Landpflanzen haben die Abhängigkeit ihrer geschlechtlichen Fortpflanzung *vom Wasser* eingetauscht gegen eine Abhängigkeit von den Luftströmungen, *vom Wind*.

Windbestäubte Pflanzen, wie beispielsweise die Nadelbäume, entlassen den Pollen in großen Mengen. Wer einmal im Mai durch einen blühenden Kiefernwald gegangen ist, weiß von der riesigen Pollenproduktion dieser Pflanzen. Nach einem Regen findet man auf Pfützen den aus der Luft ausgewaschenen Blütenstaub in gelben Schwaden als sogenannten »Schwefelregen« zusammengeschwemmt. Die in der Luft schwebende Pollenmenge ist so groß, daß bei dichten Nadelwäldern auf jeden Quadratzentimeter Bodenfläche im Jahr viele tausend Pollenkörner kommen.

Die Samenanlagen der weiblichen Blütenstände sondern einen Bestäubungstropfen ab. Mit seiner großen Oberfläche fängt dieser Tropfen die Pollenkörner auf. Dann wird die Flüssigkeit mit dem Pollen ins Innere der Samenanlage gesaugt. Die Blüte ist bestäubt.

Ähnliches erleben wir an warmen Frühlingstagen beim Haselstrauch. Stößt man gegen einen Zweig mit Blütenkätzchen, wird der Blütenstaub als hellgelbe Wolke vom Wind mitgenommen.

Die Pollenkörner des Haselstrauchs besitzen einen Durchmesser von 0,03 Millimetern. Bei stiller Luft sinkt ein so winziges Körnchen in der Sekunde zwei bis drei Zentimeter nach unten. Um aus drei Metern Höhe zu Boden zu sinken, benötigt es also gut zwei Minuten. Bei einer Windgeschwindigkeit von vier Metern in der Sekunde würden die Pollenkörner in dieser Zeit fast 500 Meter seitlich weggeweht. Je kleiner und leichter also ein Pollenkorn ist, um so besser wird es vom Wind verbreitet.

Die Wahrscheinlichkeit, daß ein einzelnes Pollenkorn auf diese Weise die Narbe einer weiblichen Blüte erreicht, ist unglaublich gering. Nur weil diese Pflanzen riesige Mengen an Pollen produzieren, ist eine Bestäubung gewährleistet.

Für ein Haselkätzchen hat man die stattliche Zahl von 200 Millionen Pollenkörnern berechnet. Für einen ganzen Strauch mit etwa 300 männlichen Kätzchen ergibt das eine jährliche Pollenproduktion von 600 000 000 000 Pollenkörnern. Kein Wunder, daß viele Menschen von windbestäubten Pflanzen Heuschnupfen ▷ bekommen.

Die Narben windbestäubter Pflanzen sind häufig auffällig vergrößert. Sie sind fadenförmig verlängert, gelappt oder gefiedert und kämmen mit ihrer vergrößerten Oberfläche die vorbeifliegenden Pollenkörner aus der Luft. Auf einem Haselstrauch hat man 214 weibliche Blütenstände mit 1284 Blüten gezählt. Da jede Blüte zwei Eizellen enthält, ergibt das 2568 Eizellen, die befruchtet werden müssen. Auf jede Eizelle kommen also beim Haselstrauch mehr als eine Viertelmillion Pollenkörner. Die Windbestäubung ist eine verschwenderische Methode!

Trotz der großen Verschwendung nährstoffreichen Pollens, trotz der freien Zu-

Die Pollenkörner entsprechen nicht den männlichen Keimzellen. Bei einigen nacktsamigen Pflanzen kann man beobachten, wie aus den Pollenkörnern nach mehreren Zellteilungen frei bewegliche Spermatozoiden entstehen, die zur Eizelle schwimmen. Bei den meisten Blütenpflanzen entstehen nur noch sogenannte Spermakerne.

Heuschnupfen: Eine durch den Blütenstaub windblütiger Pflanzen erzeugte Schleimhautreizung (Pollenallergie), oft mit Asthma verbunden.

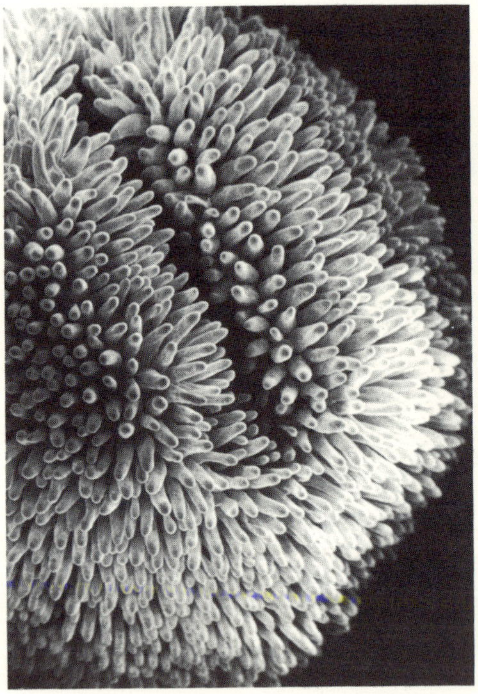

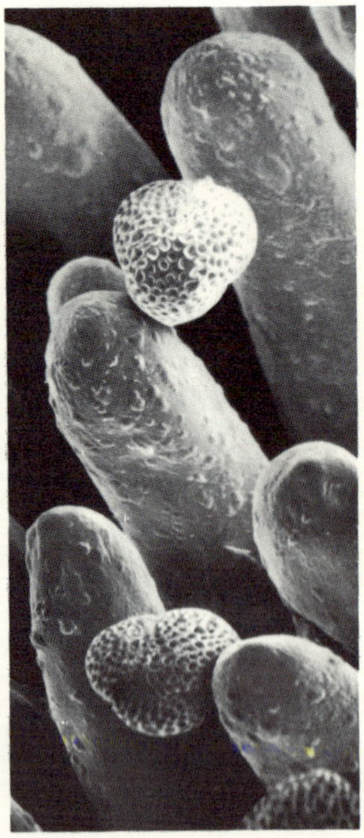

□ Die Narbe (Durchmesser etwa 2 Millimeter) vom Rosenkohl ist dicht mit Papillen besetzt. Nach der Bestäubung liegen Pollenkörner zwischen den Narbenpapillen. Durchmesser eines Pollenkorns 0,02 Millimeter.

gänglichkeit der männlichen und weiblichen Blüten, trotz der Absonderung eines Bestäubungstropfens oder der Ausbildung einer fiedrigen Narbe, ist die Windbestäubung ein recht unsicherer Weg der Bestäubung. Windbestäubte Pflanzen müssen dicht beisammen stehen.

Eine weitere Entwicklungsstufe bei der Eroberung des festen Landes durch Samenpflanzen war die duftende bunte Blüte, *die Blume*. Jeder, der einmal aufmerksam Blumen betrachtet hat, muß sich fragen, weshalb sie bei gleicher Funktion so verschiedenartig gebaut sind. Alle Blüten erfüllen doch die gleiche Aufgabe: In ihnen entstehen Samen. Weshalb sind sie so verschieden gebaut?
Die Blumen haben sich aus der Abhängigkeit vom Wind gelöst und sich in ihrem Bau auf die Wechselbeziehungen mit Tieren eingerichtet. Die festsitzende Pflanze benutzt die beweglichen *Tiere als Bestäuber:* Ameisen, Käfer, Schmetterlinge, Mücken, Fliegen, Bienen, Hummeln, Kolibris, Honigvögel und Fledermäuse. Die Zahl der Tiere, die als Bestäuber von Blüten beobachtet wurden, ist groß.

Die Blumen sind ein schönes und lehrreiches Beispiel für die wechselseitige Anpassung von Lebewesen. Aus der Vielfalt der Bestäuber ergibt sich die Vielfalt der Blütenformen. Diese gegenseitige Anpassung ist von großer biologischer Bedeutung, denn stets sind die Blumen bei der Fortpflanzung auf die bestäubenden Tiere angewiesen. Umgekehrt sind viele Bestäuber in ihrer Ernährung ausschließlich auf den Pollen und Nektar der Blüten eingestellt. Ein blumenloses Jahr würde unzählige Insekten und viele Vogelarten verhungern lassen. Ein Verschwinden der Bestäuber ▷ würde in kurzer Zeit viele Blütenpflanzen vernichten. Obwohl die Wechselbeziehung zwischen Blüte und Bestäuber keineswegs auf Dauer besteht, ist sie doch für beide Partner von lebenswichtiger Bedeutung. Eine Hummel, die eilig von Blüte zu Blüte huscht, läßt den oberflächlichen Betrachter nichts von dieser engen Beziehung spüren.

□ Links: Weiblicher Blütenstand des Wacholder, Juniperus communis. In den Schuppenblättern sind drei Samenanlagen verborgen, die mit je einem Bestäubungstropfen den vom Wind verwehten Blütenstaub auffangen.
Rechts: Weibliche Blüten des kleinen Wiesenknopf, Sanguisorba minor. Die gefiederten Narben fangen mit ihrer großen Oberfläche den vom Wind verwehten Pollen auf. Durchmesser der Pollenkörner 0,04 Millimeter.

So greift der Mensch durch den Gebrauch von Insektenvernichtungsmitteln (Insektiziden) auch in die Fortpflanzungssysteme der Blütenpflanzen ein.

Auf gläsernen Flügeln unterwegs

Noch bei 0° C, wenn alle anderen Insekten vor Kälte starr sind, können Hummeln ausfliegen und Blüten besuchen. Hummeln leben daher nicht nur wie Honigbienen in warmen Gegenden, sondern auch hoch oben im Gebirge und in arktischem Klima. Für ein wechselwarmes Tier, das eigentlich eine mit der Umgebung übereinstimmende Temperatur besitzen müßte, ist das eine erstaunliche Leistung. Weshalb können Hummeln auch bei niedrigen Temperaturen fliegen? Fängt man Hummeln im Flug oder wenn sie an Blüten Nektar saugen und mißt mit einem winzigen Thermistorthermometer ▷ die Temperatur im Brustkorb, so kommt man zu einem überraschenden Ergebnis. Bei den verschiedensten Lufttemperaturen zwischen 2° und 20° C zeigt der Brustkorb immer eine *gleichbleibende Temperatur* von 34° C. Bei niedrigen Außentemperaturen ist also der Brustkorb einer Hummel bis zu 30° C wärmer als die umgebende Luft.

Für ein so kleines und leichtes Tier mit einer im Verhältnis zum Körpervolumen großen Oberfläche ist diese Leistung außergewöhnlich. Obwohl ihr Körper mit einem dichten Pelz bedeckt ist, muß eine Hummel große Mengen Energie aufwenden, um diese hohe Körpertemperatur zu halten.

Selbst wenn eine Hummel längere Zeit auf einer Blüte sitzt, kühlt sie meist nicht ab. Die Temperatur des Brustkorbes bleibt unverändert hoch. Wozu braucht sie so hohe Temperaturen im Brustkorb? Nur wenn die Flugmuskulatur warm ist, kann sie jederzeit losfliegen, um eine andere Blüte aufzusuchen oder um einer plötzlich auftauchenden Gefahr zu entkommen.

Wieviel Energie muß eine ruhig sitzende Hummel aufwenden, um den »Flugmotor« warmzuhalten? Bei 5° C Lufttemperatur braucht sie in der Minute etwas mehr als eine halbe Kalorie ▷, um die Temperatur im Brustkorb bei 30° C zu halten. Das ist fast genausoviel Energie, wie sie zum Fliegen braucht.

Der Treibstoff, mit dem die Hummeln ihren »Flugmotor« betreiben, ist Zucker. »Tankstellen« sind die Blüten, an denen sie Nektar saugen. Wieviel Treibstoff kann bei einem Blütenbesuch aufgenommen werden, und wie lange reicht dieser Vorrat?

Um das zu erfahren, entnimmt man den Blüten mit Mikrospritzen den gesamten Nektar und mißt die Menge und die Zuckerkonzentration. Aus der Zuckermenge kann man dann den Energiegehalt berechnen ▷.

Schützt man beispielsweise die Blüten des Weidenröschens, Epilobium angusti-

Kalorie: Maßeinheit der Wärme. Eine Kilokalorie ist die Wärme, die benötigt wird, um 1 kg Wasser von 14,5 auf 15,5° C zu erwärmen.

Thermistorthermometer: Winzige elektrische Widerstände (Thermistoren) kann man als empfindliche Thermometer benutzen.

Ein Milligramm (mg) Zucker enthält 3,7 Kalorien.

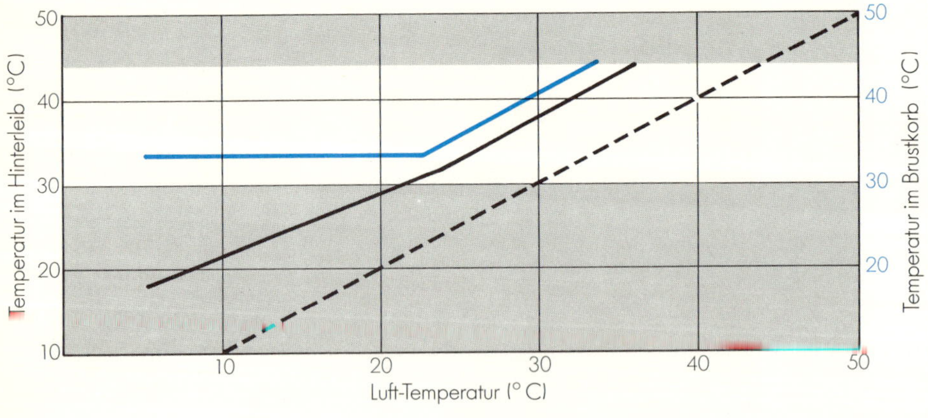

□ Abhängigkeit der Temperatur im Hinterleib (Abdomen) und im Brustkorb (Thorax mit Flugmuskulatur) einer fliegenden Hummel von der Temperatur der umgebenden Luft.

folium, für 24 Stunden vor Insektenbesuch, indem man ein dichtes Netz darüberhängt, dann sammelt sich in den Blüten die Nektarproduktion eines Tages. Die im Zucker enthaltene Energie einer Blüte würde einer Hummel für 13 Minuten Flugzeit ausreichen.

In der Natur findet die Hummel selten eine solche »Goldgrube«. Die Blüten werden ständig ausgebeutet, so daß sich nie soviel Nektar in einer Blüte ansammelt. Im Mittel findet sich in einer Blüte des Weidenröschens höchstens Energie für *eine Flugminute*. Was bedeutet das für die Sammelflüge der Hummeln?

Besucht eine Hummel in jeder Minute eine Blüte dieser Pflanzen, bekommt sie gerade soviel Energie wie sie in der Zwischenzeit verbraucht. Dann ist ihre Energiebilanz ausgeglichen. Um über diesen Grundverbrauch hinaus bei einem Sammelflug wirklich Vorrat zu sammeln und mit ins Nest zu bringen, muß eine Hummel also mehr als eine Blüte pro Minute aufsuchen. Beobachtet man Hummeln an Weidenröschen, dann sieht man, daß sie etwa 20–30 Blüten in der Minute anfliegen. Da sie bis zu 100 Mikroliter ▷ Nektar aufnehmen können, besuchen sie auf einem Sammelflug hintereinander viele hundert Blüten.

Nun verstehen wir, warum die Tiere es so eilig haben. Nicht »Fleiß« oder »Eifer«, sondern die Notwendigkeit, mehr Energie zu sammeln, als sie verbrauchen, treibt die Tiere an.

Im Frühjahr, wenn die Hummeln ihre Nester aufbauen, haben die Königinnen und Arbeiterinnen einen hohen Energiebedarf. Frühblühende Blumen sind meist reichliche Nektarquellen. Die sammelnden Tiere finden deshalb genug Energie, um schnell von Blüte zu Blüte zu fliegen und ihren »Flugmotor« ständig warmzuhalten. Um diese Jahreszeit ist die Verweilzeit auf den Blüten am kürzesten. Die Hummeln sind flink und wachsam. Es gelingt kaum, sie zu fangen, selbst wenn am frühen Morgen die Temperatur noch um den Gefrierpunkt liegt.

Im Spätsommer ist die Situation völlig verändert. Die Hummelkolonien brechen auseinander, der Energiebedarf ist daher gering. Auch die Nektarquellen fließen nur noch spärlich. Die Einzelblüten der Goldrute oder des Rainfarn enthalten nur winzige Mengen an Nektar. Dafür sind aber bei diesen Pflanzen viele hundert Blüten zu Blütenständen zusammengefaßt. Die Flugzeit von Blütenstand zu Blütenstand ist kurz, dann kann die Hummel von Blüte zu Blüte krabbeln und so lange Zeit auf einer Pflanze verbringen. Um Energie einzusparen, lassen die Tiere jetzt die Flugmuskulatur abkühlen. Selbst bei Lufttemperaturen von

Mikroliter (μ l): Der millionste Teil eines Liters (10^{-6} l).

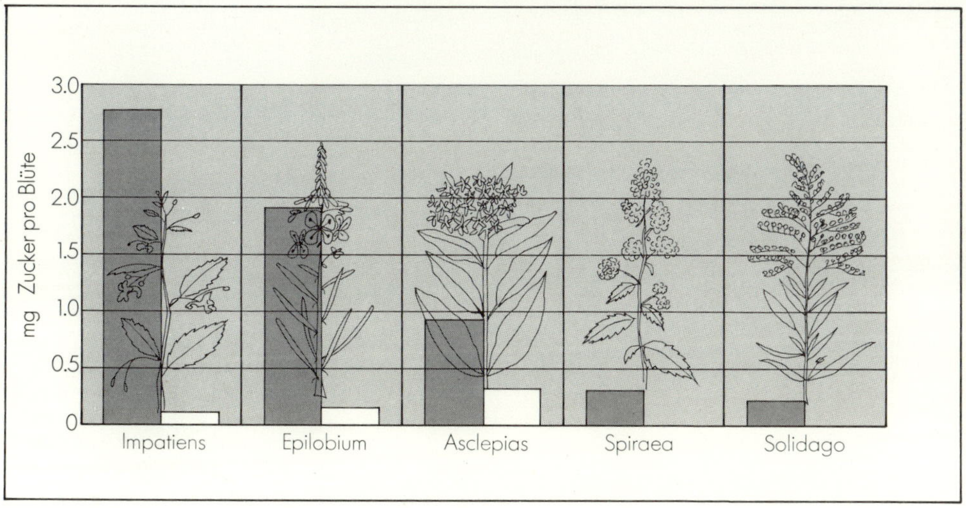

□ Nektarproduktion verschiedener Blüten: Dunkelgrau: Blüten für 24 Stunden vor Besuch geschützt. Weiß: nach normalem Blütenbesuch. Die Einzelblüten des Spierstrauchs, Spiraea, und der Goldrute, Solidago, enthalten wenig Nektar. Dafür besteht aber der Blütenstand beim Spierstrauch aus bis zu 45, bei der Goldrute aus über 1000 Einzelblüten.

20° C kann man die Tiere dann leicht fangen. Man kann sie von den Blüten abschütteln. Sie fallen zu Boden, und es dauert einige Zeit, bis ihr »Flugmotor« wieder angewärmt ist und sie vom Boden auffliegen können. Für gewöhnlich besuchen Hummeln daher solche mageren Blüten nur bei hoher Lufttemperatur oder wenn sie von der Sonne erwärmt werden. Ziehen an kühlen Tagen Wolken vor die Sonne, verlieren die Hummeln die Flugfähigkeit innerhalb weniger Minuten.
Wenige Lebewesen sind so miteinander verknüpft wie Hummeln und Blumen. Was in der Natur so spielerisch und zufällig aussieht, erweist sich als enge, recht komplizierte Beziehung. Ob eine Sammelreise bei bestimmten Blüten sich für Hummeln lohnt, hängt nicht nur von der Belohnung in Kalorien ab, sondern auch vom Abstand, in dem die Blüten stehen, von der Witterung und vielen anderen Faktoren. Auf jeden Fall aber ist das *Nektarangebot* für die Blüten ein gutes Mittel, um die *Fremdbestäubung* zu sichern. Erhält das nektarsaugende Insekt bei einem Blütenbesuch eine volle Mahlzeit, dann kann es sofort zum Nest zurückfliegen. Es wird dann nicht gezwungen, viele Blüten nacheinander aufzusuchen. Im Laufe der Evolution hat sich deshalb das Nektarangebot der Blüten so eingestellt, daß in einer Blüte nur ein Bruchteil der für einen Sammelflug benötigten Nektarmenge angeboten wird. Das zwingt die Besucher, nacheinander viele Blüten zu besuchen. Jede Einzelblüte muß so viel Nektar bieten, daß sich der Besuch für das Tier lohnt, aber nicht so viel, daß es nach dem Besuch weniger Blüten bereits »satt« ist.
Die Bestäubung der Blüten ist vor allem dann sichergestellt, wenn die Tiere jeweils nur Blüten einer Pflanzenart auf ihren Sammelflügen besuchen. Verfolgt man eine Biene oder Hummel auf ihrem Flug von Blüte zu Blüte, dann stellt man fest, daß sie fast ausschließlich dieselben Blüten anfliegen. Woher kommt das? Woran erkennen sie die Blüten? Da sich die von Insekten besuchten Blüten vor allem durch auffällige Farben und Düfte von den windbestäubten Blüten unterscheiden, ist es naheliegend, anzunehmen, daß vor allem *Blütenfarben* und *Blütendüfte* als Wegweiser dienen. Wir wollen uns in den nächsten Kapiteln mit dieser Frage beschäftigen.

□ **Eine dicht mit Pollen eingestäubte Honigbiene sucht auf einem Blütenstand des Huflattich nach Nektar.**

Blumenfarben und die Honigbienen

Nur wo Licht ist, kann man etwas sehen. Im Dunkeln kann man nach Gegenständen greifen und ihre Form ertasten, doch ihre Farbe kann man nur im Licht sehen. Die große Lichtquelle der Natur ist die Sonne, die ihr Licht auf die Erde strahlt. *Licht ist sichtbare Strahlung.* Wenn wir es genau wissen wollen, müssen wir den Physiker fragen, was er vom Licht weiß. Mit seiner Antwort wird der unauflösliche Zusammenhang zwischen dem Licht und den Farben klar.

Alle Farben des Regenbogens

Isaak Newton ▷ hat 1676 in einem Experiment gezeigt, daß das Sonnenlicht zerlegt werden kann, und wie alle Farben des Regenbogens zum Vorschein kommen, wenn ein Sonnenstrahl durch ein dreiseitiges Glasprisma geführt wird. Nebeneinander erscheinen dann die Farben des Spektrums von Rot über Orange, Gelb, Grün, Blau bis Violett.

Wir wissen heute, daß die Spektralfarben ▷ aus Licht bestimmter Wellenlängen bestehen. Die Wellenlänge des Lichtes wird in Nanometern (nm) ▷ gemessen. Licht ist für uns dann rot, wenn es eine Wellenlänge zwischen 627 und 780 nm besitzt. Grün ist es bei einer Wellenlänge zwischen 495 und 566 nm, blau bei einer Wellenlänge zwischen 436 und 495 nm.

Den für uns Menschen sichtbaren Bereich der Sonnenstrahlung zwischen 380 und 780 nm bezeichnen wir als Licht. Strahlung mit einer Wellenlänge von 300 bis 380 nm nennt man Ultraviolett (UV), Strahlung mit einer Wellenlänge von 780 bis 1200 nm Infrarot (IR). Ultraviolett und Infrarot sind für uns nicht mehr sichtbar, wir können sie nur mit physikalischen Meßgeräten feststellen. Das weiße Sonnenlicht ist, wie der Prismenversuch zeigt, ein zusammengesetztes Licht, das aus Strahlung verschiedener Wellenlängen besteht. Wie wir Schallwellen je nach ihrer Wellenlänge als verschieden hohe Töne hören, so unterscheiden wir Lichtwellen verschiedener Wellenlänge als Farben.

Daß wir im weißen Tageslicht Farben sehen, halten wir für selbstverständlich, weil wir von klein auf daran gewöhnt sind und die Farbe für eine Eigenschaft des Gegenstands halten wie Form und Gewicht. Aber genau besehen ist es nicht so selbstverständlich. Wir wollen versuchen, den komplizierten Vorgang des Farbensehens zu verstehen.

Farbreize, die das Auge empfängt, werden durch Licht bestimmter Wellenlänge hervorgerufen. Farblicht aus einer Verkehrsampel sehen wir Rot, Gelb oder Grün. Es ist das Licht einer elektrischen Birne, vor der ein Farbglas als Filter sitzt. Es läßt nur den roten, gelben oder grünen Anteil des Lichts durchscheinen: das übrige Licht wird absorbiert ▷, vom Glas verschluckt.

Wie ist es, wenn wir Gegenstände sehen, die kein eigenes Licht ausstrahlen? Dann ist es Beleuchtungslicht, vor allem Tageslicht, das auf ihre Oberfläche fällt und, von ihr zurückgeworfen, unser Auge trifft. Das Licht wird nicht von allen Gegenständen gleichmäßig reflektiert ▷. Die Oberflächen wirken verschieden, wie die Farbfilter der Verkehrsampel. Je nach ihrer Beschaffenheit verschlucken sie einen Teil des Lichts, das sie trifft; verschieden, wie der Anteil des reflektierten und des absorbierten Lichts, ist

Isaak Newton (1643–1727), englischer Physiker und Mathematiker. Eine Abbildung des Prismen-Experiments auf der nächsten Seite.

Spektralfarben: Die im Lichtband des Spektrums erscheinenden Farblichter, vergleiche die Abbildungen auf den Seiten 16 und 17.

Nanometer (nm): Der milliardste Teil eines Meters (10^{-9} m).

Absorbieren: lat. aufzehren, aufsaugen; Schwächung der Lichtstrahlen beim Durchgang durch Materie, dabei wird die Strahlungsenergie in Wärme oder andere Energieformen umgewandelt.

Reflektieren: lat. zurückwerfen, zurückstrahlen.

auch die Farbe, in der wir den Gegenstand sehen.

Wirft ein Gegenstand alle einfallenden Lichtstrahlen zurück, dann gelangt Strahlung aller für uns sichtbarer Wellenlängen in unser Auge. Einen solchen Gegenstand sehen wir weiß. Das Papier, auf dem dieses Buch gedruckt ist, sieht weiß aus, weil es alle für uns sichtbaren Lichtstrahlen zwischen 380 und 780 nm reflektiert. Wenn ein Gegenstand das einfallende Licht verschluckt und gar keine Strahlung zurückwirft, gelangt kein Licht in unser Auge. Wir sehen dann nichts und sagen, der Gegenstand sei schwarz. Die Farbe, mit der die Buchstaben dieses Buches gedruckt sind, absorbiert alles Licht; die Buchstaben sind für uns schwarz. Wir sehen sie, weil sie sich vom weißen Papier abheben.

Farbig sehen wir einen nicht strahlenden Gegenstand, wenn die verschiedenen Lichtstrahlen unterschiedlich stark zurückgeworfen werden. Ein blaues Auto zum Beispiel erscheint uns deshalb blau, weil der Lack aus dem auftreffenden weißen Licht den grünen und roten Anteil verschluckt und nur den blauen zurückwirft. Die Farbe nicht selbst strahlender Körper wird also durch deren Eigenschaft erzeugt, gewisse Wellenlängen zu absorbieren, andere wiederum zu reflektieren.

Wenn wir sagen *diese Mohnblüte ist rot,* so bedeutet das in Wirklichkeit: die Oberfläche der Blütenblätter hat die Eigenschaft, daß sie vom weißen Tageslicht den violetten, blauen, grünen und gelben Anteil verschluckt. Das rote Licht wird zurückgeworfen und gelangt in unser Auge. Wir *sehen* diese Blüte rot. *Ist* sie wirklich rot?

Ein Sprichwort sagt »bei Nacht sind alle Katzen grau«. Farben sieht man nur im Licht. Dies erscheint uns so selbstverständlich, daß man es kaum erwähnen muß. Weckt man uns mitten in der Nacht, ohne das Licht anzuknipsen, und fragt

□ **Ein Strahl Weißlicht wird in einem dreiseitigen Prisma abgelenkt. Da die verschiedenen Lichtwellenlängen im Glas unterschiedlich stark gebrochen werden, kann man die aus dem Prisma austretenden Strahlen auf einem Schirm als farbiges Lichtband auffangen.**

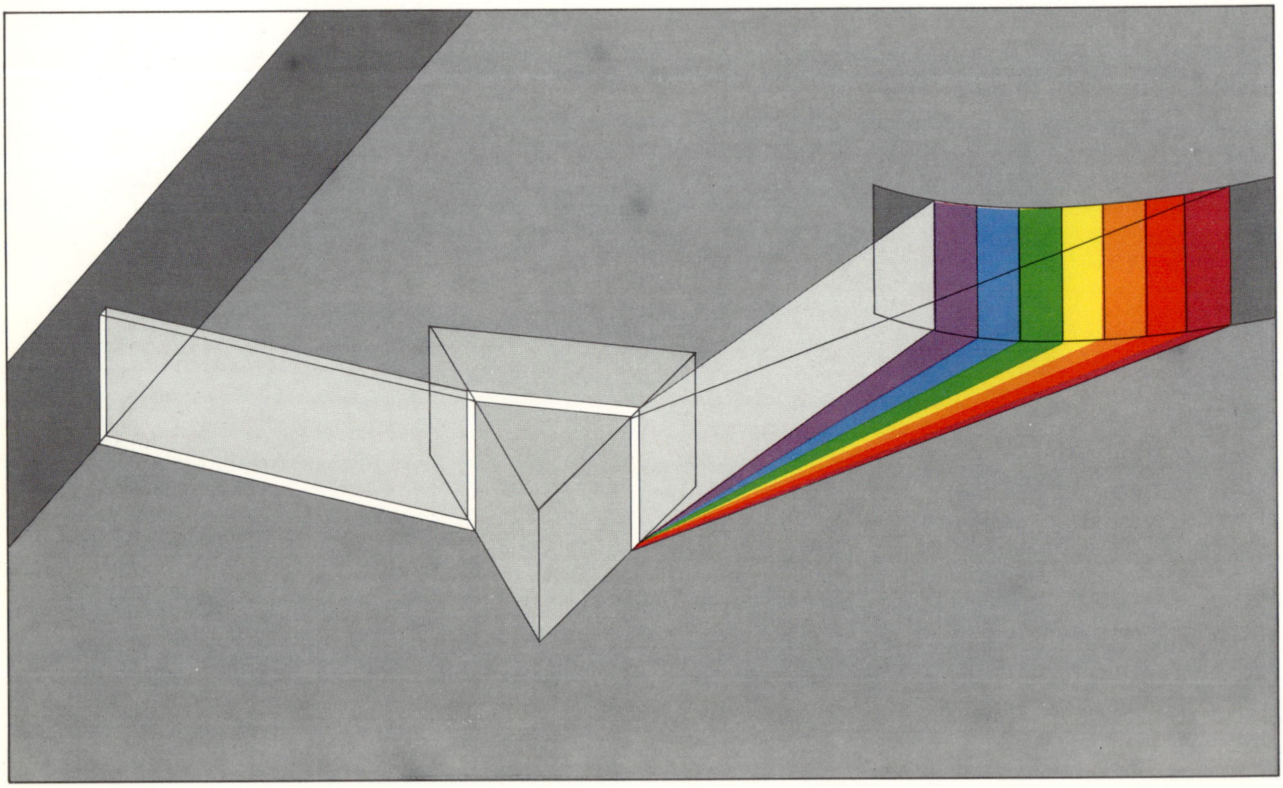

man uns nach der Farbe der Mohnblüte, von der wir wissen, daß sie in einer Vase auf dem Tisch steht, dann antworten wir, sie sei rot. Stimmt das? Im dunklen Raum ist die Mohnblüte gar nicht rot, denn wo kein Licht ist, fehlt auch die Farbe. Eigentlich hat diese Mohnblüte gar keine eigene Farbe, sie strahlt ja nicht selbst. Erst wenn Licht auf sie fällt, wird sie für uns farbig, erst im weißen Tageslicht sehen wir sie rot ▷.

Wie sieht die Mohnblüte in einem Raum mit grünem Licht aus? Das grüne Licht wird von der Oberfläche der Blütenblätter verschluckt, es kommt kein Licht in unser Auge zurück. Die Blüte sieht dann schwarz aus. Wir sehen, die rote Farbe ist keine Eigenschaft der Mohnblüte, sie entsteht im Zusammenwirken von einfallendem Licht und reflektierender Oberfläche der Blütenblätter.

Die physikalischen Eigenschaften des von der Oberfläche der Mohnblüten reflektierten Lichtes kann man genau messen. Man unterscheidet dabei die Verteilung des reflektierten Lichtes auf die verschiedenen Wellenlängen und die Gesamtenergie der zurückgeworfenen Strahlung. Man bezeichnet diese beiden genau bestimmbaren Eigenschaften als Farbwirklichkeit.

Mit diesen physikalischen Eigenschaften des Lichtes und der Mohnblüte ist aber ein wesentlicher Teil des Farbensehens noch nicht erfaßt. Sehen kann nur ein Lebewesen. Farbensehen ist vor allem ein biologisches Problem. Wir brauchen den komplizierten datenverarbeitenden Apparat des Auges und des Gehirns, der die Farbwirklichkeit der einfallenden Lichtstrahlen in eine Empfindung umsetzt. Durch die im Auge und Gehirn ablaufenden biologischen Vorgänge erhält die *Farbwirklichkeit* von Sonnenlicht und Mohnblüte ihren menschlichen Gehalt, die *Farbempfindung* rot.

Es ist gar nicht so einfach herauszubekommen, ob zwei Menschen beim An-

In einer Grafik auf der Seite 23 ist dargestellt, wie die für uns rote Farbe der Mohnblüte entsteht.

□ Licht ist nur ein enger Ausschnitt des elektromagnetischen Spektrums, das auch Röntgenstrahlen, Ultraviolett, Infrarot und Radiowellen umfaßt. Innerhalb des Bereichs, für den das Auge des Menschen empfindlich ist, rufen verschiedene Wellenlängen verschiedene Farbempfindungen hervor.

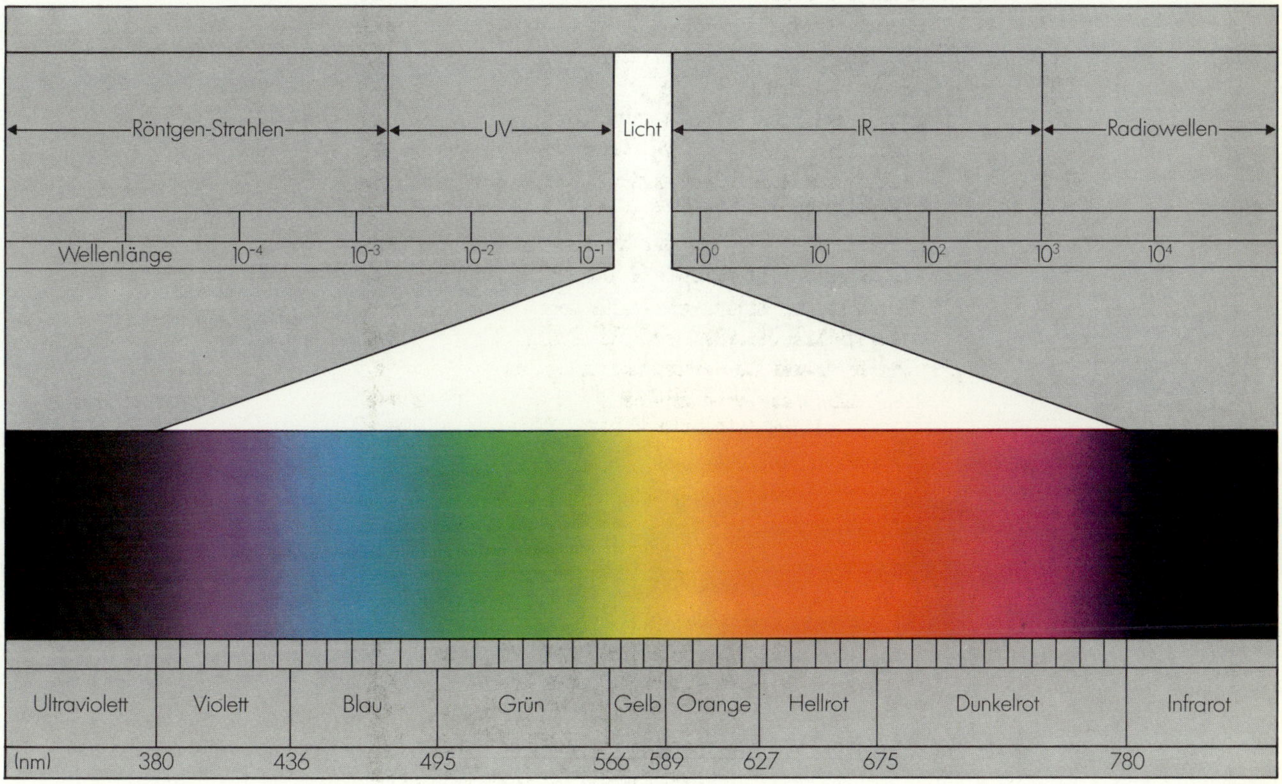

blick der roten Mohnblüte die gleiche Farbempfindung haben, das gleiche Rot sehen. Während man die Farbwirklichkeit, also die physikalischen Eigenschaften des ins Auge einfallenden Lichtes, genau bestimmen kann, ist das für Farbempfindungen viel schwieriger. Wir haben in frühester Jugend gelernt, bestimmte Gegenstände als *rot* zu bezeichnen und von anderen *nicht roten* Gegenständen abzugrenzen. Wir wissen, daß wir Farben unterscheiden können und belegen diese Farben mit bestimmten Namen. Was ein anderer Mensch wirklich empfindet, wissen wir nicht. Nur wenn alle drei Bereiche des Farbensehens: das Licht, die Mohnblüte und die Vorgänge in Auge und Gehirn übereinstimmen, entsteht wirklich die gleiche Farbempfindung. Immerhin können wir Menschen miteinander reden. Wir können uns durch Vergleiche verständigen und haben daher eine ganz gute Vorstellung von den Farbempfindungen.

Ob wohl die Tiere die Farben auch so sehen wie wir Menschen? Sieht die Honigbiene die Mohnblüte auch rot?
Mit den Bienen können wir nicht darüber reden und müssen deshalb über Umwege, über Experimente versuchen, eine Antwort auf diese Fragen zu bekommen.

Ist die Biene farbenblind?

Im Jahre 1793 erschien das für die Blütenbiologie grundlegende Buch »Das entdeckte Geheimnis der Natur im Bau und in der Befruchtung der Blumen« von Christian Konrad Sprengel ▷. Es enthält in klarer Darstellung die Grundzüge einer Blumentheorie. Nach ihr sollen die Eigenschaften, durch die sich die bunten Blumen von den unscheinbaren Blüten unterscheiden, Anpassungen an den Insektenbesuch sein.
Ein Vergißmeinnicht brachte Sprengel auf den Gedanken, daß der gelbe Ring um die Öffnung der Kronröhre, der so auffällig gegen die himmelblaue Farbe des Kronblattsaumes absticht, den Insekten beim Auffinden des Nektars als Wegweiser dient. Er fand auch bei anderen Blumen solche auffällig gefärbten Muster in der Nähe des Zugangs zum Nektar und nannte diese Zeichnungen der Blüten *Saftmale*. Sprengel zog aus seinen Beobachtungen folgenden Schluß: »Wenn die Blütenkrone der Insekten wegen an einer Stelle besonders gefärbt ist, so ist sie überhaupt der Insekten wegen gefärbt; und wenn jene besondere Farbe eines Teils der Blütenkrone dazu dient, daß ein Insekt, welches sich auf die Blume gesetzt hat, den rechten Weg zum Saft leicht finden könne, so dient die Farbe der Krone dazu, daß die mit einer solchen Krone versehenen Blumen den

Christian Konrad Sprengel (1750–1816), Rektor des Gymnasiums in Spandau, er beschäftigte sich aus Liebhaberei mit den Blütenpflanzen und wurde zum Begründer der Blütenbiologie.

□ Während die Bienen am Futterschälchen Zuckerwasser saugen, werden sie mit einem Farbtupfen gezeichnet. So kann man im Versuch die einzelnen Tiere leicht wiedererkennen.

□ **Eine Honigbiene sucht auf einem Blütenstand des Huflattich nach Nektar. Der Schwarz-Weiß-Film ist »farbenblind«. Die Farben sind in Grauwerte, in verschiedene Helligkeitsstufen umgewandelt. Vergleiche die Farbabbildung auf der Seite 14.**

ihrer Nahrung wegen in der Luft umherschwärmenden Insekten, als Saftbehältnisse, schon von weitem in die Augen fallen.«
Dürfen wir wirklich einen so weitgehenden Schluß ziehen? Sind die für den Menschen auffällig gefärbten Blumen auch für die Insekten bunt? Locken tatsächlich farbige Blütenblätter die Besucher an?

So einleuchtend diese Theorie war, und so gut sie nach den sorgfältigen Beobachtungen Sprengels begründet schien, es ist seither immer wieder versucht worden, diese Theorie zu widerlegen.
Für die Freunde und Anhänger der Blumentheorie war es eine große Enttäuschung, als Carl von Hess ▷ im Jahre 1912 das Ergebnis seiner Untersuchungen über das Farbensehen der Honigbiene veröffentlichte. Mit umfangreichen und komplizierten Versuchen glaubte er herausgefunden zu haben, daß die Bienen vollständig farbenblind sind. Er schreibt: »Es ist wohl verständlich, daß jener geistvolle Versuch Sprengels, die Farben der Blumen mit dem Besuche der Insekten in Zusammenhang zu bringen, starken Anklang finden konnte. Diese Theorie setzt aber voraus, daß die Farben von den besuchenden Insekten ähnlich gesehen werden wie von uns; denn wenn die Farbwahrnehmungen der Insekten von den unsrigen wesentlich verschieden sind, so daß wir uns gar keine Vorstellung von ihnen machen können, dann dürfen wir, meine ich, auch nicht schließen, daß Farben, die für unser Auge auffallend oder anziehend sind, es auch für die Bienen sein müßten. Das Vorhandensein eines dem unsrigen aber auch nur entfernt ähnlichen Farbensinnes bei den Bienen ist aber durch meine Untersuchungen endgültig ausgeschlossen.«
Wenn das stimmt, dann wären Sprengels wunderbare Deutungen seiner Beobachtungen über die schönen Blütenfarben und über die Saftmale purer Unsinn. Am schlimmsten war für die Freunde der Blumentheorie, daß es fast ausgeschlossen schien, sich der Logik der vorgelegten Experimente zu entziehen. Carl von Hess war Spezialist. Er war Facharzt für Augenkrankheiten und hatte beträchtliche Erfahrungen mit Leuten, die vollständig farbenblind waren. Seine Experimente waren zu gut, – wenigstens schien es so.

Der Zoologe Karl von Frisch ▷ gab sich mit dem Ergebnis, daß Bienen farbenblind seien, nicht zufrieden. Zu viele ältere Experimente hatten gezeigt, daß Bienen Farben zu *unterscheiden* vermögen. Die Frage war nur, ob diesem Farbunterscheidungsvermögen der Bienen ein Farbensinn zugrunde liegt, oder ob die Insekten farbenblind sind und die verschiedenen Farben nach der Helligkeit, nach ihrem farblosen Grauwert, unterscheiden.
Wenn die Biene nämlich wirklich vollständig farbenblind ist, dann sieht sie eine Farbe, beispielsweise Gelb, genauso wie ein Grau von bestimmter Helligkeit, also so wie wir in einer Schwarz-Weiß-Fotografie. Sie würde dann nicht die *Farbe*, sondern die *Helligkeit* als Merkzeichen benutzen, um dieses Gelb von anderen Farben zu unterscheiden. Es wäre dann nicht die Farbe der Blumen für den Blütenbesuch von Bedeutung, sondern nur ihre Helligkeit.

Karl von Frisch, geb. 1886, Professor der Zoologie in München. Erhielt 1973 den Nobelpreis für seine Untersuchungen über die Sinnes- und Orientierungsleistungen der Bienen.

Carl von Hess (1863–1923), Professor und Direktor der Universitätsaugenklinik in Marburg, Würzburg und München.

Bienen lassen sich dressieren

Karl von Frisch experimentierte zunächst mit Fischen und verwendete dann ausschließlich Honigbienen als Versuchstiere. Er *dressierte* die Bienen auf Farben. Es ist nicht schwer, einen solchen Dressurversuch mit Honigbienen nachzumachen. Man braucht etwas Honig, Zuckerwasser, Farbpapiere, verschiedene Graupapiere, eine Glasplatte, kleine Glasschalen – und Geduld.
An einem warmen und möglichst windstillen Tag locken wir mit duftendem Honig eine Schar Bienen an einen Tisch

□ **Auf allen Feldern des »Schachbretts« stehen leere Futterschälchen. Die auf Blau dressierten Bienen setzen sich nur im blauen Feld. Sie verwechseln keinen der Grautöne mit der Farbe Blau.**

und füttern sie dann mit Zuckerwasser ▷ aus kleinen Glasschalen. Das Zuckerwasser ist für die Bienen geruchlos, so daß sie nicht vom Duft angelockt werden. Die Bienen saugen sich voll, fliegen ab, liefern ihre Last zu Hause im Bienenstock ab und kommen gleich wieder zur Futterstelle zurück. Markieren wir die Tiere mit einem Farbtupfen auf dem Rücken, so sehen wir recht bald, daß fast stets *dieselben* Tiere zur Futterquelle am Tisch kommen.

Jetzt können wir mit der eigentlichen Farbdressur beginnen. Unser »Bienengasthaus«, das Futterschälchen, stellen wir auf ein Stück blaues Farbpapier und lassen die Bienen etwa eine Stunde lang von dem Futter wegtragen. Sie sollen das blaue Farbpapier kennenlernen. Noch wissen wir nicht, ob das Blau wie ein Reklameschild wirkt, oder ob es allein das Futterschälchen ist, das die Bienen anlockt. Der nächste Schritt in unserem Experiment wird Klarheit bringen.

Ist das Blau für die Bienen wirklich eine Farbe oder nur ein Grauton von bestimmter Helligkeit? Wenn die Biene farbenblind ist, dann muß in einer Serie grauer Papiere, welche in feinen Abstufungen ▷ von Weiß bis Schwarz führt, ein Grauton enthalten sein, der für die Biene die gleiche Helligkeit besitzt wie das blaue Farbpapier. Legt man also der Biene das blaue Farbpapier in einer solchen Serie grauer Blätter von gleicher Größe, Form und Oberfläche vor, dann müßte ein *farbenblindes* Tier das Blau mit einem der Grautöne *verwechseln*.

Wir legen uns aus verschiedenen Graupapieren ein Schachbrettmuster, in dem wir an einer Stelle das Blaupapier einfügen. Auf jedes Feld des Schachbrettes stellen wir ein sauberes, leeres Futterschälchen. Wohin werden die Bienen nun fliegen? Wo werden sie Futter suchen? Unsere auf Blau dressierten Versuchsbienen, die wir an der Farbmarkierung erkennen können, fliegen direkt zu dem blauen Farbpapier und suchen dort hartnäckig nach dem gewohnten Futter. Auch wenn wir das Blau an eine andere Stelle im Schachbrett legen, fliegen sie gleich an die neue Stelle. Wir füllen jetzt alle Futterschälchen über den verschiedenen

Zuckerwasser: Als Futterquelle hat sich eine zweimolare Rohrzuckerlösung bewährt, etwa 11 %.

Der Mensch vermag etwa 30 verschiedene Graustufen zwischen Schwarz und Weiß zu unterscheiden. Karl von Frisch hat gezeigt, daß Bienen nur 10–15 Graustufen zu unterscheiden vermögen.

Graupapieren mit Zuckerwasser, nur das Glas über dem blauen Farbpapier lassen wir leer. Unbeirrt fliegen die Bienen das blaue Feld an. Sie haben also gelernt, wo sie das für sie duftlose Futter finden. Sie verwechseln das Blau mit keiner der Graustufen im Schachbrett, sie können also Blau sicher von den verschiedenen Grautönen unterscheiden. *Die Bienen sehen Blau als Farbe!*

Wie auf Blau können wir unsere Versuchsbienen auch auf Orangerot, Gelb, Grün und Violett dressieren. Keine dieser Farben wird mit Grautönen verwechselt. Bienen sehen also auch diese Farben. Mit solchen Dressurversuchen konnte Karl von Frisch zeigen, daß die Bienen nicht farbenblind sind. Der Fachmann Carl von Hess hatte sich getäuscht, er hatte seine Erfahrungen aus dem Umgang mit farbenblinden Menschen auf das Verhalten der Bienen übertragen und dabei falsche Schlüsse gezogen.

Wir wissen heute noch mehr: Der Farbensinn der Bienen stimmt nicht mit dem des Menschen überein. Nach einer Dressur auf die Farbe Scharlachrot suchen die Bienen nicht nur über dem Rot nach Futter, sie fliegen auch zu schwarzen und dunkelgrauen Papieren. Sie verwechseln Scharlachrot mit Schwarz und Dunkelgrau. Sie erkennen das Rot also nicht als Farbe, sondern als Helligkeit. *Bienen sind rotblind.* Strahlung der Wellenlängen über 650 nm ist für Bienen unsichtbar. In andrer Hinsicht ist ihr Farbensinn jedoch dem unsrigen überlegen. Die ultravioletten Strahlen zwischen 300 und 380 nm, die wir Menschen nicht sehen können, werden von der Biene wahrgenommen. Das Bienenauge ist für Ultraviolett empfindlich. Solche *ultraviolette Strahlung sieht die Biene* nicht als Helligkeit, also als Grauton, sondern als Farbe. Wie dieses Ultraviolett den Bienen erscheint, welche Farbempfindung sie haben, wissen wir nicht. Genauso wenig wissen wir, wie Bienen die anderen für uns sichtbaren Farben empfinden.

Der für Bienen sichtbare Bereich des Spektrums der Wellenlängen reicht von 300 bis 650 nm und ist gegenüber dem des Menschen, der von 380 bis 780 nm reicht, nach der kurzwelligen Seite hin verschoben. Bienen sehen also ultraviolette Strahlen, können aber leuchtend rote Farben nicht sehen. Wie sieht dann die für uns knallrote Blüte des Klatschmohns für die Biene aus?

Wie man leicht beobachten kann, besuchen Bienen regelmäßig blühenden Mohn. Sie können diese Blüten also sehen. Wir haben ja inzwischen festgestellt, daß die Blütenblätter des Klatschmohns nicht rot sind, sondern nur rote Strahlung zwischen 650 und 750 nm reflektieren und deshalb für uns Menschen rot aussehen. Die Blütenblätter reflektieren aber auch ultraviolette Strahlung zwischen 300 und 380 nm, die für die rotblinde Biene Farbqualität besitzt. Die Biene sieht die Mohnblüte ultraviolett.

Am Beispiel der Mohnblüte kann man sich gut klarmachen, daß zwei verschiedene Lebewesen (Empfänger) völlig verschiedene Signale der gleichen Blüte (Sender) wahrnehmen können. Die Biene sieht von der Mohnblüte Signale, die wir nicht sehen können, und wir sehen Signale, die für die Biene unsichtbar sind. Biene und Mensch sehen den gleichen Gegenstand völlig verschieden.

Versuche mit farbigem Licht

Für genauere Untersuchungen des Farbensehens benutzen die Biologen statt der Farbpapiere farbiges Licht, weil sie dessen Wellenlängen genau bestimmen können, und weil man Farblicht leichter mischen kann. Farblichter werden mit farbigen Gläsern aus weißem Licht herausgefiltert. So ist rotes Glas nur für rote Strahlung und grünes Glas nur für grüne Strahlung durchlässig, wie man an jeder Verkehrsampel sehen kann. Mit Hilfe komplizierter Apparaturen ist es möglich, sehr genau zu prüfen, wie gut die Biene Farben unterscheiden kann. Sieht

□ Durch das Zusammenwirken von Licht, Mohnblüte und Auge entsteht die Farbempfindung.
Der Mensch sieht mit den drei Farbbereichen Rot, Grün und Blau. Er sieht die Mohnblüte rot. Die Biene sieht mit den drei Farbbereichen Gelb, Blau und Ultraviolett. Sie sieht die Mohnblüte ultraviolett. Ultraviolett ist als Grau dargestellt.

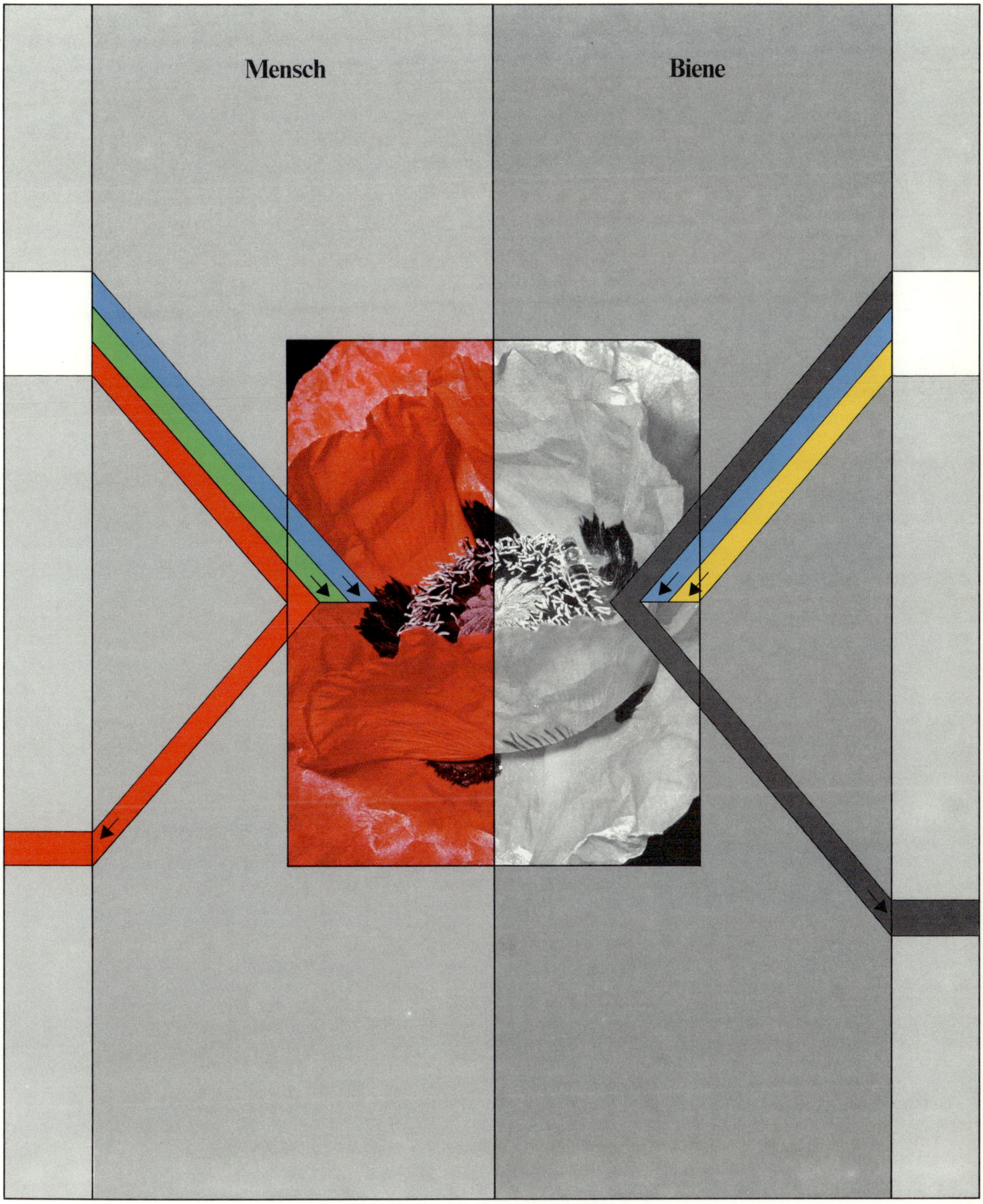
Mensch
Biene

die Biene die Farben Blaugrün (490 nm), Gelbgrün (530 nm), Gelb (588 nm) und Orange (616 nm) so wie wir als verschiedene Farben?

Eine Gruppe von Versuchsbienen ist auf Gelb (Farblicht 588 nm) dressiert. Stetig fliegen sie ihr gelb beleuchtetes Futterschälchen an. Nach einiger Zeit markiert man einige Futterschälchen außer mit Gelb auch noch mit den im Spektrum benachbarten Farbtönen, mit Orange, Gelbgrün und Blaugrün. Nun wird sich zeigen, ob sie diese Farbtöne von der Dressurfarbe Gelb zu unterscheiden vermögen. Man zählt, wie oft die verschiedenen gleichzeitig angebotenen Farben von den Versuchsbienen angeflogen werden. Man prüft also, wie oft sie die Dressurfarbe Gelb mit den benachbarten Farbtönen verwechseln.

Die Bienen besuchen am häufigsten die Dressurfarbe Gelb, aber auch Orange und Gelbgrün. Dagegen wird Blaugrün kaum angeflogen ▷. Man kann auch der Reihe nach auf die anderen Farben Gelbgrün, Orange und Blaugrün dressieren und auf die gleiche Weise das Unterscheidungsvermögen für diese Farben prüfen. Aus diesen Experimenten ziehen wir folgenden Schluß: Die Bienen können Blaugrün von den anderen Farben gut unterscheiden. Die Farben Gelbgrün, Gelb und Orange werden häufiger ver-

Abbildung auf Seite 25, Versuchsgruppe 1.

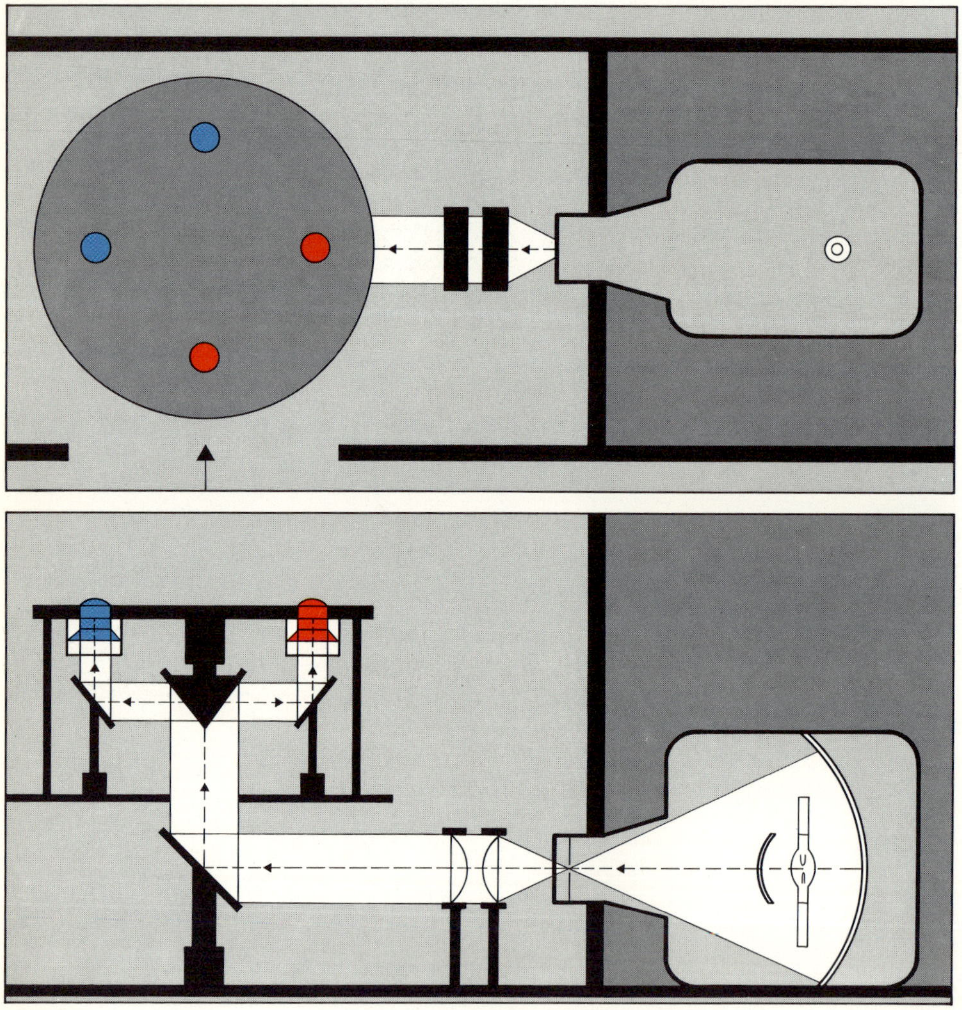

□ Aufsicht und Schnitt einer Versuchsapparatur zur Dressur von Bienen auf Farblicht. Das weiße Licht einer starken Glühbirne wird über Umlenkspiegel auf vier runde Dressurplätze verteilt. Durch Einschieben von Farbfiltern läßt sich jede gewünschte Dressurfarbe einstellen.

wechselt. Diese Farben erscheinen den Bienen *ähnlich,* während sich zwischen Gelbgrün (530 nm) und Blaugrün (490 nm) der Farbton für die Bienen stark ändert. Blaugrün ist für sie eine von den anderen untersuchten Farbtönen *völlig verschiedene* Farbe.

Mit ähnlichen Versuchen hat man das ganze für die Bienen sichtbare Spektrum von Strahlen geprüft. Bienen können die Farben Ultraviolett, Violett, Blau, Blaugrün, Grün, Gelb und Orange unterscheiden. Wir wissen also über ihr Unterscheidungsvermögen Bescheid, können aber keine Aussage darüber machen wie sie die Farben empfinden.

Weiß ist nicht gleich Weiß

Viele Blüten sind weiß gefärbt. Sehen auch die Honigbienen solche auffälligen Blütensterne als Weiß?
Um das zu prüfen, machen wir für einen weiteren Dressurversuch zwei »Wirtshausschilder«, eines mit Zinkweiß und eines mit Satolithweiß ▷. Auf diese beiden Farbzeichen setzen wir Futtergläser mit Zuckerwasser. Neben das Gläschen auf dem Zinkweiß stellen wir ein Schild mit der Aufschrift *Für Bienen verboten,* neben das Gläschen auf dem Satolithweiß ein Schild mit der Aufschrift *Hier dürfen Bienen saugen.* Was werden die Bienen tun?
Die Bienen besuchen nur die »zugelas-

Käufliche Lackfarben.

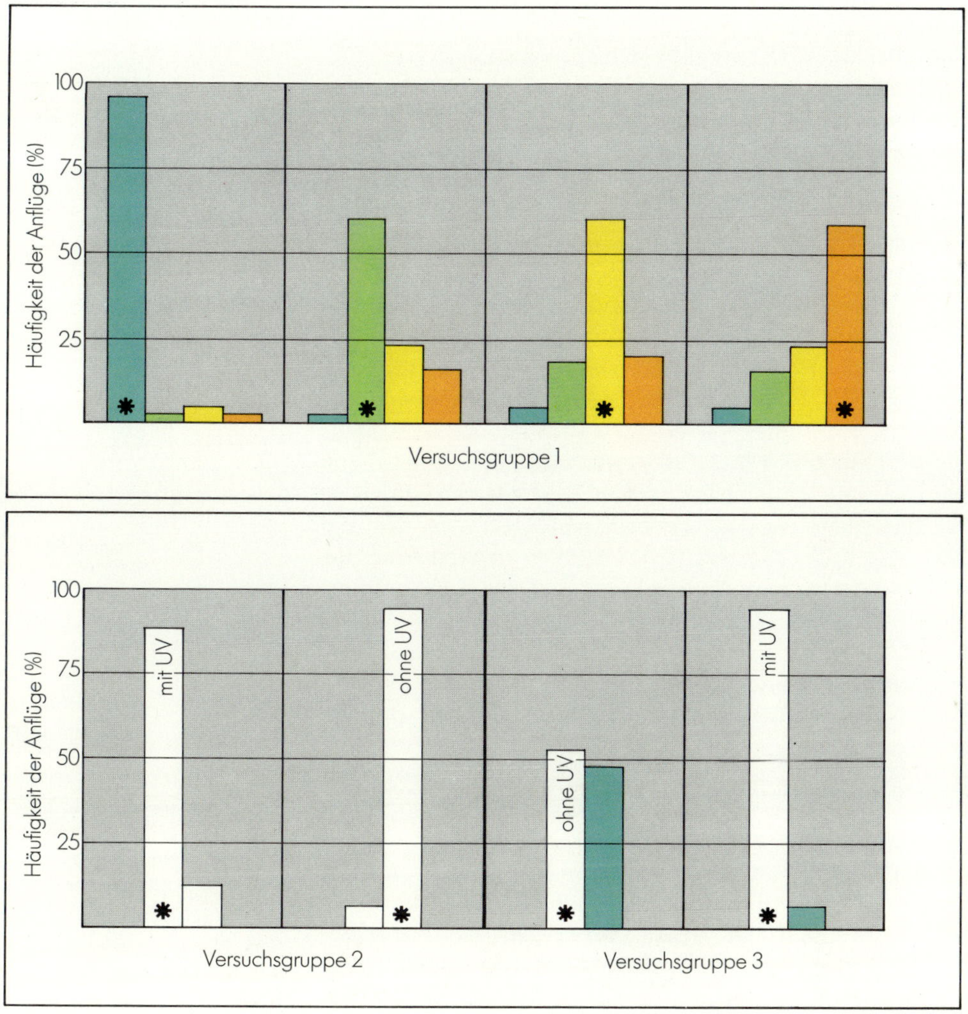

□ Nach Dressur auf eine bestimmte Farbe (Wellenlänge), die in der Grafik jeweils durch ein Zeichen hervorgehoben ist, bietet man den anfliegenden Bienen im Test verschiedene Farben (Wellenlängen) zur Auswahl an. Die Höhe der Säulen entspricht der Häufigkeit der Anflüge beim Test in Prozent aller Anflüge. Versuchsbeschreibung im Text.

sene« Futterquelle. Können Bienen lesen? Sicher nicht. Sie verhalten sich natürlich genauso, wenn man die Schildchen mit der Aufschrift wegnimmt. Wie ist das Verhalten der Bienen zu erklären?
Wir müssen annehmen, daß die Bienen die beiden weißen Farben deutlich unterscheiden können, und daß sie das Farbzeichen mit Satolithweiß aus irgend einem Grund lieber anfliegen.
Hat es vielleicht etwas mit UV-Strahlung zu tun? Reflektiert vielleicht eines der beiden Weiß ultraviolettes Licht, das wir nicht, Bienen aber um so besser sehen können? Wir wollen dieser Frage nachgehen und sie über einige Experimente zu beantworten versuchen.
Eine Gruppe Versuchsbienen ist auf *Weiß mit UV* dressiert. Immer wieder haben sie das Futterschälchen über diesem Farblicht besucht. Bietet man jetzt zusätzlich Futter über weißem Farblicht ohne UV, dann wählen die Versuchsbienen fast immer die Dressurfarbe, Weiß mit UV. Auch der Gegenversuch, bei dem man auf *Weiß ohne UV* dressiert und dann zusätzlich Weiß mit UV bietet, bringt ein gutes Ergebnis ▷. Die Bienen können die beiden Farblichter mit großer Sicherheit unterscheiden. Wie machen sie das?
Wir wollen uns den Sachverhalt noch einmal vom menschlichen Sehvermögen her klarmachen: ein Farblicht ist für uns dann Weiß, wenn es alle für uns sichtbaren Wellenlängen zwischen 380 und 780 nm enthält. Die beiden Farblichter Weiß mit UV und Weiß ohne UV enthalten alle für uns Menschen sichtbaren Wellenlängen. Das in dem einen Licht zusätzlich vorhandene Ultraviolett ist für uns unsichtbar, die vom Auge wahrgenommenen Qualitäten der beiden Lichter sind also völlig gleich ▷. Wir sehen beide Farblichter als Weiß.
Wie sieht das nun für die Bienen aus? Weißes Licht mit UV umfaßt alle für Bienen sichtbaren Wellenlängen von 300 bis 650 nm, die Bienen sehen dieses Licht weiß. Wir wollen es als *Bienenweiß* bezeichnen. Das weiße Licht ohne UV dagegen enthält nicht alle für Bienen sichtbaren Wellenlängen. Es fehlt das UV. Jedes Licht, dem ein Teil der sichtbaren Wellenlängen fehlt, ist für uns Menschen farbig. Sehen die Bienen Weißlicht ohne UV also auch farbig?
In Experimenten mit Farblichtern hat man festzustellen versucht, ob Bienen irgendeine Farbe mit Weißlicht ohne UV verwechseln. Das ist tatsächlich der Fall! Das Farblicht Blaugrün (490 nm), das die Bienen so gut von den benachbarten Farbtönen unterscheiden können, verwechseln sie mit Weiß ohne UV. Mischt man dem Weiß genügend UV-Strahlung dazu ▷, so ändert es seine für uns weiße Farbe nicht. Die Biene kann es jetzt aber von Blaugrün deutlich unterscheiden. Daraus läßt sich schließen, daß Weiß mit UV, das alle für die Bienen sichtbaren Wellenlängen enthält, für die Bienen die Farbqualität Bienenweiß hat, während Weiß ohne UV für die Bienen ähnlich aussieht wie Blaugrün.
Nun bleibt uns nur noch eines zu tun übrig. Wir müssen die beiden weißen Farben Zinkweiß und Satolithweiß physikalisch untersuchen. Dabei stellt sich heraus, daß Satolithweiß UV-Strahlung reflektiert, während Zinkweiß UV-Strahlung verschluckt. Satolithweiß ist Bienenweiß, Zinkweiß wird von der Biene blaugrün gesehen. Die Unterscheidung der beiden »Wirtshausschilder« ist für die Bienen also deshalb so einfach, weil das eine für sie Weiß und das andere Blaugrün ist.

Die Verschiebung der sichtbaren Wellenlängen bei den Bienen in den UV-Bereich hat zur Folge, daß Bienen Farben ganz anders sehen als wir Menschen. Man kann sich das an der Farbe eines grünen Rasens verständlich machen. Blätter verschlucken vor allem den roten Anteil der Strahlung. Wir sehen sie deshalb als Grün. In dem für Bienen sichtbaren Bereich von 300 bis 650 nm reflektieren grüne Blätter die verschiedenen Wellen-

□ Durch das Zusammenwirken von Licht, Apfelblüte und Auge entsteht die Farbempfindung.
Der Mensch sieht mit den drei Farbbereichen Rot, Grün und Blau. Da alle drei Farbbereiche von den Blütenblättern gleichmäßig zurückgeworfen werden, sieht der Mensch die Apfelblüte weiß.
Die Biene sieht mit den drei Farbbereichen Gelb, Blau und Ultraviolett. Da die Blütenblätter Ultraviolett verschlucken, wird nicht der gesamte für die Biene sichtbare Bereich zurückgeworfen. Die Biene sieht die Apfelblüte blaugrün.

Abbildung auf Seite 25, Versuchsgruppe 3.

Abbildung auf Seite 25, Versuchsgruppe 2.

Das für uns unsichtbare UV ist sehr energiereich, daher darf man nicht mit ungeschütztem Auge in eine UV-Lichtquelle schauen.

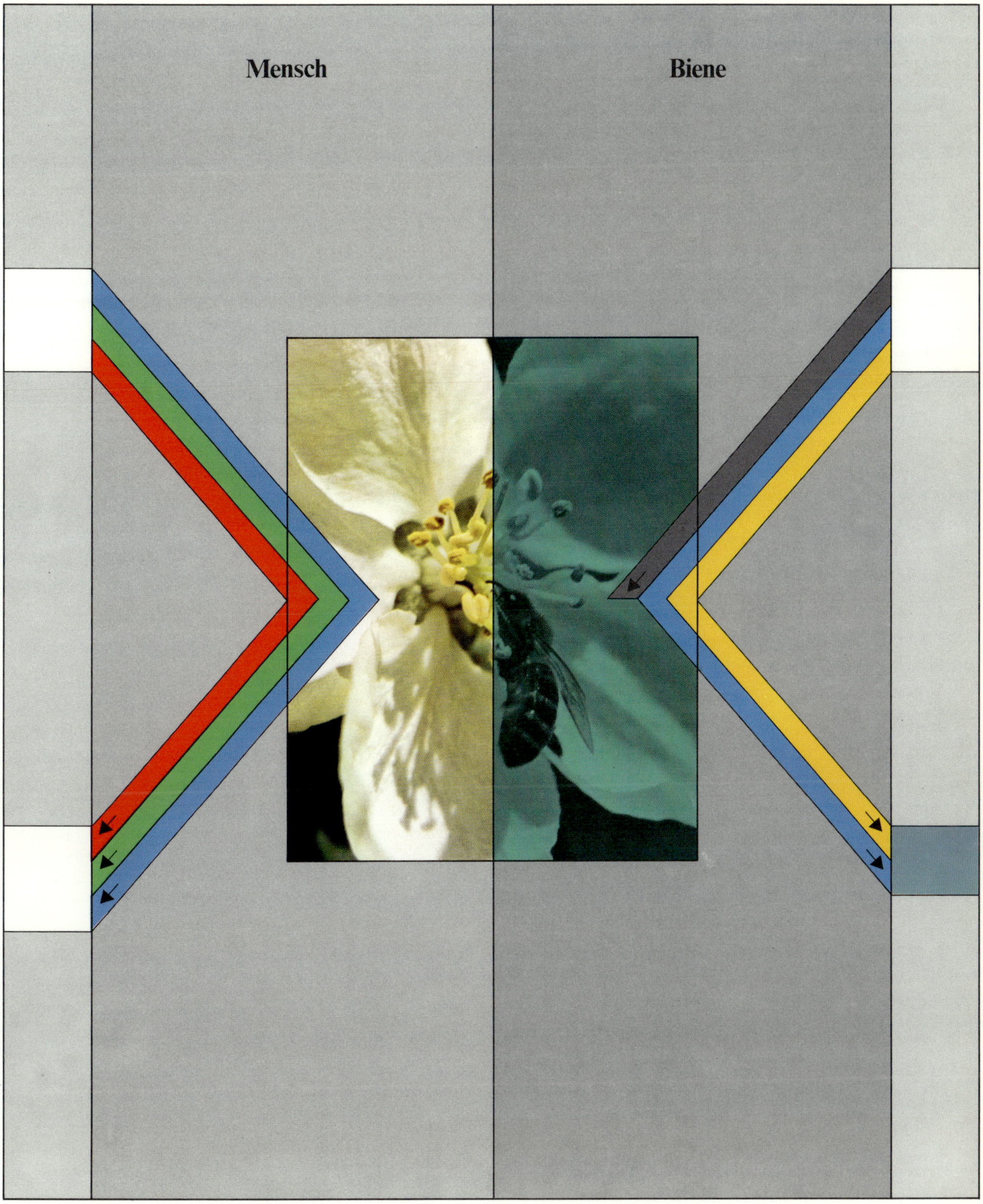
Mensch
Biene

längen in allen Farbbereichen gleichmäßig. Die Biene sieht daher keine Farbe, sondern eine Art mittleren Grauton. Ein weißes Gänseblümchen auf einer grünen Wiese sieht für die Biene blaugrün auf grauem Untergrund aus.
Für Bienen, die Gelb und Grün nur schwer unterscheiden können, müßte ein gelber Löwenzahn auf grüner Wiese eigentlich ein schwaches Signal sein. Nachdem wir wissen, daß die Wiese für die Biene gar nicht grün, sondern grau ist, sieht die Sache ganz anders aus. Für die Biene heben sich die bunten Farbsignale der Blüte sehr deutlich vom Grau der Wiese ab! Wir können also nicht vom menschlichen Farbensehen ausgehen und auf das Farbensehen der Biene schließen.

Obwohl wir mit der Biene nicht reden können, ist es uns gelungen, durch Experimente ihr Farbsehvermögen sehr genau kennenzulernen. Wir haben gesehen, daß die rotblinde, aber für Ultraviolett empfindliche Biene eine vom Menschen völlig verschiedene Farbwahrnehmung hat. Sie verwechselt Farben, die wir gut unterscheiden können, und sieht Farben, wo wir keine sehen.
Ehe wir uns nun der Frage zuwenden, wie die Bienen die anderen Blütenfarben sehen, wollen wir uns mit der Frage beschäftigen, wie Blütenfarben zustande kommen.

Wie die Blumen Farben mischen

Blumenfarben gehören zu den schönsten und leuchtendsten Farben überhaupt. Erst in jüngster Zeit hat der Mensch mit Hilfe der Chemie Farbstoffe von ähnlicher Leuchtkraft geschaffen. Durch Mischung verschiedener Farbstoffe oder Pigmente ▷ kann man heute jede gewünschte Farbtönung herstellen und Gegenstände entsprechend anmalen. Wie kommen die Farben der Blüten zustande? Welche Möglichkeiten hat die Natur, die unendliche Vielfalt verschiedener Blütenfärbungen zu erzeugen?
Schauen wir uns einmal zuerst die Organe an, in denen Farbstoffe entstehen – die Blütenblätter. Schnitte von Pflanzenteilen lassen im Mikroskop erkennen, daß sie aus kleinen Struktureinheiten unterschiedlicher Größe und Gestalt, aus Zellen, zusammengesetzt sind ▷. Auch die gefärbten Teile der Blüte, die Blütenblätter, sind aus winzig kleinen Zellen aufgebaut. Die Zellen der äußersten Schicht eines Rosenblattes besitzen einen Durchmesser von 0,04 Millimeter. Fünfundzwanzig solcher Zellen geben also erst einen Millimeter! Wegen der Kleinheit dieser Zellen ist auch ein so dünnes Organ wie ein Blütenblatt immer aus mehreren Zellschichten aufgebaut. Das papierdünne Blütenblatt vom Hahnenfuß beispielsweise besteht aus 6–7 Zellschichten. Ein solcher vielschichtiger Bau aus Zellen eröffnet vielfältige Möglichkeiten der Verteilung von Farbstoffen im Blütenblatt.
Eine weitere Möglichkeit der Farbstoffverteilung bietet die Untergliederung der Zelle. Jede Zelle einer Blütenpflanze besteht aus einer dünnen Schicht lebenden Protoplasmas ▷ mit einem großen, mit Flüssigkeit gefüllten Saftraum, der Vakuole, im Innern und einer Zellwand außen herum. Die Farbstoffe kommen entweder gelöst im Zellsaft der Vakuole oder als kleine feste Farbkörnchen im Plasma vor.
Im Zellsaft der Vakuole gelöst findet man vor allem Pigmente, die man als Anthocyane ▷ bezeichnet. Dieser Name ist ein wenig irreführend, da neben blauen auch alle Zwischenfarben von Purpur, Violett bis Rot von dieser Stoffgruppe gebildet werden können. Diese Anthocyane sind auch die Farbstoffe im Rotkohl und in den Roten Rüben. Sie rufen viele der leuchtend roten Verfärbungen beim Herbstlaub hervor. Eine große Zahl prächtiger Blütenfarben, das Rot des Klatschmohns und der Rosen, auch das leuchtende Blau der Kornblumen, gehören in die Gruppe der Anthocyane.
Die häufigste Farbe der Pflanzen, das

Den Aufbau der Pflanzenteile aus Zellen sieht man an der Abbildung auf Seite 115.

Protoplasma: Plasma; hochorganisiertes System zahlreicher verschiedener chemischer Verbindungen, vor allem von Eiweißkörpern, Nukleinsäuren, Kohlehydraten und Fetten. Das Protoplasma ist Träger der Lebenserscheinungen.

Anthocyan: Blütenblau, blaue Farbe der Blütenblätter.

Pigment: lat. Farbstoff.

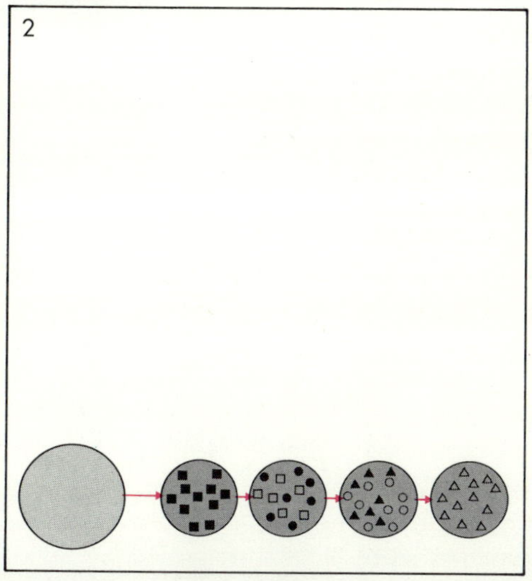

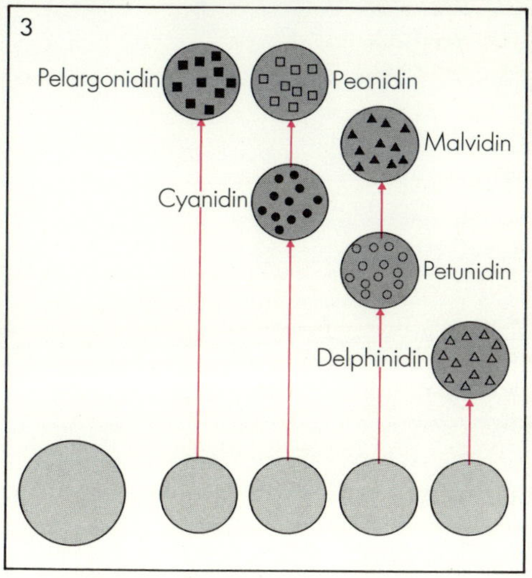

Grün, der grüne Farbstoff Chlorophyll ▷, ist nicht, wie die Anthocyane, im Zellsaft gelöst. Legt man ein dünnes Moosblättchen unters Mikroskop, sieht man, daß alles Grün zusammengeballt in Körnern, sogenannten Chloroplasten ▷, im Plasma liegt.

Außerdem findet man im Plasma der Zellen auch gelb, orange oder rötlich gefärbte Körnchen, die Chromoplasten ▷. In ihnen ist der Farbstoff gelegentlich so stark angereichert, daß er sich zu winzigen Kristallen zusammengelagert. So z. B. im Speichergewebe der Mohrrübe oder Karotte, wonach diese Farbstoffgruppe den Namen Carotinoide bekommen hat. Auch im Fruchtfleisch der Hagebutten, den Blütenblättern der Kapuzinerkresse oder der Ringelblume findet man solche Farbstoffkörnchen.

Mit dem Blau der Anthocyane, dem Grün des Chlorophylls, dem Gelb und Orange der Carotinoide und dem Rot der Anthocyane haben wir alle Farben des Spektrums beisammen. Wir wollen uns nun ansehen, wie durch Mischung dieser Farbstoffe die verschiedenen Farbtöne der Blüten entstehen.

Häufig kommen in den Zellen eines Blütenblattes mehrere Farbstoffe gleichzeitig vor. So findet man in den blau oder rot gefärbten Blütenblättern meist mehrere Anthocyane gleichzeitig.

Um den chemischen Aufbau und die Farbe dieser Pigmente zu untersuchen, muß man sie aus den Zellen der Blütenblätter herausholen und ein solches Gemisch gelöster Farbstoffe dann auftrennen. Dazu benutzt man heute ein Verfahren, das als Chromatografie ▷ bezeichnet wird. Mit dieser Methode kann man die Farbstoffe einer Blüte gut auftrennen und dann untersuchen. Man weiß heute, daß es eine große Zahl verschiedener Anthocyane gibt und daß durch ihre Mischung eine Vielfalt purpurner, violetter, blauer, rosafarbener, lachsfarbener, malvenfarbener und unterschiedlich roter Blütenfärbungen entstehen.

Chlorophyll: Blattgrün.

Chloroplasten: Blattgrünkörner.

Chromoplasten: gelbe oder gelbrote Farbstoffträger.

□ Die Grafik zeigt, wie ein zweidimensionales Chromatogramm entsteht. In einer Farblösung aus Blütenblättern lassen sich so sechs verschiedene Anthocyane nachweisen.
1. Man bringt die Farblösung tropfenweise auf den Trägerstoff, ein Stück Filtrierpapier.
2. Taucht man nun das Papier an einer Kante in einen Trog mit einem Lösungsmittel, dann werden die verschiedenen Farbstoffe von der wandernden Lösungsmittelfront unterschiedlich schnell transportiert. Sie werden getrennt.
3. Läßt man anschließend das Lösungsmittel senkrecht zur ersten Laufrichtung noch einmal laufen, dann trennen sich die verschiedenen Farbstoffe weiter auf.

Chromatografie: Trennverfahren zur Reindarstellung biochemischer Verbindungen. Erstmals zur Auftrennung von Blattfarbstoffen entwickelt, vergleiche auch die Abbildung.

Vielfach bilden sich die Farbmischungen aber auch durch Zusammenwirken *mehrerer, verschieden gefärbter Zellschichten eines Blütenblattes.* Beim wohlriechenden Veilchen ist die Epidermis ▷ der Oberseite farblos, die der Unterseite mit blauem Zellsaft gefüllt. Die tiefer liegenden Zellschichten beider Blattseiten sind rot gefärbt. So mischen sich Rot und Blau zum Farbton dieser Blüten.

Der französische Maler Georges Seurat hat in die Malerei den *Pointillismus* eingeführt: er mischte seine Farben nicht auf der Palette, sondern er setzte winzige Punkte »reiner« Farben nebeneinander auf die Leinwand. In einer gewissen Entfernung kann das menschliche Auge diese verschiedenfarbigen Punkte nicht mehr trennen, wir sehen dann die Mischfarbe. Auch die Farben beim Farbfernsehen werden aus winzigen Farbpunkten der Farben Rot, Grün und Blau zusammengesetzt. Wir sehen die nur 0,4 mm dicken Punkte aus Phosphorfarben nicht getrennt, sondern als Mischfarben. Ebenso bestehen die Farben beim Buchdruck aus einem winzigen Farbraster der drei Grundfarben Cyan, Magenta und Gelb, die wir dann als Mischfarben sehen ▷. Nach dem gleichen Prinzip sind viele Mischfarben bei Blütenblättern zusammengesetzt. *In benachbarten Zellen sind verschiedene Farbstoffe.* Auf der Außenseite der Blütenblätter beim Gartenmohn finden sich Zellen mit roter und blauer Färbung. Ähnlich sieht es aus in den Epidermiszellen bestimmter Tulpen- und Lilienblüten. Auch hier finden wir abwechselnd blaue und rote Farbflecke. Diese Farbflächen können wir mit unserem Auge wegen ihrer Kleinheit nicht mehr getrennt wahrnehmen. Wir sehen solche zusammengefleckten Blütenblätter als einheitlich Violett oder Purpurn.

Zusätzliche Möglichkeiten der Farbmischung entstehen durch das Vorkommen *verschiedener Stoffgruppen in einer Zelle,* von Anthocyan im Zellsaft und von Carotinoiden im Protoplasma. Das bekannteste Beispiel dafür ist das Stiefmütterchen. Legt man einen Schnitt bei einem Blütenblatt einer gelben Blüte an der Übergangszone von dunklem Saftmal und gelber Blattfläche, so entdeckt man, daß die Zellen der äußersten Schicht zu winzigen spitzen Warzen, sogenannten Papillen, ausgezogen sind. Im gelben Bereich des Blütenblattes liegen am Grunde der Zellen intensiv gelb gefärbte Chromoplasten. Im Saftmal sind die Papillen mit Anthocyan gefüllt und violett gefärbt. Da im Anthocyan die gelbe und rote Strahlung, in den Carotinoiden aber die blaue Strahlung verschluckt wird, erscheint das Saftmal tiefdunkel, bisweilen fast schwarz gefärbt.

Um einen ersten Eindruck von den vielen Möglichkeiten der Farbmischung in Blütenblättern zu erhalten, kauft man am besten einen Strauß von Zinnienblüten. Da gibt es Sorten mit den verschiedensten Blütenfarben. Zum blauroten Zellsaft und den gelben Farbkörnchen kommen auch noch grüne Chloroplasten. Entsprechend vielfältig sind die Farbkombinationen, die man mit dem Mikroskop untersuchen kann.

Epidermis: Oberhaut; das meist aus einer einzigen Zellschicht bestehende Abschlußgewebe der Pflanzen.

Leuchtkraft und Glanz der Blütenblätter

Es fehlt uns noch die Blütenfarbe Weiß, die so häufig in der Form des Blütensterns, wie beim Gänseblümchen oder bei der Margerite, vorkommt. Wie entsteht eigentlich die Blütenfarbe Weiß?

Wir erinnern uns, daß Weiß *gar keine Farbe* ist. Das weiße Aussehen von Milch, Papier, Watte oder Porzellan entsteht nicht durch irgend eine »weiße Farbe«, sondern dadurch, daß hier das einfallende Licht auf viele winzige Teilchen trifft, dadurch gestreut und nach allen Richtungen reflektiert wird. Da alle Lichtwellenlängen gleichmäßig zurückgeworfen werden und fast alle Energie zurückkommt, sehen wir Weiß.

Beim weißen Papier sind es vor allem die winzigen, mit Luft gefüllten Hohlräume, welche diese Lichtstreuung hervorrufen. Entfernt man die Luft, indem

Wie durch Mischung der Grundfarben die Zwischenfarben beim Buchdruck entstehen, sieht man mit einer starken Lupe.

□ **Für den farbigen Buchdruck werden Farbauszüge in den drei Grundfarben Gelb, Rot (Magenta) und Blau (Cyan) hergestellt. Jeder Farbauszug besteht aus einem Raster winziger Farbpunkte. Durch Zusammendrucken der drei Farbauszüge mit einem zusätzlichen Schwarzauszug entsteht das Farbbild. Dabei entstehen die Mischfarben, weil wir die winzigen farbigen Rasterpunkte nicht mehr getrennt sehen können.**

man eine Flüssigkeit in die Hohlräume eindringen läßt, verliert das Papier seine weiße »Farbe«. Ein Fettfleck auf einem weißen Papier demonstriert diesen Effekt ganz gut.

Auch die Blütenblätter weißer Blüten sind zwischen den Zellen mit winzigen luftgefüllten Hohlräumen versehen. Bringt man solche Blütenblätter in eine Saugflasche und saugt man mit einer Pumpe die Luft heraus, so kann anschließend Wasser ins Innere dieser Hohlräume eindringen. Die Blütenblätter verhalten sich dann wie das Papier. Sie verlieren das leuchtende Weiß und werden fast durchscheinend. Dieses Experiment zeigt uns, daß die luftgefüllten Hohlräume zwischen den Zellen der Blütenblätter, die sogenannten Interzellularen ▷, die Brechungserscheinungen hervorrufen, die wir als *strahlendes Weiß* wahrnehmen.

Vielfach bringen solche lichtbrechenden Hohlräume in den tiefer liegenden Zellschichten der Blütenblätter die bunten Farben der darüberliegenden Zellschichten erst zum Leuchten. Beim Malen erreicht man besonders leuchtende Farben, wenn sie als Lasuren ▷ über blendend weiße Grundierung gelegt werden, so wie die Aquarellfarben das weiße Papier als Grundlage brauchen, um zur Geltung zu kommen.

Interzellularen: Zwischen den Zellen liegende luftgefüllte Hohlräume im Gewebe.

Lasur: dünner durchscheinender Farbauftrag.

Die Blütenblätter des Hahnenfuß sind ein gutes Beispiel für diesen *Wasserfarbeneffekt*. Die gelbe Färbung entsteht hier durch ein gelbes Öl in den Epidermiszellen der Blattoberseite. Unter der Epidermis liegt eine dicht mit farblosen Stärkekörnern vollgestopfte Zellschicht. Diese vielen winzigen Stärkekörnchen streuen das einfallende Licht, ähnlich wie die winzigen Tröpfchen in der Milch. Präpariert man die gelbe Epidermisschicht ab, dann sieht man, daß die darunterliegende Stärkeschicht blendend weiß ist. Das einfallende Licht wird an den Teilchen gestreut und vollständig reflektiert. Man kann diese lichtbrechende Schicht mit dem weißen Papier vergleichen, das den Wasserfarben Leuchtkraft verleiht.

Manche Blütenblätter verstärken die Farbwirkungen durch besondere Veränderungen der Oberfläche. So zeigen eine ganze Reihe von Blüten einen auffälligen *Lackglanz*. Sie sehen aus wie frisch lackiert. Bei den Blütenblättern des Hahnenfuß wird dieser Glanz durch eine dünne, besonders glatte Wachsschicht an der Epidermis hervorgerufen. Bei anderen Blütenblättern entsteht solcher Lackglanz durch einen feinen Ölüberzug. Der Glanz an den Blütenblättern mancher Tulpensorten, des Alpenveilchens oder der Ringelblume ähnelt in seiner Wirkung dem feiner Seidenstoffe. Solcher *Seidenglanz* wird bei Stoffen durch lange parallel verlaufende Fasern an der Oberfläche hervorgerufen. Genauso ist auch die Epidermisoberfläche seidenglänzender Blütenblätter durch lange, schmale und parallel angeordnete Zellen ausgezeichnet. Zusätzlich tragen die Außenwände dieser Zellen feine parallele Längsstreifen.

Eine besonders auffallende Oberflächenwirkung bei Blüttenblättern ist der *Samtglanz*. Solche Samtoberflächen sind besonders bei den kultivierten Garten- und Zimmerpflanzen, wie bei den Stiefmütterchen, Primeln und Löwenmäulchen, häufig. Neben dem kennzeichnenden Samtglanz sind Samtfarben durch einen besonders warmen und satten Farbton gekennzeichnet. Bei der Epidermis des Stiefmütterchens sind die Zellen zu spitzen Warzen ausgezogen. Diese gegliederte Oberfläche der Epidermis mit den vielen dichtstehenden Warzenspitzen bricht das einfallende Licht vielfach, so daß es erst nach mehrfachem Durchtritt durch solche Warzen als reflektierte Strahlung in unser Auge gelangt. Derart reflektiertes Licht ist sehr arm an störendem weißem Reflexionslicht und erzeugt deshalb besonders satte und leuchtende Farben. Hans Kugler ▷ hat bei seinen Experimenten mit Hummeln sehr gut zeigen können, daß diese Tiere die durch solchen Samtglanz hervorgerufenen satteren Farben bevorzugt besuchen.

Hans Kugler, Studiendirektor in München, hat die Sinnesleistungen der Hummeln erforscht und ein Buch über Blütenökologie geschrieben.

Wir können also zusammenfassend sagen, daß die Farben der Blütenblätter nicht durch eine Art Farbanstrich der Oberfläche entstehen, sondern daß die unendlich vielen Variationen und Abstufungen der Blütenfarben durch komplizierte Kombinationen von Strukturen und Pigmenten erzeugt werden.

Das Saftmal führt zum Nektar

Nach der Blumentheorie von Sprengel sind die Farben der Blüten also Signale, welche für die blütenbesuchenden Tiere bestimmt sind. Wenn das zutrifft, dürfen

□ Die Blütenblätter der Rose sind mit ihrer blauroten Farbe Signale für bestäubende Insekten. Die leuchtend roten Hagebutten dagegen sind Signale für Vögel, die das Fruchtfleisch fressen und dabei die Samen verbreiten.

wir die Farben der Blüten nicht nach dem menschlichen Farbensinn beurteilen, sondern wir müssen versuchen, die Blütenfarben *vom Farbensinn der Blütenbesucher* her zu verstehen.
Wild wachsende Pflanzen mit leuchtendroten Blüten gibt es bei uns in Mitteleuropa kaum. Die meisten roten Blüten, wie bei den Heckenrosen, beim Heidekraut oder dem Rotklee, sind nicht leuchtend rot, sondern blaurot. Sie reflektieren neben der roten Strahlung auch Blau. So sind sie für die rotblinden Bienen und für andere Hautflügler ▷ als leuchtend blaue Farbe ein gutes Signal. Der Klatschmohn, eine der wenigen leuchtend roten Blumen in Getreidefeldern oder auf Schuttplätzen, reflektiert neben dem für die Bienen unsichtbaren Rot noch sehr stark im Ultraviolett, wie wir wissen, und besitzt daher für die Biene ebenfalls eine starke Farbqualität. Knallrote Blumen gibt es bei uns vor allem bei den Nelkengewächsen. Die Steinnelken, Lichtnelken und Karthäusernelken sind aber mit ihrer roten Plakatfarbe keine Signale für die rotblinde Biene. Sie werden von Tagschmetterlingen aufgesucht, die das Rot gut sehen können.
Auch in den Tropen gibt es viele Blumen mit rein roter Farbe. Aber auch hier ist die Blütenfarbe kein Signal für Bienen, sondern für Kolibris, jene kleinen Vögel, die, wie kleine Hubschrauber auf der Stelle schwirrend, Nektar saugen. Kolibris sind, wie Tagschmetterlinge, nicht rotblind. Die leuchtend rote Farbe ist bei diesen Blüten geradezu ein Zeichen für Vogelbesuch.
Diese Beispiele zeigen, daß die *Farbtüchtigkeit der Blütenbesucher* und die *Farbe der Blüten* gut einander angepaßt sind. Wenn eine Pflanze eine bestimmte Farbe nicht hervorbringt, ist dies nicht Unvermögen, sondern eine Anpassung an den Farbensinn der Blütengäste.

Die meisten Blüten sind mehrfarbig und oft mit auffälligen Strich- oder Punktmustern versehen, den sogenannten Saftmalen. Welche Bedeutung haben diese Farbmuster für die Blumen oder Blumenbesucher? Man hat Sprengels Theorie, daß diese Muster den Blütenbesuchern den Weg zum Nektar zeigen, weitgehend geglaubt. Sie ist ja auch so einleuchtend. Sprengel hat aber keine Experimente gemacht, er hat seine Schlüsse aus Beobachtungen gezogen.
Karl von Frisch hat bei seinen Untersuchungen über das Farbensehen der Honigbiene auch die Frage nach der Bedeutung der Saftmale wieder aufgegriffen. Er untersuchte die Farbkombinationen der Saftmale bei 94 verschiedenen Pflanzenarten. Am häufigsten fand er Farbkombinationen, die auch für die Bienen deutlich unterscheidbar sind: Gelb mit Blau, Gelb mit Purpur, Orange mit Blau und Gelb mit Violett. Die Farbmuster sind demnach für Bienen besonders auffällige Signale.
Mit der Feststellung, daß die Blütenbesucher die Saftmale erkennen können, ist aber noch nicht bewiesen, daß diese Blütenmuster tatsächlich das Auffinden des Blüteneingangs und damit des Weges zum Nektar erleichtern. Ein solcher Beweis kann nur mit Experimenten erbracht werden.
Der Botaniker Fritz Knoll ▷ hat diese Frage bei seinen Untersuchungen über den Blütenbesuch des Taubenschwänzchens, Macroglossum stellatarum, verfolgt. Dieser Schwärmer fliegt tagsüber und bei beginnender Dämmerung. Knoll konnte zeigen, daß der Schwärmer ein gutes Farbsehvermögen besitzt und sich bei seinen Flügen vor allem mit dem Farbensinn orientiert. Bei Tag kann man diesen Schwärmer am Leinkraut, Linaria vulgaris, beobachten, wo er im Schwirrflug aus dem langen nektargefüllten Sporn saugt. Zeigen die unscheinbar blaßgelben, löwenmaulähnlichen Blüten dieser Pflanze mit ihrem leuchtend orangefarbenen Gaumenmaul den Eingang zur geschlossenen Kronröhre?
Fritz Knoll hielt seine Versuchstiere in

Hautflügler: Hymenoptera, Ordnung der geflügelten Insekten.

Fritz Knoll, geb. 1883, Professor der Botanik in Wien und Prag, Begründer der experimentellen Blütenbiologie.

einem Flugkäfig, wo sie sich von Blütenmodellen Zuckerwasser holen konnten. Vom Saugen an diesem Zuckerwasser bekommen die Schwärmer einen feuchten und klebrigen Rüssel. Preßt man nun ein blühendes Leinkraut zwischen zwei Glasplatten und bringt es in den Flugkäfig, dann fliegen die Taubenschwänzchen auf diese Blüten zu und versuchen, ihren klebrigen Rüssel in die Blüten einzuführen. Dabei stoßen sie gegen die Glasplatte und hinterlassen einen klebrigen Fleck. Streut man nach dem Versuch etwas Pulverfarbe auf die Glasplatte, dann bleibt sie an den klebrigen Stellen hängen. Auf diese Weise erkennt man, wo die Schwärmer nach Nektar gesucht haben. Die mit Pulverfarbe markierten Zuckerwasserflecke liegen immer in dem leuchtend orangefarbenen Saftmal am Gaumenmaul. Um ganz sicherzugehen, schnitt Knoll das Saftmal aus der Blütenlippe heraus und brachte es an anderen Stellen der Blüten an. Die Taubenschwänzchen zielten auch dann mit der Rüsselspitze auf dieses Saftmal. Solche Blütenmuster haben also für die Taubenschwänzchen einen starken Leiteffekt. Sie führen die Tiere tatsächlich zum Nektar.

Hans Kugler und Aubrey Manning ▷ haben mit Hummeln experimentiert, deren Farbensinn sich weitgehend mit dem der Honigbiene deckt. Sie konnten nachweisen, daß auch für diese Tiere die Saftmale von großer Bedeutung sind. So fliegen Hummeln gelbe Scheiben mit einem orangeroten Fleck in der Mitte viel häufiger an als gelbe Scheiben ohne ein solches »Saftmal«. Jeweils am Rand des orangefarbenen Flecks *strecken* die Hummeln *ihren Rüssel aus* und suchen nach Futter, auch wenn gar keine Zukkerwasserquelle vorhanden ist. Auch bei diesen Tieren signalisiert also das Saftmal den Nektar.

Besonders schön konnte Hans Kugler die Bedeutung der Saftmale an den Blütenständen der Roßkastanie zeigen. Die Blütenkerzen der Roßkastanie tragen viele Blüten, die nacheinander entfaltet werden. Ein solcher Blütenstand blüht daher 2–3 Wochen lang. Jede Blüte besitzt an den beiden oberen weißen Blütenblättern ein farbiges Saftmal. Er ist zuerst gelb und färbt sich dann über Gelbrot nach Karminrot um. Hat dieser auffällige Farbwechsel des Blütenmusters für die Besucher eine Bedeutung? Wird dieses Signal wahrgenommen? Hans Kugler experimentierte mit Hummeln.

Bringt man den Hummeln Blütenstände der Roßkastanie in den Flugkasten, dann lernen sie schnell, diese ihnen zuerst unbekannte Futterquelle auszubeuten. Am Anfang besuchen sie sowohl Blüten mit gelbem als auch Blüten mit rotem Saftmal. Nach kurzer Zeit besuchen sie die Blüten mit dem gelben Saftmal viel häufiger, schließlich suchen die Hummeln fast ausschließlich die »gelben« Blüten auf, die »roten« werden nicht mehr angeflogen. Die Hummeln lernen also recht schnell, die Futterquelle mit dem gelben Saftmal bevorzugt anzufliegen. Nur die jungen Blüten mit dem gelben Saftmal produzieren nämlich reichlichen Nektar, die älteren Blüten mit dem roten Saftmal sind meist ohne Nektar und daher eine schlechtere Futterquelle. Die Umfärbung des Saftmals ist hier für die Blütenbesucher ein Signal für die Ergiebigkeit der Futterquelle.

Aubrey Manning, geb. 1930, Professor der Zoologie in Edinburgh, Schottland.

Unsichtbare Muster auf den Blüten

Die Blüten der drei Kreuzblütler Schotendotter, Raps und Ackersenf sind für uns gelb. Wir können sie nach Farbe und Gestalt kaum unterscheiden. Man muß schon ein guter Pflanzenkenner sein, um diese Arten nur an den Blüten zu erkennen. Bienen haben dabei keinerlei Schwierigkeiten. Karl Daumer ▷, der sich ausführlich mit den Blumenfarben beschäftigte, *dressierte* Bienen auf diese gelben Blüten. Dazu schnitt er die Blütenblätter vorsichtig ab und breitete sie auf grünem Karton aus. In die Mitte dieses nur aus den Blütenblättern bestehenden Modells brachte er ein dünnes Glas-

Karl Daumer hat bei Karl von Frisch über das Farbensehen der Honigbienen gearbeitet.

□ **Beim Besuch einer Salbeiblüte drückt die Biene mit dem Rüssel auf einen Hebelmechanismus. So werden die Staubbeutel auf den Hinterleib der Biene geklappt und der Pollen abgestreift.**

röhrchen, das zu einem mit Zuckerwasser gefüllten Futterschälchen führt.

Wie bei den Farbversuchen werden die Bienen an solchen Modellen auf eine bestimmte Blüte dressiert und mit Zukkerwasser belohnt. Dann prüft man, ob diese Dressurblüte, beispielsweise der Ackersenf, mit den anderen gelben Blüten, dem Schotendotter und dem Raps, verwechselt wird. Immer wählen die Versuchsbienen mit großer Sicherheit aus den drei für uns vollkommen gleichen Blüten die aus, auf die sie dressiert wurden. Bienen sind wirklich gute Botaniker! Welches Unterscheidungssignal benutzen sie für dieses Kunststück?

Spielt vielleicht wieder ultraviolette Strahlung eine Rolle, die wir nicht sehen können?

Legt man über die drei Blüten von Schotendotter, Raps und Ackersenf ein UV-undurchlässiges Glas, dann können Bienen die Blüten nicht mehr unterscheiden. Sie sehen dann auch für die Bienen völlig gleich aus. So kann man zeigen, daß diese Blüten auf Grund einer unterschiedlichen UV-Reflexion für die Bienen verschieden aussehen. Für sie ist nur der Schotendotter rein gelb, er reflektiert kein Ultraviolett. Die Rapsblüten werfen ein wenig UV zurück und erhalten dadurch für die Bienen eine leichte »Purpurtönung«. Der Ackersenf, dessen Blütenblätter viel Ultraviolett reflektieren, gewinnt dadurch für die Bienen ein tiefes »Purpurrot«. Die drei für uns einheitlich gelben Blüten sind für die Bienen völlig verschieden gefärbt.

Könnten wir Blumen mit den Augen der Biene betrachten, dann würden wir mit Überraschung entdecken, wie viele für uns völlig gleich aussehenden Blüten sich leicht unterscheiden lassen. Auch gelbblühende Fingerkräuter beispielsweise sind für uns schwer zu unterscheiden. Wieder hat es die Biene leichter. Die Blüten des Strauchfingerkrautes, Potentilla fruticosa, absorbieren auf der ganzen Fläche des Blütenblattes den ultravioletten Anteil der Strahlung, sie sind daher auch für die Bienen rein gelb gefärbt. Beim Goldfingerkraut, Potentilla aurea, besitzen die Kronblätter einen schmalen UV-reflektierenden Saum, der für die Bienen als dünner »Purpursaum« von den sonst gelben Blütenblättern absticht. Beim kriechenden Fingerkraut, Potentilla reptans, ist dieser »Purpursaum« fast so breit wie der rein gelbe Bereich der Blüten. Bei der Blutwurz, Potentilla erecta, schließlich ist fast die ganze Blüte »purpurfarben«, nur eine kleine Zone in der Mitte der Blüte ist für die Bienen gelb. Auch bei den Fingerkräutern bringt also die unterschiedliche UV-Reflexion der Blütenblätter für uns unsichtbare Signale zustande.

Ähnlich wie bei den Fingerkräutern findet man bei vielen Blüten Muster und Zeichnungen, die für den UV-tüchtigen Besucher zusätzliche Signale sind. Viele dieser dem menschlichen Auge verborgenen Muster besitzen große Ähnlichkeit mit den von Sprengel »Saftmal« genannten Blütenzeichnungen. Sie sind viel häufiger als die für den Menschen sichtbaren farbigen Saftmale. Sind diese *UV-Saftmale* ebenfalls Zeichen, die den Weg zum Nektar weisen?

Um herauszufinden, ob die für uns unsichtbaren Blütenmuster von den Bienen gesehen und beachtet werden, fertigte Karl Daumer sich Blütenmodelle aus den Blütenblättern der steifen Sonnenblume, Helianthus rigidus. Die Blütenblätter dieser Blume sind ziemlich widerstandsfähig und lassen sich gut zu Modellblüten zurechtschneiden. Auch bei dieser Blüte befindet sich im unteren Viertel der für Bienenaugen »purpurfarbenen« Blütenblätter ein gelbes Grundfeld. Daumer stellte zwei verschiedene Blütenmodelle her. Einmal legte er die zugeschnittenen Blütenblätter mit dem UV-freien Grundfeld *nach innen* und einmal *nach außen*. Haben sich die Bienen im Versuch auf der »richtigen« Anordnung mit dem UV-freien Grundfeld im Zentrum niedergelassen, so laufen sie auf einer Zungenblüte meist am Rand entlang zur Mitte,

wo sie wieder aus einem dünnen Glasröhrchen mit Zuckerwasser belohnt werden. Haben sie sich dagegen auf die umgekehrte Anordnung mit dem UV-freien Grundfeld an der Spitze gesetzt, so wenden sie sich entweder gleich dem UV-freien Fleck an der Spitze zu, oder sie laufen zur Mitte und auf der gegenüberliegenden Zungenblüte zum UV-freien Feld. Bei der »verkehrten« Anordnung haben die Bienen Schwierigkeiten, das Zuckerwasser zu finden. Sie laufen über das Glasröhrchen, ohne den Rüssel hineinzustecken.
Dressiert man Bienen mit Zuckerwasser auf diese beiden oben beschriebenen Blütenmodelle, so können sie beide sehr gut voneinander unterscheiden. Legt man ein UV-undurchlässiges Glas über die Blütenblätter, dann verwechseln die Bienen die beiden Modelle, sie unterscheiden also wirklich mit Hilfe der UV-Muster. Solche UV-freien Felder an der Basis der Blütenblätter haben auf Bienen eine starke Wirkung. Auch winzige Flecken von nur 1–2 mm^2 Fläche werden von den Bienen erkannt und unterschieden. Bei all diesen Experimenten zeigten die Versuchsbienen ein eigentümliches Verhalten. Sobald sie die Grenzlinie zu dem UV-freien Grundfeld überqueren, *halten sie* unvermittelt in ihrem Lauf inne und *neigen* mit einer ruckartigen Bewegung *den Kopf*. Häufig *strecken* sie dabei gleichzeitig *den Rüssel heraus* und suchen nach Futter. Diese Rüsselreaktion ist kennzeichnend für solche UV-freien Saftmale. Die UV-Muster der Blüten sind also nicht nur Unterscheidungsmerkmale für verschiedene Blüten, sondern sie sind vor allem eine Markierung der Nektarquelle. Auch Bienen von Bienenvölkern, die jahrelang bei künstlichem Dauerlicht im Labor gehalten wurden und noch nie in ihrem Leben eine Blüte gesehen haben, strecken beim Überschreiten dieses Signals ruckartig den Rüssel vor. Dieses Verhalten ist demnach *angeboren*. Die Biene braucht den Zusammenhang von UV-freien Blütenteilen und der Nektarquelle nicht zu lernen. Sie kennt dieses Signal, noch ehe sie eine Blüte gesehen hat. Es enthält in die menschliche Sprache übersetzt für sie die Nachricht: Eingang zur Futterquelle, Rüssel zum Saugen fertigmachen.

Wir haben eine lange Reihe von Untersuchungen und Experimenten hinter uns. Die Blüten sind in ihren Farben, ihren Farbmustern und auch in den für uns unsichtbaren UV-Farben und UV-Mustern hervorragend auf die Blütenbesucher eingestellt. Wie die modernen Experimente zeigen, hatte Christian Konrad Sprengel mit seiner Blumentheorie recht: die Blumenfarben sind nicht allein dem Menschen zur Freude, sondern *vor allem* für die Augen und den Farbensinn der Blütenbesucher geschaffen.

Ein gutes Gedächtnis für Farben

Wie wir gesehen haben, reagiert die Biene beim Überschreiten der UV-freien Grenze eines Saftmals mit einer angeborenen Rüsselreaktion. Bei den übrigen Farbversuchen haben wir die Frage offengelassen, ob es sich um angeborene oder erworbene Leistungen handelt. Die Biene läßt sich auf jede für sie sichtbare Farbe dressieren. Sie behält jeweils die gebotenen Farbzeichen im Gedächtnis. Sie merkt sich die Farbe, weil sie bei der Dressur eine Belohnung, Nektar oder Zuckerwasser, vorfindet. Die Biene *lernt* also bei der Futtersuche ▷ den Zusammenhang von Farbe und Futterquelle.
Bei den Versuchen mit den farbigen Saftmalen der Roßkastanienblüten haben wir einen solchen Lernvorgang kennengelernt. Die Hummeln merken sehr schnell, daß nur bei den Blüten mit dem gelben Saftmal reichlich Nektar vorhanden ist. Sie erkennen, daß man die Farbe des Saftmals schon von der Ferne als Zeichen für die Ergiebigkeit der Futterquelle benutzen kann, und fliegen nach kurzer Zeit nur noch solche »gelben« Blüten an.

Die erste und wohl wesentlichste Auf-

In der Fachsprache bezeichnet man den Lernvorgang bei den Bienen als »operante Konditionierung«. Verknüpft werden dabei Anflug und Farbe, wenn es eine Belohnung gibt. Der Zeitpunkt des Lernens wird auf Seite 40 ausführlich besprochen.

gabe für die Biene beim Lernen ist es, ein *geeignetes Merkzeichen*, hier die Farbe, *auszuwählen*. Die Farbe ist sicher für die Dressur von Bienen ein recht sinnvolles Merkzeichen, da sie auch natürlicherweise dieses Merkzeichen beim Blütenbesuch benutzen und sicher stammesgeschichtlich seit langem an Farbzeichen angepaßt sind. Dieses *Merkzeichen* muß dann einem *Ereignis zugeordnet* werden. Man kann Tiere dressieren, indem man sie bestraft, wenn sie sich nicht richtig verhalten. Man kann das Lernen aber auch durch Belohnung fördern. Die Biene wird durch Futtergaben belohnt. Ein nächster wichtiger Schritt beim Lernen ist dann die *Speicherung der Information* im Gehirn.

Wir wollen die verschiedenen Schritte noch einmal zusammenfassen. Als erstes erkennt die Biene, daß die Farbe ein geeignetes Merkzeichen für die Belohnung mit Futter ist, sie wählt dieses Merkzeichen und verknüpft es im Anflug mit der Belohnung, dem Futter. Diesen Zusammenhang von Farbe und Futtersaugen speichert sie im Gehirn. Diesen Lernvorgang bei den Bienen hat man genau untersucht. Wie »lernt« die Biene Farben?

Randolf Menzel ▷ ließ mit Farbtupfen markierte Bienen in einer Vordressur Zuckerlösung saugen. Er fütterte die Bienen 2–4 mal auf einer unbeleuchteten Mattscheibe der Versuchsapparatur. Dadurch sollen sie sich an die Apparatur gewöhnen und den Futterplatz kennenlernen. Mehrmals hintereinander saugen sich die Bienen also voll und fliegen zum vierzig Meter entfernten Bienenstock, um dort ihre Last abzuliefern. Beim fünften Anflug zur Futterquelle findet eine Versuchsbiene, deren Lernverhalten untersucht werden soll, die Mattscheibe nicht mehr unbeleuchtet. Auf der Dressurplatte sind jetzt zwei Farblichter unterschiedlicher Wellenlänge, beispielsweise Blau (444 nm) und Orangegelb (590 nm). Jetzt gibt es kein Zuckerwasser mehr als Belohnung. In diesem Stadium des Versuchs geht es darum, zu prüfen, wie sich die Versuchsbiene diesen beiden Farben gegenüber verhält, die sie zum erstenmal in ihrem Leben sieht. Dann wird die Helligkeit der beiden Farblichter so eingestellt, daß beide von der Versuchsbiene etwa *gleich häufig* besucht werden. Zu Beginn des Versuchs macht also die Versuchsbiene zwischen den beiden Farblichtern keinen Unterschied.

Nun beginnt die eigentliche Dressur. Die Futterquelle wird zuerst nur mit einem der beiden Farblichter, beispielsweise Blau (444 nm), beleuchtet. Die Biene setzt sich auf das farbig beleuchtete Futterschälchen und saugt 30 Sekunden

Randolf Menzel, geb. 1940, Professor der Zoologie in Darmstadt. Doktorarbeit bei Prof. Lindauer in Frankfurt »über Erlernung der Spektralfarben durch die Honigbiene«.

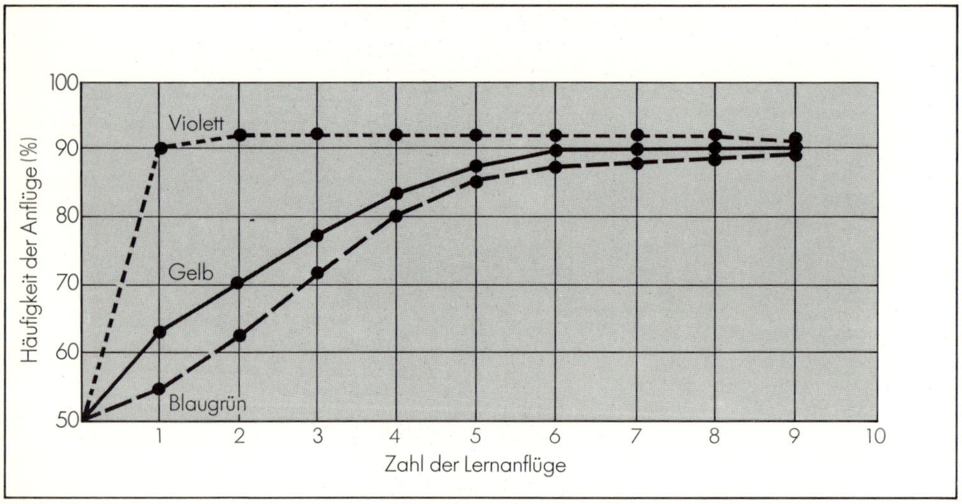

□ Lernkurven der Honigbiene für die Farblichter Violett (413 nm), Blaugrün (494 nm) und Gelb (590 nm). Mit zunehmender Zahl der Lernanflüge wählt die Biene die Dressurfarbe mit immer größerer Sicherheit. Die Lernkurven erreichen einen Sättigungswert bei 90 %.

lang. Sie wird über der Dressurfarbe mit Zuckerwasser belohnt. So kann die Biene im Anflug das Farbzeichen mit der Belohnung verknüpfen und ins Gedächtnis speichern. Man bezeichnet dies als den *ersten Lernanflug*.

Während die Biene zum Stock fliegt, löscht man das Farblicht an der Futterquelle wieder aus. Sobald sie zurückkehrt, findet sie diesmal die beiden verschiedenen Farblichter Blau und Orangegelb, beide jedoch ohne Belohnung. Einige Minuten lang wird das Verhalten der Versuchsbiene beobachtet und protokolliert. Dabei unterscheidet man zwischen gezieltem Anflug auf die leuchtende Mattscheibe, Antippen und Umkreisen der Mattscheibe, Hinsetzen auf die Mattscheibe und Saugversuchen. Es wird also geprüft, wie sich die Versuchsbiene gegenüber den beiden Farbzeichen nach einem Lernanflug verhält. Hat sie schon etwas gelernt? Hat sie schon begriffen, daß die Farbe Blau das Merkzeichen für das Futter ist?

Danach erhält sie bei der gleichen Farbe Blau (444 nm) wieder Zuckerwasser und darf wieder 30 Sekunden saugen. Das ist der *zweite Lernanflug* für diese Versuchsbiene. Nach der Rückkehr vom Stock wird abermals geprüft, welche Farbe sie wählt. So wird der Versuch fortgesetzt, bis die Versuchsbiene *zehn Lernanflüge* gemacht hat und also auch zehnmal auf ihr Wahlverhalten geprüft werden konnte.

Auf diese Weise erhält man für jede Versuchsbiene eine *Lernkurve*. Die Lernkurven der einzelnen Versuchsbienen für eine bestimmte Farbe weichen kaum voneinander ab. Man kann daher einer solchen Lernkurve entnehmen, wie bei zunehmender Zahl der Lernanflüge die Zahl der richtigen Entscheidungen für die Dressurfarbe zunimmt. Solche Lernkurven zeigen uns also ganz gut, wie schnell Bienen eine bestimmte Farbe lernen.

Man bemerkt bei den Versuchen recht bald, daß die verschiedenen Farben, die als Merkzeichen assoziiert ▷ werden müssen, unterschiedlich gut und unterschiedlich schnell gelernt werden. Überprüft man den ganzen für die Bienen sichtbaren Farbbereich, so zeigt sich, daß manche Farben sehr schnell, andere langsamer gelernt werden. Nach einigen Lernanflügen ▷ kennt die Biene alle Farben mit großer Sicherheit. Sie hat ein gutes Gedächtnis für Farben.

Wie lange speichert eine Biene die gelernte Farbe, also den Zusammenhang von Farbe und Nektarsaugen, in ihrem Gedächtnis? Randolf Menzel hat auch diese Frage in seiner Versuchsapparatur

Assoziieren: verbinden, verknüpfen.

Bei den Versuchsbedingungen von R. Menzel sind 5–6 Lernanflüge ausreichend. Je nach den Versuchsbedingungen können aber durch die Einwirkung sogenannter »sekundärer Verstärker« die Dressurerfolge bei Bienen recht verschieden sein.

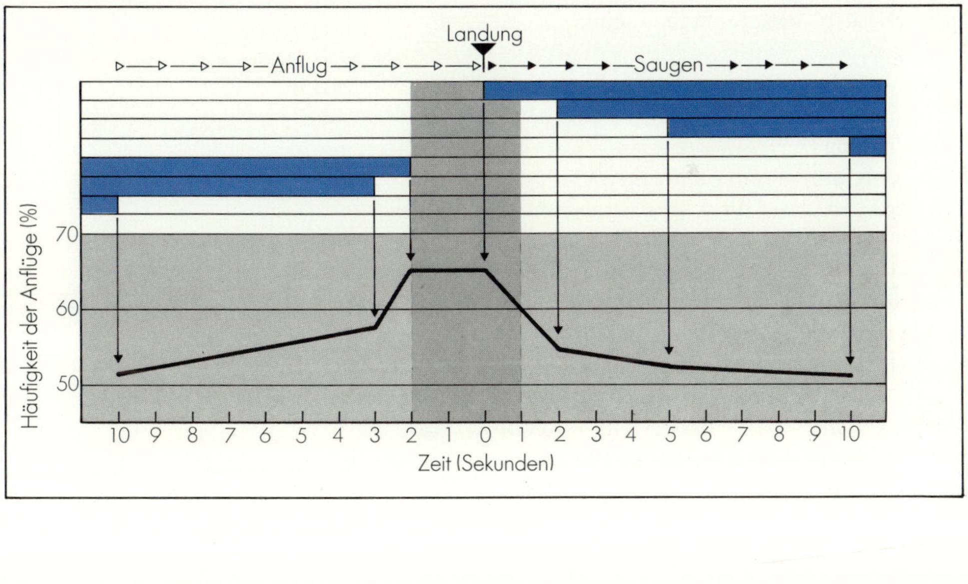

□ Ein blaues Signal (444 nm) wird nur in einem drei Sekunden langen Zeitabschnitt kurz vor und kurz nach der »Landung« am Futterschälchen mit der Belohnung verknüpft. Versuchsbeschreibung im Text.

geprüft. Er untersuchte, *wie schnell* die Versuchsbienen die einmal gelernte Farbe *wieder vergessen.*

Nach *einem Lernanflug* ist die Farbe noch nicht sehr fest eingespeichert. Bereits nach 24 Stunden beginnt die Versuchsbiene, die erlernte Farbe wieder zu vergessen. Nach etwa sechs Tagen besucht sie beide Farben wieder gleich häufig.

Belohnt man aber eine Versuchsbiene dreimal, läßt sie also *drei Lernanflüge* machen, dann vergißt sie diese Farbe nicht mehr. Selbst nach 12 Tagen fliegt sie sofort zu der erlernten Farbe und sucht dort nach Futter. Das ist eine erstaunliche Gedächtnisleistung. Nur 30 Sekunden hat eine Biene über einer Farbe Zuckerwasser gesaugt und diese Farbe damit für viele Stunden gelernt. Nach dreimaligem Saugen, ingesamt also nach 90 Sekunden über der Dressurfarbe, behält sie diese Farbe für 12 Tage im Gedächtnis. Dies ist eine lange Zeit, wenn man bedenkt, daß eine Biene etwa 4 Wochen lebt.

Der entscheidende Vorgang bei diesem Lernprozeß ist die Verknüpfung von Farbzeichen und Zuckerwassersaugen. In welchem Moment, beim Anflug, Hinsetzen, Rüsseleintauchen oder Saugen muß das Merkzeichen gesehen werden, um eine möglichst gute Verknüpfung von Merkzeichen und Belohnung zu bekommen? Wann muß man also dieses Farbzeichen bieten, damit die Biene eine solche Verknüpfung vornimmt und im Gedächtnis behält?

Menzel hat in weiteren Versuchen das Farblicht nicht mehr über die gesamte Belohnungszeit von 30 Sekunden gegeben, sondern das Merkzeichen zu unterschiedlichen Zeiten während des Saugaktes angeboten. Dabei zeigt sich ▷, daß ein Farbzeichen nur im kurzen Zeitraum, der etwa 2 Sekunden vor bis etwa 1 Sekunde nach Saugbeginn liegt, gelernt werden kann. Außerhalb dieser 3 Sekunden werden gebotene Farbsignale nicht mit dem Zuckerwasser assoziiert. Welche Bedeutung hat diese unglaublich kurze Lernzeit der Bienen für den Blütenbesuch unter natürlichen Bedingungen?

Beobachtet man Bienen, die an Blüten Nektar suchen oder Pollen sammeln, so sieht man, daß sie recht schnell von Blüte zu Blüte wechseln. Die Saugzeit an einer Einzelblüte, die in erster Linie von der angebotenen Nektarmenge abhängt, ist recht kurz. Wie die Hummeln, sorgen auch die Bienen dafür, daß ihre Energiebilanz ausgeglichen ist ▷. Die mittlere Saugzeit auf den Blüten ist meistens kürzer als 10 Sekunden. Dafür werden schnell nacheinander Blüten derselben Farbe besucht. Für das Erlernen der Blütenfarben spielt das kurzzeitige Behalten eine wichtige Rolle. Zwischen den einzelnen Anflügen vergehen meist nur wenige Sekunden, so daß die kurzzeitig gelernten Farbsignale von Blüte zu Blüte immer mehr verstärkt werden. Während eines Sammelfluges sucht eine Biene sehr viele gleichfarbige Einzelblüten hintereinander auf. Um ihre Honigblase während eines Ausfluges mit 50–60 Mikroliter Nektar zu füllen, besucht eine Biene fast 200 Kleeblüten oder etwa 150 Wickenblüten. Auch bei ergiebigeren Nektarquellen wird eine Vielzahl von Blüten kurz hintereinander besucht.

Dies führt dazu, daß eine Sammelbiene bereits nach dem ersten Ausflug eine Blütenfarbe sehr gut gelernt hat und beim zweiten Ausflug diese Farbe mit großer Sicherheit wiedererkennt. Sie hat wegen der beschränkten Nektarmenge *viele kurzzeitige Lernanflüge* hintereinander gemacht. Viel weniger gut würde sie die Farbe behalten, wenn sie sich auf einer Blüte vollsaugen könnte. Das wäre dann nur ein *einziger Lernanflug* mit entsprechend schlechterer Gedächtnisleistung. Das begrenzte Nektarangebot der Blüten, das eine möglichst gute Bestäubung der Blüten durch zahlreichen Besuch sicherstellt, verstärkt also auch den Lerneffekt für Blütenfarben bei den Bienen.

Mit der Energiebilanz der Hummel beschäftigt sich das Unterkapitel »Auf gläsernen Flügeln unterwegs« auf Seite 12.

Abbildung auf Seite 39.

Blütendüfte als Signale

Zu Beginn eines Dressurversuches legen wir, um Bienen an den Versuchstisch zu locken, zunächst ein mit Honig bestrichenes Papier aus. Stundenlang, manchmal auch tagelang, müssen wir warten, bis eine Biene den Honig entdeckt hat. Sobald aber die *erste* Biene unsere Futterquelle gefunden hat, sind in kurzer Zeit viele Bienen zur Stelle, die wir dann mit Zuckerwasser aus Glasschälchen weiterfüttern können. Sie kommen alle aus dem gleichen Bienenstock wie die Biene, die unsere Futterstelle entdeckt hat. Offenbar hat sie zu Hause von ihrem Fund »erzählt«.

Lange Zeit hat man geglaubt, daß die Bienen im Stock die reiche Beute der heimkehrenden Sammelbiene bemerken und ihr dann beim nächsten Flug zur Futterquelle folgen. Wie sollen die anderen Bienen auch sonst von der Futterstelle erfahren? Die Heimkehrerin, die unseren Futterplatz gefunden hat, kann ja ihrer Nachbarin im Stock nicht sagen: »Ich habe eine prima Futterquelle gefunden. Fliege bis zum übernächsten Apfelbaum, dann nach links den Feldweg entlang, über das Kleefeld bis zu der kleinen Wiese, dort steht ein Tisch, und darauf findest du den Honig.«

Karl von Frisch hat in scharfsinnigen Versuchen nachgewiesen, daß Bienen sehr wohl ihren Stockgenossinnen über ertragreiche Futterquellen Mitteilung machen. In einem »Tanz« teilen sie den anderen die *Entfernung* der Futterquelle vom Bienenstock mit und geben auch die *Richtung* an, in der sie fliegen müssen. Diese »Tanzsprache« ist recht kompliziert. Wir können uns an dieser Stelle nicht mit ihr befassen ▷.

Die Tanzsprache der Bienen wird in Band 7 dieser Reihe besprochen.

Außer über Entfernung und Richtung geben Bienen, die eine reiche Futterquelle gefunden haben, ihren Stockgenossinnen noch eine *andere* wichtige Information. Das soll der nächste Versuch verdeutlichen.

Wir entfernen das Glasschälchen mit dem Zuckerwasser und bieten den Bienen das Futter in einem Strauß Alpenveilchen. Dazu bringen wir mit einer Injektionsspritze ▷ etwas Zuckerwasser in den Blütengrund einiger Blüten.

Zur Handhabung winziger Flüssigkeitsmengen haben sich kleine Spritzen, wie sie der Arzt verwendet oder wie sie im Laborfachhandel zu haben sind, bewährt.

Die erste Biene, die unsere Futterquelle entdeckt, saugt sich voll, fliegt zum Stock zurück und informiert die anderen Bienen. In der Zwischenzeit nehmen wir die Blüten mit dem Zuckerwasser weg und stellen statt dessen zwei Blumensträuße ohne Zuckerwasser hin, einen aus Alpenveilchen und einen aus Phloxblüten. Wir sind gespannt, wo die ausschwärmenden Bienen nach Zuckerwasser suchen werden.

Die in immer größerer Zahl eintreffenden Bienen lassen die Phloxblüten völlig unbeachtet. Sie suchen alle in den Alpenveilchen nach dem Zuckerwasser. Die erste Biene hat bei ihrer Heimkehr also nicht nur vom Ort der reichen Futterquelle berichtet, sondern sie hat zusätzlich noch »gesagt«, in welcher Sorte Blüten sie das Zuckerwasser gefunden hat. Das ist recht merkwürdig, denn sie konnte doch gar nicht wissen, daß wir einen Strauß Phloxblüten zu den Alpenveilchen stellen würden.

Wie die Bienen Düfte lernen

Karl von Frisch klärte diese Frage mit Hilfe von Experimenten. Er bot Zuckerwasser in Modellblüten aus buntem Papier. Dabei bemerkte er, daß es gar nicht einfach ist, Bienen an Blumen aus buntem Papier zu gewöhnen. Sie fliegen zwar rasch auf die farbigen Papierblumen zu, setzen sich aber nur sehr selten. Sie verharren kurz vor der Blüte ohne zu landen in der Luft, fliegen dann seitlich weg und suchen die Umgebung ab. Er hat daher seine Papierblumen den natürlichen Futterquellen noch ähnlicher gemacht. Er hat sie mit einem Duft, beispielsweise einem Tropfen Pfefferminzöl ▷, versehen.

Jetzt suchen die ausschwärmenden Neulinge sofort die nach Pfefferminzöl duftenden Kunstblumen auf. Solche ohne Duft bleiben weiterhin unbeachtet. Auch andere nach Pfefferminzöl duftende Gegenstände, wie Papierschnitzel oder das Fläschchen mit dem Pfefferminzöl, sind plötzlich für die Bienen höchst interessant und werden auf das Genaueste nach Zuckerwasser abgesucht. Bienen teilen ihren Stockgenossinnen also, neben Entfernung und Richtung der Futterquelle, deren *Duft* mit.

Auf diese Weise unterscheiden die Bienen also auch die Blüten des Alpenveilchens und des Phlox am Duft. Das ist leichter gesagt als getan. Mit einiger Übung können wir diese beiden Düfte auch unterscheiden. Aber wir würden es kaum schaffen, einem anderen diese Düfte so genau zu beschreiben, daß er sie auch wiedererkennen könnte. Wie machen die Bienen das?

Sie nehmen etwas von dem Duft mit und lassen die anderen Bienen daran riechen. Wie man unseren Kleidern auch noch am Geruch anmerkt, daß wir in einem Gasthaus waren, so haftet der Duft unseres »Bienengasthauses« dem Körper der Bienen an, wenn sie in den Stock zurückkehren. Beim »Tanzen« lernen die anderen Bienen den Duft kennen. Nach diesem Duft suchen sie, sobald sie die im Stock erfahrene Richtung eingeschlagen und die entsprechende Entfernung zurückgelegt haben.

Flüchtige Duftstoffe werden in Paraffinöl gebunden, vergleiche auch Seite 53.

Ähnlich wie für die Farben, hat man auch den Lernvorgang für verschiedene Düfte untersucht. Wie schnell lernen und vergessen Honigbienen Düfte?

Wieder werden Versuchstiere mit Farbtupfen markiert. Um zu verhindern, daß sich eine Versuchsbiene dahin setzt, wo schon andere Bienen sitzen, werden sie einzeln getestet. Wir wollen uns einmal einen solchen Duftversuch ansehen.

Eine Biene hat den Duft von Thymian an der »tanzenden« Biene im Stock wahrgenommen. Sie erscheint am Futterplatz, der nach Thymian duftet, saugt sich voll und wird dabei mit einem Farbtupfen markiert. Zum erstenmal ist sie

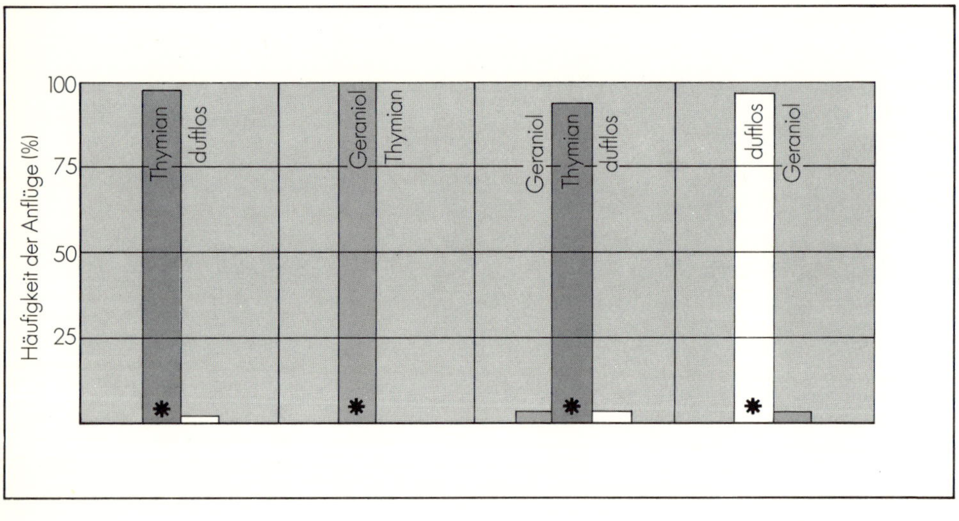

□ Testergebnisse nach einem Lernanflug auf den Duft von Thymian, Geraniol und auf das Signal »duftlos«. Versuchsbeschreibung im Text.

an dieser thymianduftenden Futterstelle. Es ist also ihr *erster Lernanflug* auf Thymianduft. Bis sie das nächste Mal vom Stock zurückkehrt, verändern wir den Futterplatz. Jetzt hat die Versuchsbiene die Wahl zwischen zwei Plätzen mit Thymian und zwei Plätzen ohne Duft. Beim *Lerntest* wird kein Futter angeboten. Hat die Versuchsbiene nach dem ersten Lernanflug schon etwas im Gedächtnis behalten?

Wegen der Veränderungen am Futterplatz orientiert sich die Versuchsbiene zuerst im Flug, setzt sich an einen der nach Thymian duftenden Plätze und versucht dort, Zuckerwasser zu saugen. Da sie kein Futter findet, fliegt sie wieder auf und umkreist den nächsten Platz. Duftet er, setzt sie sich dort nieder. Ist er duftlos, fliegt sie vorbei. Die Bienen wählen also bereits nach dem ersten Lernanflug fast ausschließlich die nach Thymian duftenden Futterplätze ▷. Sie lernen nach einer einzigen Belohnung, einen nach Thymian duftenden von einem duftlosen Platz zu unterscheiden.

Hat sie wirklich den Thymianduft »gelernt«? Oder wird sie einfach von *jedem* starken Duft angelockt?

Wir müssen einen Schritt weitergehen und sie auf verschiedene Düfte dressieren. Läßt man Bienen einmal über Thymianduft Zuckerwasser saugen und testet sie dann sowohl an duftlosen Plätzen als auch an Plätzen, die nach Thymian oder nach Geraniol ▷ duften, dann wählen sie immer mit großer Sicherheit den Thymianduft. Umgekehrt unterscheiden sie nach einem Lernanflug auf Geraniol diesen Duft mit großer Sicherheit von Thymian und »duftlos«. Sie lernen also tatsächlich beim erstenmal diese ganz verschiedenen Duftqualitäten und können sie untereinander und von der Qualität »duftlos« sicher unterscheiden.

Nun ist es nicht ganz richtig zu sagen, die Bienen hätten diesen Duft nur ein einziges Mal gelernt. Sie haben ihn ja außer beim Futterschälchen schon einmal im Bienenstock gerochen. Die heimkehrende »Tänzerin« riecht nach dem Duft der Futterquelle. Sind eigentlich für die Bienen Düfte am Futterplatz und solche, die sie im Bienenstock riechen, *gleichwertig?* Um diese Frage zu klären, muß man den Versuchsablauf etwas verändern.

Da man die Duftinformation im Stock nie völlig ausschließen kann, dressiert man Bienen auf die Qualität »duftlos«. Man experimentiert mit Neulingen, denen man Zuckerwasser ohne Duft anbietet. Die am Futtertisch ankommenden Bienen brauchen etwas länger, um das nicht duftende Futterschälchen zu finden. Sobald die erste erscheint, markieren wir sie. Sie saugt sich voll und fliegt heim.

Geraniol: Häufiger Bestandteil in ätherischen Ölen. Ein wichtiger Riechstoff der Parfümherstellung.

Abbildung auf der Seite gegenüber.

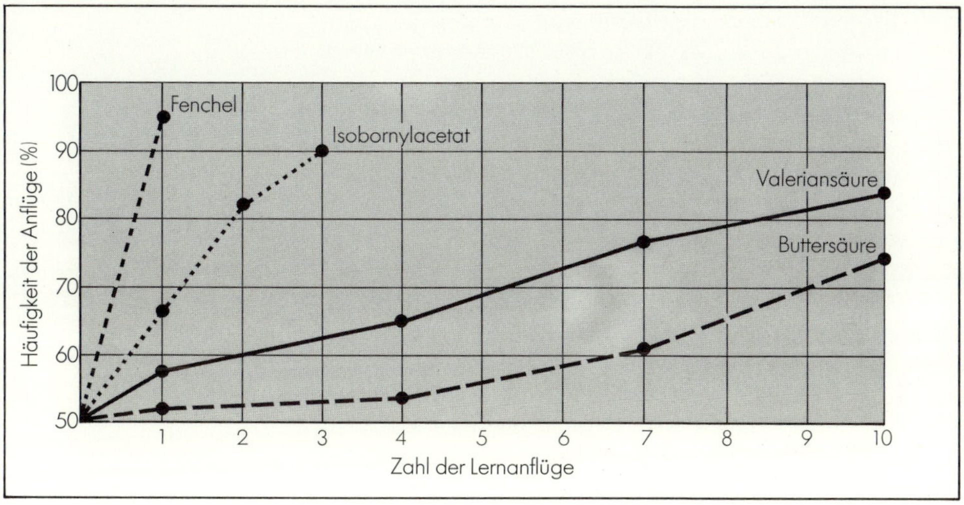

□ Lernkurven der Honigbiene für die Düfte Fenchel, Isobornylacetat, Valeriansäure und Buttersäure. Mit zunehmender Zahl der Lernanflüge wählt die Biene den Dressurduft mit immer größerer Sicherheit. Die Lerngeschwindigkeit und der Sättigungswert für die verschiedenen Düfte ist sehr unterschiedlich.

Kehrt sie nach einiger Zeit zur Futterstelle zurück, darf sie zwischen zwei duftlosen und zwei nach Geraniol duftenden Plätzen ohne Futter wählen. Die Biene wählt richtig. Sie setzt sich an den duftlosen Futterplatz.

Für die bisher untersuchten Düfte reicht also ein einziger Lernanflug tatsächlich aus, um bei der Rückkehr die Duftqualität eindeutig wiederzuerkennen.

Arbeitet man bei diesen Versuchen mit verschiedenen Düften, zeigt sich schnell, daß *nicht alle Düfte* so rasch erlernt werden. Wie bei den Farbdressuren lassen sich auch bei Duftdressuren Lernkurven aufstellen. An ihnen ist abzulesen, daß mit zunehmender Zahl der Lernanflüge bei verschiedenen Düften die Zahl der richtigen Entscheidungen beim Lerntest unterschiedlich zunimmt. Sowohl der Anstieg als auch der Sättigungswert der Lernkurven ist verschieden ▷. Nach einem Lernanflug kennt die Biene vor allem *pflanzliche* Düfte, wie Fenchel, Thymian oder Geraniol. Andere Duftstoffe, wie Buttersäure oder Isobornylacetat, lernt sie viel langsamer.

Als »Anstieg« der Lernkurve bezeichnet man die Zunahme der Anzahl richtiger Entscheidungen zu Beginn eines Lernexperiments, als »Sättigungswert« den nach vielen Lernanflügen erreichten Endwert.

Jeder Duft zu seiner Zeit

Natürlich wollte man nun auch noch wissen, wie lange die gelernte Verknüpfung von Duft und Futtersaugen im Gedächtnis der Bienen gespeichert bleibt. In einem Versuch, der diese Frage beantworten soll, wird den Bienen bei den ersten 10 Anflügen Zuckerwasser ohne Duft geboten, um sie erst einmal auf den Futterplatz zu dressieren. Bei den nächsten drei Anflügen liegt neben dem Futterschälchen ein Streifen Filtrierpapier mit einem Tropfen Geraniol. Nun hat also jede Versuchsbiene *drei Lernanflüge* aus eigener Erfahrung, dreimal wurde sie über Geranioldluft mit Zuckerwasser belohnt. Um die Bienen über längere Zeit für Gedächtnistests verwenden zu können, muß man sie nach den drei Lernanflügen weiterfüttern. Sie bekommen danach am Futterplatz duftloses Zuckerwasser.

Im Abstand von einer Stunde wird nun ihr Gedächtnis geprüft. Dabei darf die Versuchsbiene wählen zwischen zwei Plätzen mit dem Dressurduft Geraniol und zwei Plätzen mit Fenchelduft. Fenchel ist für Bienen *gleich anziehend* wie Geraniol. Jetzt wird sich zeigen, ob die Bienen das Geraniol-Duftsignal gelernt haben. Wie verhalten sich unsere Versuchsbienen?

Schon nach einer Stunde nimmt die Zahl der richtigen Entscheidungen für Geraniol ab. Von Stunde zu Stunde geht die Zahl zurück. Nach zehn Stunden unterscheiden die Bienen Geraniol und Fenchel fast nicht mehr. Am nächsten Morgen, wenn sie zum Futterplatz zurückkehren, haben sie den Dressurduft völlig vergessen. Farben haben die Bienen nach drei Lernanflügen über zwölf Tage im Gedächtnis behalten. Es sieht also so aus, als wäre ihr Gedächtnis für Düfte viel schlechter als das für Farben.

Der Zoologe Rainer Koltermann ▷, der diese Versuche als erster gemacht hat, fand zu seiner Überraschung, daß beim Weitertesten die Zahl der richtigen Entscheidungen wieder zunimmt. Genau 24 Stunden nachdem sie gelernt hat, erinnert sich die Biene wieder ganz gut an den Duft von Geraniol. Sie hat also ein gutes Gedächtnis für Düfte, man muß nur zur richtigen Zeit testen. Fast sieht es so aus, als ob das Gedächtnis der Honigbienen für Düfte von *der Zeit* abhängt, zu der es in Anspruch genommen wird. Wir wollen diese Frage prüfen.

Rainer Koltermann, geb.1931, Wissenschaftlicher Mitarbeiter an der Akademie der Wissenschaften in Mainz. Doktorarbeit bei Prof. Lindauer in Frankfurt.

Den ganzen Tag werden Versuchsbienen an einem duftlosen Futterschälchen gefüttert. Um 10 Uhr vormittags belohnt man sie dreimal über Geranioldduft und füttert dann duftlos weiter. Nachmittags um 16 Uhr dressiert man zusätzlich auf einen zweiten Duft, indem man dreimal über Thymianduft belohnt. Dann werden die Tiere wieder duftlos gefüttert. Testet man nun das Gedächtnis für die beiden Dressurdüfte, dann stellt man fest, daß die Bienen nicht nur die beiden Düfte mit dem Zuckerwassersaugen verknüpft haben. Sie haben sich auch noch zusätzlich die Zeit der Dressur eingeprägt. Jeweils vormittags um 10 Uhr wählen sie mit großer Sicherheit den Duft von Geraniol, nachmittags um 16 Uhr den von Thymian. Um 13 Uhr wählen sie die beiden Düfte gleich häufig. Die Honigbiene erinnert sich immer zu der Tageszeit besonders gut an einen Duft, zu der sie den Duft auch gelernt hat. Ihr Gedächtnis für Düfte ist tatsächlich zeitabhängig.

Wir haben einige Tage lang jeweils um 9 Uhr, 13 Uhr und 18 Uhr unweit vom Bienenstock ein Zuckerwasserschälchen aufgestellt, alle anfliegenden Bienen mit Farbtupfen markiert und jeweils *eine Stunde lang* gefüttert. Pünktlich um 10 Uhr, 14 Uhr und 19 Uhr entfernen wir unser Futterangebot.

In den ersten Versuchstagen fliegen die markierten Bienen noch etwas unsicher *schon vor* 9 Uhr, vor 13 Uhr und auch vor 18 Uhr an und suchen auch *noch nach* der jeweils einstündigen Fütterung nach Zuckerwasser. Bald jedoch erscheinen unsere Versuchsbienen sehr pünktlich zum Frühstück, Mittagessen und Abendbrot – auch wenn wir im Test gar kein Futter aufstellen. Zwischen den Futterzeiten nimmt kaum eine Biene Notiz vom Futterplatz.

Man kann also Bienen nicht nur auf *Farben* oder *Düfte,* sondern auch auf die *Zeit* dressieren.

Bienen können sich jede Tageszeit, zu der es an einem Platz, wenigstens eine Stunde lang, Futter gibt, merken. Betragen die Zwischenzeiten mehr als 2 Stunden, gelingt es, die Tiere auch auf mehrere Futterzeiten an einem Platz zu dressieren. Bienen haben demnach ein gutes Gedächtnis für die Zeit.

Nun sitzt natürlich normalerweise niemand draußen in der Wiese und dressiert Bienen auf die Zeit. Wozu brauchen also diese Tiere ein Zeitgedächtnis?

Hält man in einem Versuchsbeet, in das man alle möglichen Blumenarten gepflanzt hat, die Blüten den ganzen Tag unter Kontrolle, dann stellt man überrascht fest, daß jede Blütenart nur zu bestimmten Tageszeiten von Bienen besucht wird: Ackersenf und Löwenzahn werden gegen 9 Uhr am Morgen angeflogen, Kornblumen gegen 11 Uhr, Roter Klee und Weidenröschen um 13 Uhr, der Borretsch erst am späten Nachmittag. Die verschiedenen Blütenarten bieten sich zwar ganztägig den Insekten an, produzieren aber nur zu bestimmten Tageszeiten reichlich Nektar. Das scheint die Biene zu »wissen«. Das Gedächtnis für Futterzeiten ist also sehr nützlich für die Bienen. Es vermeidet unnötiges Umhersuchen, kraftraubende Blütenbesuche, die nichts einbringen. Die Koppelung der Erinnerung an bestimmte Blütendüfte mit den entsprechenden Futterzeiten erleichtert den Bienen sicherlich die Ausbeutung verschiedener Blütenarten.

Duft und Farbe an der Futterquelle

Die bisher geschilderten Versuche über die Lernfähigkeit für Farben und Düfte haben uns gezeigt, daß die Bienen Blumendüfte schneller lernen als Blütenfarben. Man könnte daraus schließen, daß die Duftsignale stärker wirken als die Farbsignale. Dieser Schluß bringt uns auf eine wichtige Frage: Was ist eigentlich für die sichere Bestäubung einer Pflanze wertvoller, die Produktion von Duft oder der Besitz auffallend gefärbter Blütenblätter? Und wie ist es, wenn die Farb- und Duftsignale gleichzeitig geboten werden?

Über dieses Problem wird schon seit langem nachgedacht. Bereits 1883 versuchte Hermann Müller ▷ in seinem berühmten Buch »Die Befruchtung der Blumen durch Insekten«, diese Frage zu beantworten. Er schreibt: »Daß den Pflanzen auch der Duft der Blumen von Vorteil ist, daß er dieselben den Insekten von weitem bemerkbar macht und dadurch gesteigerten Insektenbesuch und häufi-

Hermann Müller (1829–1883), Lehrer an der Realschule in Lippstadt (Westfalen). Hat als erster die Darwinsche Selektionstheorie auf die Biologie der Blüten übertragen.

gere Fremdbestäubung bewirkt, erscheint von vornherein unzweifelhaft. Es läßt sich sogar durch direkte Beobachtung des Insektenbesuches mit voller Sicherheit feststellen, daß Blumenduft ein weit kräftigeres Anlockungsmittel ist als bunte Farben.«

Ist das wirklich so einfach? Unsere Versuche mit den Farben und Düften haben ganz eindeutig gezeigt, daß die Bienen auch farblose, nicht duftende Futterplätze aufsuchen, wenn sie dort gefüttert werden. Düfte und Farben sind nicht *an sich* anlockend, sie sind *nur Merkzeichen* für eine Futterquelle. Karl von Frisch hat als erster darauf aufmerksam gemacht, daß der Insektenbesuch in erster Linie von der Menge der angebotenen Nahrung abhängt. Produzieren die Blüten einer Pflanzenart reichlich Nektar, dann werden sie von vielen Bienen besucht, auch wenn sie schwer zu finden sind. Bietet aber eine auffallend gefärbte oder stark duftende Blüte wenig oder keine Nahrung, dann wird sie trotz ihrer Auffälligkeit schwach besucht.

An den Blütenständen der Roßkastanie haben wir gesehen, daß die Blüten mit dem auffällig karminroten Saftmal von den Hummeln nicht besucht werden, obwohl sie zusätzlich auch noch stark duften. Diese Beobachtung gilt aber nur für lernfähige Insekten. Auf die Fliegen beispielsweise, die nicht lernen können, wirken bestimmte Düfte und Farben immer anlockend, sie besuchen deshalb bestimmte Blüten auch dann regelmäßig, wenn sie nicht durch reichliche Nahrung belohnt werden. So einfach läßt sich also die Frage nach der Wirkung von Duft und Farbe gar nicht beantworten.

Vielleicht sollten wir uns erst einmal überlegen, ob dieses Problem überhaupt lösbar ist. Wenn wir verschiedene Menschen befragen, welche Farben oder Düfte auf sie besonders wirken, stellen wir fest, daß die Vorliebe für bestimmte Farb- und Duftqualitäten sehr verschieden sein kann. Wie soll man da bei einem Tier, mit dem man nicht reden kann, herausbekommen, welche Signale die anziehendsten sind?

Erst in jüngster Zeit hat die Zoologin Irmgard Kriston ▷ diese Frage aufgegriffen. Sie machte bei ihren Experimenten eine Reihe wichtiger Entdeckungen. Zuerst arbeitete sie mit verschiedenen Farben und Düften. Dann untersuchte sie die Reaktion von Bienen auf gleichzeitig angebotene Farben und Düfte. Wir wollen zuerst die Farbversuche kennenlernen. Eine Versuchsbiene wird dreimal am farblosen Futterschälchen belohnt. Sie hat also gelernt, daß die Futterquelle

Irmgard Kriston, geb. 1944, Wissenschaftliche Assistentin am Zoologischen Institut in Würzburg. Doktorarbeit bei Prof. Lindauer in Frankfurt.

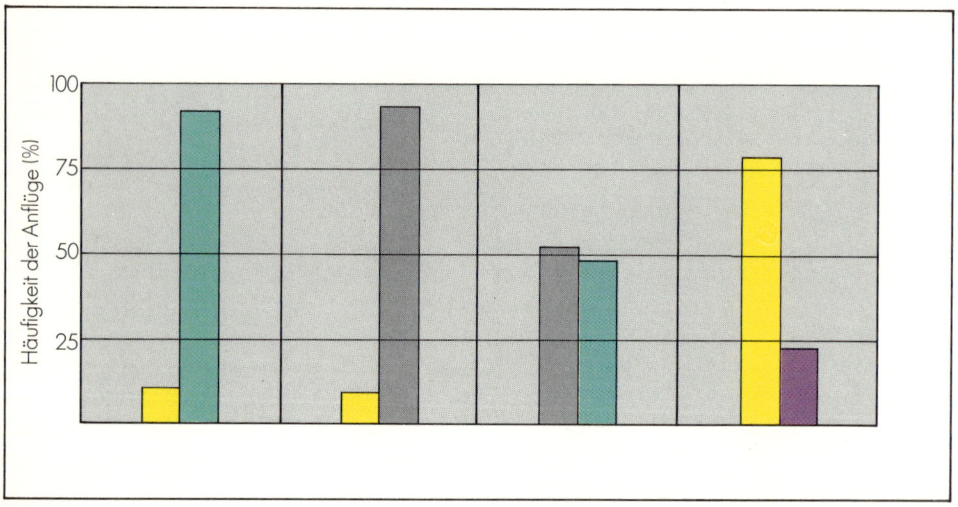

□ Nach dreifacher Belohnung an einem farblosen Futterplatz wählen die Bienen im Test zwischen zwei Farben. Versuchsbeschreibung im Text.

farblos ist. Beim nächsten Anflug findet sie vier gleiche Futterstellen ohne Zukkerwasser vor, von denen zwei mit Blaugrün und zwei mit Gelb markiert sind. Für welche Farbe wird sich die Biene entscheiden? Sie wählt fast immer Blaugrün. Bietet man Gelb und Grau, dann wählt sie immer Grau. Bei dem Signalpaar Gelb und Violett schließlich wählt sie am häufigsten die gelbe Farbe. Gibt es für das Verhalten der Tiere irgendeine Erklärung?

Wenn wir die Ergebnisse dieser Versuche mit den Lernkurven der Bienen für die Farben vergleichen ▷, dann stellen wir erstaunt fest, daß sie jeweils das Signal wählen, das sie am *schwersten lernen*. Sie wählen lieber Gelb an Stelle des rasch erlernbaren Violett. Bietet man aber zu Gelb das schwerer lernbare Blaugrün oder das reizschwache Grau, dann bevorzugen die Versuchsbienen diese Töne vor dem Gelb. Warum tun sie das? Warum sind die stark wirkenden und leicht erlernbaren Farben nicht anziehender für die Bienen?

Genau zum gleichen Ergebnis kommt man bei Düften. Bietet man den Tieren nach einer Vordressur auf eine duftlose Futterstelle zwei Düfte zur Auswahl an, dann wählen sie jeweils bevorzugt den Duft, der am schwersten gelernt wird. Sie wählen dann Buttersäure lieber als Isobornylacetat, und lieber Isobornylacetat als Fenchel.

Um das Ergebnis dieser Experimente zu verstehen, müssen wir uns noch einmal den Versuchsablauf klarmachen. Die Versuche unterscheiden sich nämlich in zwei wesentlichen Punkten von den bisher geschilderten. Einmal werden die Tiere nicht auf eine Farbe oder einen Duft dressiert, sondern auf eine *farblose*, beziehungsweise *duftlose* Futterstelle. Zum anderen bieten wir den Tieren im Test nicht die Auswahl zwischen dem Dressursignal und einem fremden Signal. Es werden vielmehr *beim Test zwei fremde Signale* geboten.

Bei den Farbversuchen haben die Bienen dreimal hintereinander gelernt, daß Futter an einem farblosen Futterplatz zu finden ist. Wenn sie vom Stock zurückkommen, suchen sie daher nach einem farblosen Futterplatz. Den gibt es aber im Test gar nicht. Sie wählen dann jeweils das weniger wirksame, schwerer lernbare Farbsignal, weil es für die Bienen *am meisten Ähnlichkeit* mit dem farblosen Futterplatz hat, den sie eigentlich suchen. Diese Versuche zeigen also, daß die Bienen nicht eine bestimmte Farbe im Gedächtnis gespeichert haben, die sie nun »blindlings« wieder suchen. Sie *vergleichen* vielmehr die Farbwerte miteinander, *bewerten* die Farben und *wählen dann* den Futterplatz. Bienen verrichten also eine ziemlich schwierige »geistige« Arbeit.

Abbildung auf Seite 38. Lernkurven für Düfte auf Seite 43.

Genauso lassen sich auch die Duftversuche erklären. Die Bienen haben gelernt, das Futter an einem duftlosen Futterplatz zu suchen. Sie bekommen aber im Test nicht einen duftenden und einen duftlosen Futterplatz zur Wahl angeboten, sondern zwei Düfte. Von zwei fremden Düften wählen sie den reizschwächeren Duft an Stelle des duftlosen Futterplatzes. Auch die Düfte werden also miteinander verglichen und bewertet.

Dieses Versuchsergebnis ist für unsere Frage, ob die Düfte oder die Farben für die Bienen wichtigere Signale sind, von großer Bedeutung. Würden die Bienen nur eine bestimmte Farb- oder Duftqualität im Gedächtnis speichern und wie ein Automat reagieren, indem sie nur die gespeicherte Information suchen, dann würden wir auf unsere Frage nie eine Antwort bekommen. Nachdem wir aber gesehen haben, daß die Bienen verschiedene Signale vergleichen und bewerten, haben wir eine Möglichkeit gefunden, eine Rangfolge der Merkzeichen herauszubekommen.

Bieten wir den Bienen eine Farbe und einen Duft als Testpaar, so können wir aus der Wahlhäufigkeit eine Aussage über die Wertigkeit der angebotenen Signale machen.

Die Rangfolge der Signale

Irmgard Kriston hat mit verschiedenen Farben und Düften gearbeitet. Wir wollen uns zuerst einmal drei Versuchsreihen ansehen und sie dann zusammen auswerten.

Zuerst werden die Versuchsbienen wieder an einem duft- und farblosen Futterplatz gefüttert. Dann bietet man im Test *gleichzeitig an getrennten Futterstellen* die Signale Blaugrün und Fenchel, ohne mit Zuckerwasser zu belohnen. Welchen Futterplatz wird die Biene aussuchen, den Duft oder die Farbe? Sie wählt fast immer das Farbsignal Blaugrün.

Der Versuch mit der Farbe Blaugrün und dem Fenchelduft ist damit aber noch nicht zu Ende. Nun *dressieren wir die Bienen auf Duft und Farbe,* indem wir sie über blaugrün beleuchteten, nach Fenchel duftenden Futterschälchen belohnen. Im Test *trennen* wir die beiden Signale wieder und lassen die Tiere wählen. Welchen Platz werden sie nun besuchen, wieder die Farbe Blaugrün? Nein, diesmal entscheiden sie sich für den Duft. Auch nach längerer Dressurzeit mit vielen Belohnungen bleibt der Duft das stärkere Merkzeichen. Ist nun der Duft oder die Farbe das wichtigere Signal? Im ersten Test wählen sie immer Blaugrün, im zweiten Fenchelduft.

Wiederholt man die beiden Tests, diesmal mit der Farbe Gelb und dem Duftstoff Isobornylacetat, dann wählen sie im ersten Wahltest immer den Duft. Dressiert man anschließend auf die gemeinsam angebotenen Merkzeichen Gelb/Isobornylacetat, dann ändert sich die Entscheidung der Tiere. Sie wählen dann Gelb. Auch nach zwanzig Lernanflügen bleibt die Farbe Gelb das Merkzeichen für die Futterquelle. Jetzt ist es also gerade umgekehrt. Sie wählen zuerst den Duft und anschließend die Farbe. Geben diese Experimente überhaupt einen Sinn?

Kombinieren wir doch einmal die Testreihe 1 mit der Testreihe 2 und lassen die Bienen zwischen Gelb und Fenchel wählen. Jetzt besuchen sie beide Merkzeichen fast gleich häufig. Gelb wird etwas bevorzugt. Nach einem Lernanflug wählen sie aber eindeutig den Fenchelduft. Mit zunehmender Zahl der Lernanflüge gewinnt dann die Farbe wieder an Bedeutung, bereits nach fünf Lernanflügen besuchen sie Duft und Farbe wieder gleich häufig.

Welche Schlüsse kann man aus den Experimenten ziehen? Welche Bedeutung haben Blütenfarben und Blütendüfte für die Biene?

Die Bienen zeigen uns auch bei diesen Tests, daß sie die Signale an der Futterquelle vergleichen und bewerten. Wenn wir uns ansehen, welche Signale die Tiere im *ersten Wahltest* nach der Vordressur wählen, dann können wir eine Reihenfolge der Wertigkeit aufstellen. Das schwächste Signal, das am geringsten bewertet wird, ist die Farbe Blaugrün, dann folgt der Duft von Isobornylacetat, die Farbe Gelb und schließlich als stärkstes Signal der Duft von Fenchelöl. Diese Reihenfolge stimmt ganz gut mit den Lernkurven überein, Blaugrün und Isobornylacetat lernen die Bienen langsamer als Gelb und Fenchelduft.

Diese Rangfolge der Signale bleibt auch erhalten, wenn die Duftkonzentrationen oder die Helligkeit der Farblichter verändert werden. Sie ist *eine Rangfolge der Qualität, nicht der Quantität.* Bienen haben eine angeborene Bewertung für bestimmte Signale. Es wirken aber nicht grundsätzlich die Signale einer Art stärker als die einer anderen Art: Duftreize sind nicht grundsätzlich stärker als Farbreize.

Dressiert man auf *zwei gleichzeitig gebotene* Signale, welche die Bienen sehr unterschiedlich bewerten, dann überwiegt bei der Orientierung das höher bewertete Signal, gleichgültig ob es eine Farbe oder ein Duft ist. Sind beide Signale für die Bienen gleichwertig, dann überwiegt zuerst der Duft als Merkzeichen. Nach vielen Lernanflügen orientieren sie sich dann aber nach beiden

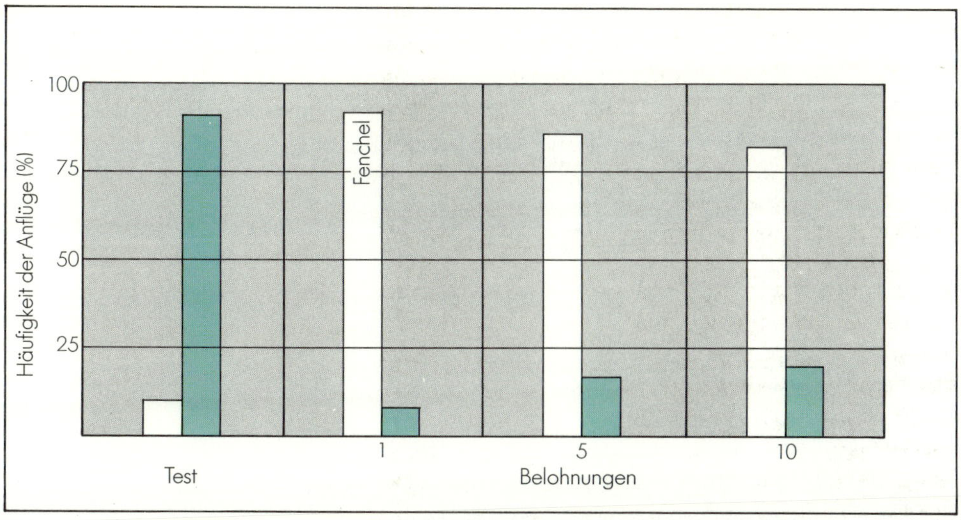

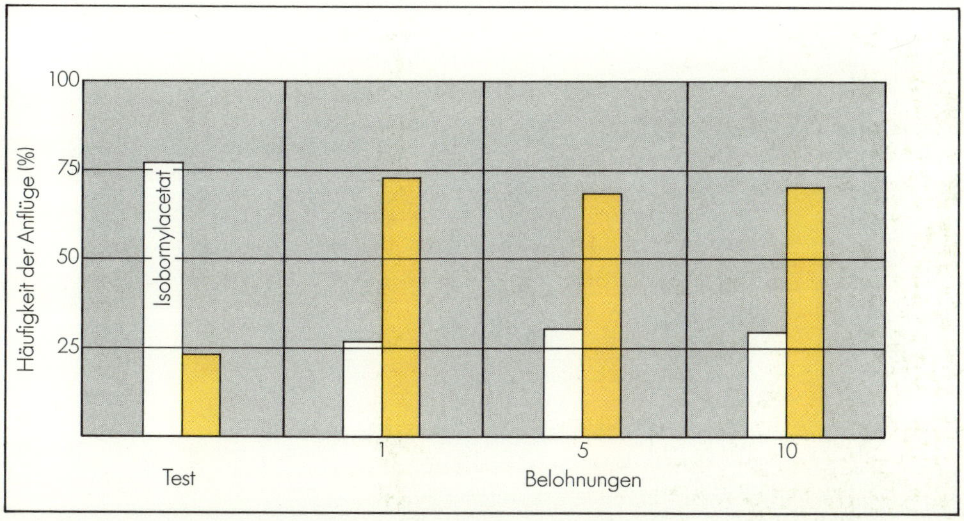

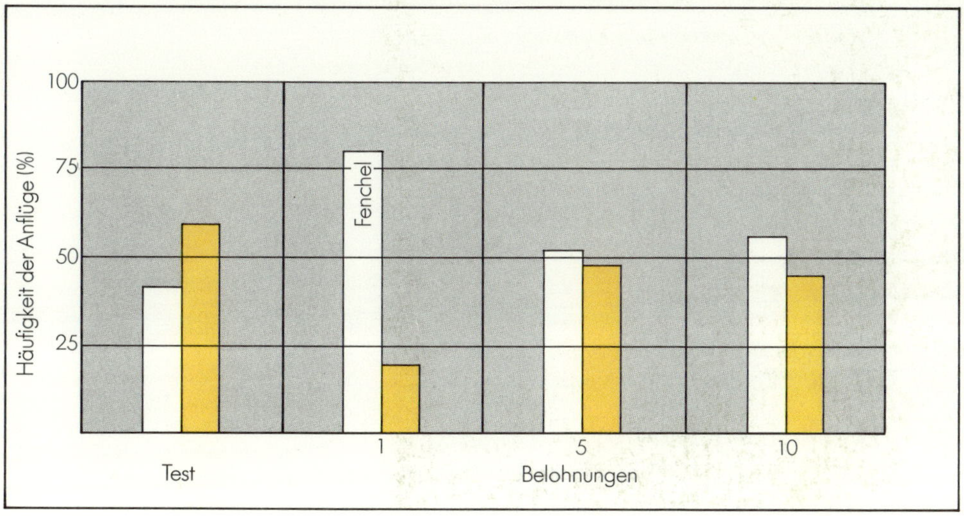

□ Nach dreifacher Belohnung an einem farblosen und duftlosen Futterplatz wählen die Bienen im Test zwischen einer Farbe und einem Duft.
Anschließend werden die Tiere auf das kombinierte Signal (Farbe + Duft) dressiert. Versuchsbeschreibung im Text.

Merkzeichen, wobei die Farbe etwas überwiegt. Diese ersten Versuche auf diesem Gebiet zeigen uns, daß es noch ein langer Weg ist, bis wir das Verhalten der Bienen an den Blüten ganz verstehen werden.

Wir wollen damit unsere Betrachtungen über das Lernen und Vergessen der Bienen abschließen. Wir haben uns so ausführlich mit der Honigbiene beschäftigt, weil sie zu den am besten untersuchten Tieren überhaupt gehört und weil man an ihr ganz gut zeigen kann, wie die moderne Biologie mit Experimenten Probleme löst. Die bei der Honigbiene gewonnenen Ergebnisse dürfen wir auch auf andere nahe verwandten Insekten, wie beispielsweise die Hummeln, übertragen.

Die gute Lernfähigkeit der Honigbiene ist eine wichtige Voraussetzung für ihre *Blumenstetigkeit,* das heißt für ihre Angewohnheit, immer Blumen derselben Art zu besuchen und so die Nektarquelle möglichst gut zu nutzen. Auch die Pflanzen haben davon einen Vorteil. Bienen, die jeweils Blüten derselben Art besuchen, übertragen den Pollen besonders wirkungsvoll. Bei den häufigen Besuchen der gleichen Blütenart nehmen sie viel Pollen auf ihrem Körper mit und bringen ihn auf dem kürzesten Weg zur nächsten Pflanze. Durch die Belohnung mit Nektar und Pollen werden die *lernfähigen* Blütenbesucher, wie Bienen und Hummeln, von den Blüten für diese Aufgabe »dressiert«.

Im Laufe der Evolution haben sich dabei die Bienen und die Blüten einander angepaßt, so daß bestimmte Signale, die das sichere Auffinden der Nektarquelle ermöglichen, stärker wirken. Farbbereiche und Duftstoffe, die für die Futtersuche der Bienen wichtig sind, werden bevorzugt gelernt. Die gute Ausbeutung einer Blumensorte, und damit auch ihre gute Bestäubung, beruht aber nicht auf der Auslöserwirkung ▷ bestimmter Signale, sondern darauf, wie leicht sie zu lernen sind. Nach den bisher vorliegenden Experimenten bevorzugt die Honigbiene nicht Signale einer Art, der Lernerfolg ist abhängig von der Wertigkeit der jeweiligen Merkmale. Bietet die Futterquelle ein starkes Signal, so orientiert sich die Biene vorwiegend nach diesem. Findet die Sammelbiene mehrere gleichwertige Signale vor, so werden sie gemeinsam gelernt. Dabei verschiebt sich das Gewicht von dem bereits im Stock erlernten Duftsignal zunehmend auf das Farbsignal. Dieser Umschwung bei der Orientierung an den Blüten läßt sich möglicherweise erklären.

Der Duft einer Blüte ist für die Bienen ein wesentlich genaueres Merkmal als die Farbe, da durch das außerordentlich gute Unterscheidungsvermögen der Bienen im Bereich der Düfte kaum Fehlentscheidungen vorkommen. Der Nachteil der Duftorientierung liegt darin, daß die Bienen bei Einzelblüten den Duft erst wahrnehmen können, wenn sie dicht bei der Futterquelle sind ▷. Durch das Erlernen der Farbe gewinnt die Biene die Möglichkeit, bereits aus größerer Entfernung ihre Futterquelle sicher zu erkennen. Im Laufe des Lernvorgangs nimmt die Farbe an Bedeutung zu. Das hängt vermutlich damit zusammen, daß ein Farbmerkmal einer Blüte sich wenig ändert, während die Duftabgabe stark von Temperatur, Luftfeuchtigkeit, Sonnenstrahlung und Luftbewegung abhängig ist. Duftsignale dienen daher vorwiegend der Nahorientierung auf den Blüten, Farbsignale der Fernorientierung.

Zur Duftorientierung der Bienen in Blütennähe vergleiche das Unterkapitel »Duftmuster für Insektenfühler« auf Seite 59.

Moleküle, die der Wind verbreitet

Bienen können, wie wir gesehen haben, verschiedene Farben und Düfte unterscheiden. Farben sind die von den Sinneszellen im Auge wahrgenommenen Strahlen unterschiedlicher Wellenlänge. Was sind eigentlich Düfte? Was ist das, der Duft von Fenchel oder Thymian?

Stellt man ein Schälchen mit Wasser über längere Zeit aufs Fensterbrett, dann

Die Wirkung sogenannter auslösender Reize auf Tiere wird in Band 1 »Partnersuche und Ehen im Tierreich« auf Seite 54 besprochen.

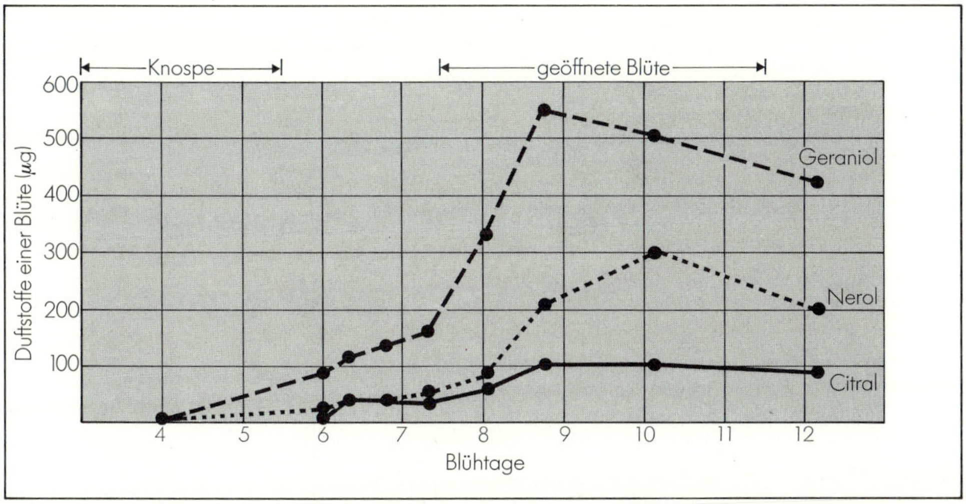

□ **Mit dem Aufblühen der Rosen beginnt auch die Produktion der verschiedenen Duftstoffe.**

nimmt die Wassermenge dauernd ab, zuletzt ist alles Wasser »verschwunden«. In Wirklichkeit ist das Wasser natürlich nicht verschwunden. Die kleinsten Wasserteilchen, die Moleküle, sind nacheinander aus der Flüssigkeit in die Luft übergegangen. Das flüssige Wasser aus dem Schälchen hat sich in der Luft als Wasserdampf verteilt.

Aus einem Tropfen Fenchelöl verdampfen ebenfalls nach und nach Moleküle der darin enthaltenen chemischen Verbindungen in die Luft. Wie Zigarettenrauch oder der Rauch aus einem Schornstein, dessen Ausbreitung wir in der Luft sehen können, werden die für das Auge nicht sichtbaren Duftstoffe von den Luftströmungen mitgenommen. Leicht flüchtige Stoffe, die in der Luft verbreitet werden und die wir mit den Riechsinneszellen wahrnehmen können, nennen wir Düfte, oder je nachdem, auch Gestank. Es sind *chemische Signale,* die von den Sinneszellen aufgefangen und in eine für das Nervensystem verständliche Sprache umgewandelt werden.

Für die Übermittlung eines Duftsignals bedarf es eines *Senders,* der Duftquelle, eines *Transportmittels,* der Luft, und eines *Empfängers,* den wir »Nase« nennen. Empfindlicher, schneller und genauer als jedes technische Analysengerät reagieren einzelne Riechzellen auf bestimmte chemische Verbindungen. Bisher wissen wir nur wenig darüber, welche Eigenschaften der Duftmoleküle die unterschiedlichen Geruchsempfindungen hervorrufen. So gibt es chemische Verbindungen, die sich in ihrem Bau nur äußerst geringfügig unterscheiden, aber dennoch völlig verschieden riechen. Dafür gibt es andere, die sich im Geruch sehr ähnlich sind, sich in ihrem Bau hingegen kaum vergleichen lassen, so verschieden sind sie. Es ist für den Biologen ein aufregendes Problem, herauszubekommen, wie es möglich ist, daß wir mit einem Organ, der Nase, eine so große Zahl der verschiedensten Gerüche, vom lieblichsten Wohlgeruch bis zum ekelhaftesten Gestank, wahrnehmen können. Noch ist die geheimnisvolle Sprache der chemischen Signale nicht entschlüsselt.

Erstaunlich ist auch die Empfindlichkeit des Geruchssinnes. Wir können Duftstoffe auch noch in großer Verdünnung riechen. Die Empfindlichkeit mancher Sinneszellen ist so groß, daß sie bereits auf einzelne Duftmoleküle reagieren, wie man beim Männchen des Seidenspinners, Bombyx mori, nachweisen konnte ▷. Der Duftempfänger soll ja möglichst auch die Signale weit entfernter oder schwacher Duftstoffquellen aufspüren.

Die Menge der in Blütenblättern erzeugten Duftstoffe ist außerordentlich gering.

Zur Duftorientierung des Seidenspinners vergleiche Band 1 »Partnersuche und Ehen im Tierreich« die Seiten 13–18.

Duftstoffe der Rosenblüten	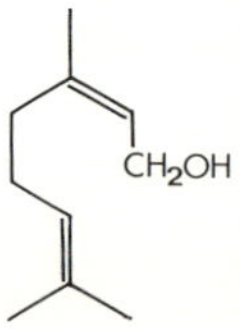 Geraniol	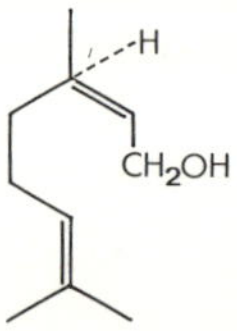 Citronellol	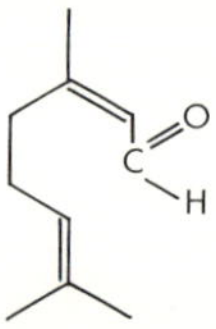 Citral
Duftstoffe der Blüten von Stanhopea tricornis	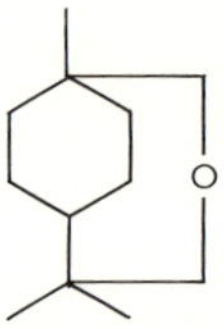 1,8-Cineol	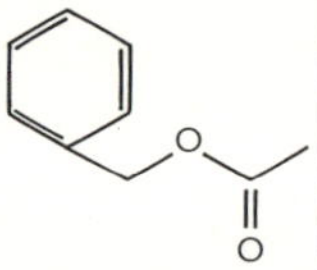 Benzylacetat	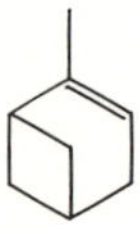 α-Pinen
Duftstoffe von Fliegenblumen und Grabwespenweibchen	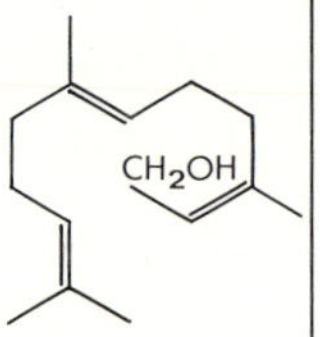 Farnesol	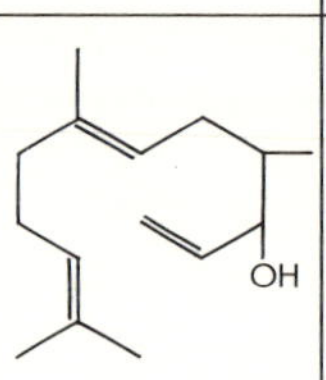 Nerolidol	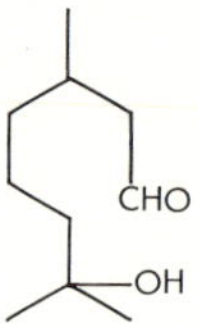 Hydroxy-Citronellal
Alarm-Duftstoffe von Ameisen und Termiten	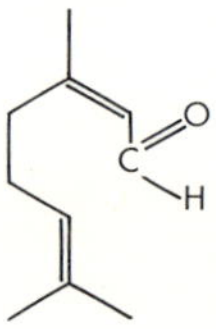 Citral	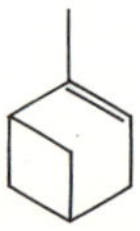 α-Pinen	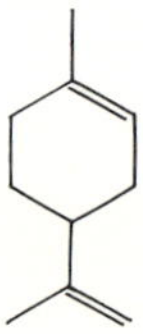 Limonen
Mandibeldrüsen-Duftstoffe von Hummelmännchen	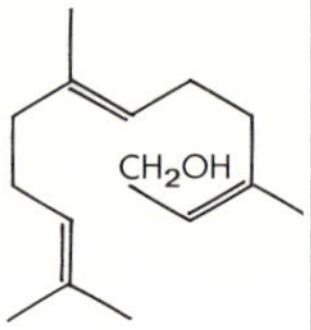 Farnesol	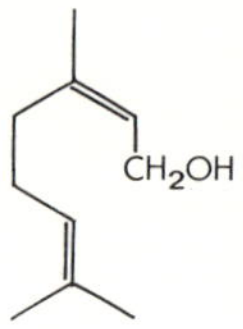 Geraniol	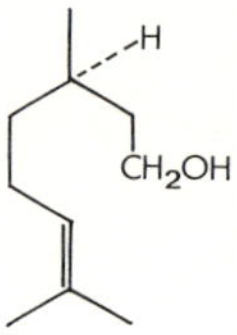 Citronellol

□ **Die Duftstoffe bestimmter Blüten und Insekten sind in ihrem chemischen Bau verwandt. Hier sind für die in diesem Band besprochenen Beispiele die Strukturformeln verschiedener Duftstoffe zusammengestellt.**

Aus einem Kilogramm stark duftender Rosenblüten erhält man höchstens ein Gramm Duftstoffe. Für die Blütenblätter einer einzigen Blüte, die etwa ein Gramm wiegen, gibt das 10^{-3} Gramm, also 0,001 Gramm Duftstoffe. Das ist sehr wenig, und doch duftet eine Rosenblüte so intensiv. Wie kommt das? In dieser winzigen Menge sind etwa $4{,}0 \times 10^{20}$ Moleküle Duftstoffe enthalten. Das ist eine unvorstellbar große Zahl, eine vier mit zwanzig Nullen dahinter! Diese vielen Moleküle werden in die Luft abgegeben. Bei der Biene hat man gemessen, daß sie für Blütendüfte eine Riechschwelle ▷ von $4{,}0 \times 10^{9}$ Moleküle/cm^3 besitzt. So viele Duftmoleküle müssen nämlich in einem Kubikzentimeter Luft enthalten sein, daß die Biene den Duft noch riechen kann. Das bedeutet, daß man den Duft einer Rosenblüte, also die von ihr erzeugten Duftmoleküle in 10000 m^3 Luft verteilen kann, – die Biene riecht ihn immer noch. Ähnliche Zahlen bekommt man für andere stark duftende Blüten, beispielsweise für Lindenblüten. Den Duft von Lindenblüten riechen wir bis zu 400 Meter weit. Kein Wunder bei der riesigen Zahl in der Luft ausgebreiteter Duftstoffmoleküle.

Um die leicht flüchtigen Blütendüfte festzuhalten, benutzt man Fette und Öle. Sie haben die Eigenschaft, die leicht flüchtigen Verbindungen aufzunehmen und bewahren sie über lange Zeit unverändert. Derart gewonnene Duftöle kann man als Jasminblütenöl, Rosenblütenöl oder Orangenblütenöl bekommen.

Ähnlich, wie für die verschiedenen Farbstoffe der Blüten, können wir auch die in einem solchen Duftöl enthaltenen chemischen Verbindungen trennen. Man bezeichnet die Untersuchungsmethode als Gaschromatografie ▷. Eine kleine Menge des Duftöls wird dabei nach dem gleichen Prinzip, wie wir es bei den Farbstoffen kennengelernt haben, getrennt. So kann man die einzelnen Bestandteile nacheinander auffangen und ihre chemische Zusammensetzung bestimmen.

Untersucht man nach dieser Methode das Fenchelöl und das Thymianöl, dann stellt man fest, daß es sich um Mischungen ganz verschiedener chemischer Verbindungen handelt. Bienen lernen also bei der Duftdressur nicht einen bestimmten Stoff, sondern ein Duftstoffgemisch.

Auf die richtige Mischung kommt es an

Auch die Blütendüfte bestehen nicht aus einer einzigen Substanz, sondern fast immer aus Mischungen leicht flüchtiger Verbindungen von ähnlichem chemischem Bau, aus den sogenannten ätherischen Ölen. Die *ätherischen* Öle dürfen wir nicht mit den *fetten* Ölen verwechseln. Fette Öle sind flüssige Fette. Die ätherischen Öle dagegen, die ihren Namen ihrer hohen Flüchtigkeit verdanken, gehören zur Stoffgruppe der Terpenoide ▷. Der Duft von Rosen setzt sich aus vielen verschiedenen Duftstoffen zusammen: Hauptbestandteile sind die Terpenoide Geraniol, Nerol und Citronellol ▷. Zahlreiche weitere Bestandteile, die häufig in ganz geringen Mengen beigemischt sind, ergeben die besondere Geruchsnote der verschiedenen Rosenarten.

Von allen Blütendüften am besten untersucht sind die Duftstoffe einiger mittel- und südamerikanischer Orchideenblüten der Gattungen Stanhopea und Catasetum. Die Blüten dieser Pflanzen besitzen einen äußerst starken, geradezu betäubenden Duft. Sie riechen ganz verschieden, nach Ananas, Vanille, Zimt, Kümmel oder Menthol. In diesen Blüten werden die Duftstoffe in solchen Mengen hergestellt, daß sie an bestimmten Stellen als kleine Tröpfchen die Oberfläche der Blütenblätter bedecken. In einer einzigen Blüte werden bei der Gattung Stanhopea im Laufe der dreitägigen Blütezeit bis zu 1 cm^3 Duftstoffe erzeugt. Eine gewaltige Duftstoffproduktion.

In den Blüten der verschiedenen Arten kommen jeweils bis zu zehn verschiedene Duftstoffe zusammen vor. Jede Art hat

Die Bestimmung der Riechschwelle bei der Biene wird auf Seite 59 erklärt.

Terpenoide: Hergeleitet von Terpentin; Kohlenwasserstoffe, deren Formel einem Vielfachen von C_5H_8 (der Formel des Isoprens) entspricht.

Die Ähnlichkeit dieser Verbindungen erkennt man vor allem an der Strukturformel. Vergleiche die Abbildung auf Seite 52.

Gaschromatografie: Trennverfahren für flüchtige chemische Verbindungen. Eine kleine Duftstoffmenge wird nach dem gleichen Prinzip wie Farbstoffgemische (vergleiche Seite 29) getrennt. Statt des Filtrierpapiers benutzt man ein mit bestimmten Substanzen gefülltes Rohr, statt des Lösungsmittels einen Gasstrom von Stickstoff oder Helium, der die einzelnen Bestandteile nacheinander zu einem Meßgerät bringt.

einen ganz *eigenen Blütenduft,* der durch die Zusammensetzung aus ganz unterschiedlichen Anteilen verschiedener Duftstoffe gut beschrieben werden kann. Die Blüten dieser Pflanzen werden fast ausschließlich von bestimmten Prachtbienen besucht und bestäubt. Die Bezeichnung Prachtbienen beschreibt diese nahe mit unseren Honigbienen und Hummeln verwandten Tiere ganz gut. Sie werden bis zu zwei Zentimeter lang und sind blau, grün und rot glänzend oder schwarzsammethaarig, mit gelben oder fuchsroten Querbinden am Hinterleib. In Experimenten hat man geprüft, wie diese Duftstoffe und ihre Mischungen auf diese Insekten wirken. Dazu hat man duftgetränkte Filtrierpapierstücke im Urwald ausgelegt und beobachtet, welche Tiere diese Duftköder besuchen.

Wie von den Blüten dieser Orchideen werden auch von den duftenden Papierstücken ausschließlich *die Männchen* der Bienengattungen Euglossa, Eulaema und Euplusia angelockt. Diese Prachtbienen sind schnelle Flieger, die weite Strecken im Urwald zurücklegen. Bei der Gattung Euplusia hat man beobachtet, daß Weibchen vom Nest aus 25 Kilometer zur Futterquelle fliegen und bereits nach zwei Stunden Flugzeit wieder zurück sind. Die Männchen verlassen nach dem Schlüpfen das Nest und kommen nie wieder zurück. Sie führen im Urwald ein Vagabun-

□ Mit ihren gegliederten Fühlern orientiert sich die Honigbiene im Duftfeld.

denleben und ernähren sich vom Nektar verschiedener Blüten. Für Bienen leben sie außergewöhnlich lange, sie können bis zu sechs Monate alt werden. Bei ihren Flügen im Urwald werden die Männchen von den weithin duftenden Orchideenblüten angelockt. Fast jede dieser verschiedenen Orchideenarten lockt dabei eine *ganz bestimmte* Prachtbiene an. Auf diese Weise werden Kreuzungen zwischen nahe verwandten Pflanzen, die im gleichen Gebiet vorkommen, verhindert.

Bei den Experimenten mit den Duftstoffködern wollte man herausbekommen, wie die spezifische Anlockung der verschiedenen Prachtbienen eigentlich funktioniert. Tränkt man ein Filtrierpapier mit dem Hauptduftstoff 1,8-Cineol, der in fast allen Blüten gefunden wird, dann beobachtet man reichlichen Besuch. In fünf Tagen kommen 433 Männchen von 35 verschiedenen Prachtbienenarten. Dieser Duftstoff hat also eine starke Wirkung ganz allgemein auf Prachtbienen, lockt aber viele verschiedene Arten an. Er ist unspezifisch.

Man hat nun versucht, den charakteristischen Blütenduft der Orchideenart Stanhopea tricornis, wie man ihn mit dem Gaschromatografen gefunden hatte, Schritt für Schritt zu mischen und zu testen. Nimmt man 1 Teil 1,8-Cineol und 39 Teile Benzylacetat, das sind etwa die Mengen, wie sie im Blütenduft ▷ von Stanhopea tricornis gefunden wurden, dann kommen in fünf Versuchstagen 49 Prachtbienen zum Duftköder geflogen. Sie stammen von acht verschiedenen Arten. Diese Mischung ist also weniger attraktiv, aber spezifischer in der Wirkung. Gibt man zu dem Gemisch schließlich noch α-Pinen in der richtigen Menge dazu, dann kommen in fünf Tagen nur noch sechs Tiere. Es sind nur noch zwei Arten, Eulaema meriana und Euglossa dodsoni.

Die Art Euglossa dodsoni ist viel zu klein für die Blüten und kann sie daher nicht bestäuben. Die Männchen von Eulaema meriana besuchen in Kolumbien und Ekuador regelmäßig die Blüten von Stanhopea tricornis, die dort häufig auf alten Kakaobäumen wächst. Die künstlich hergestellte *Duftstoffmischung* hat aus den vielen Prachtbienenarten ganz *gezielt diesen Bestäuber angelockt.* Dieser Versuch zeigt uns ganz klar, wie bei den Prachtbienen, die im Gegensatz zu den lernfähigen Honigbienen eine angeborene Vorliebe für einen ganz bestimmten Duft besitzen, die Auswahl funktioniert. Die richtige Parfümmischung ist entscheidend für die gezielte Anlockung einer bestimmten Art von Männchen. Diese Orchideen haben also in der Zusammensetzung ihrer Blütendüfte ein Mittel gefunden, aus der Fülle möglicher Blütenbesucher ganz bestimmte auszuwählen.

Wir werden uns in einem späteren Kapitel noch einmal mit den Prachtbienen beschäftigen und dabei erfahren, welche Bedeutung diese Blütendüfte für die Prachtbienen haben. Sie finden nämlich in diesen Blüten keinerlei Nahrung ▷.

Was die Prachtbienen in diesen stark duftenden Blüten suchen, wird auf den Seiten 91–104 erklärt.

Vom Riechen mit zwei Nasen

Hat man einmal einer Biene oder Ameise zugesehen, wie sie mit ihren Fühlern unablässig die Umgebung abtastet, dann versteht man die Bedeutung dieser Organe für die Orientierung der Insekten. Sie können damit Gegenstände betasten und sich so in ihrer körpernahen Umgebung zurechtfinden. Fachleute nennen die Fühler auch Antennen. Wie die Antennen in der Radiotechnik, so dienen sie nämlich außerdem auch dazu, Signale aus großer Entfernung zu empfangen und durch Richtpeilung die Tiere zum Sender zu führen.

Die Strukturformeln der Hauptbestandteile des Duftes von Stanhopea tricornis sind auf der Abbildung Seite 52 dargestellt.

Eine große Zahl wissenschaftlicher Veröffentlichungen hat sich mit der Frage beschäftigt, womit die Bienen riechen. Es gibt kaum ein Organ der Biene, daß man nicht schon einmal für ihre »Nase« gehalten hat. Wir wissen heute, daß Bienen, wie viele andere Insekten, mit den Fühlern riechen. Die Antennen der Bienen sind gegliedert, und an zwei Gelenken beweglich gelagert. Wir wollen uns einen solchen Fühler einmal genauer betrachten.

Der lange flaschenförmige Schaft sitzt mit einem Gelenk am Kopf an. Über einem zweiten Kugelgelenk folgen bei der Arbeitsbiene zehn, bei der Drohne elf weitere Segmente. Sie sind dicht besetzt mit *Sinnesorganen.* Man erkennt unter dem Mikroskop eine Unzahl winziger heller Punkte, die uns die Lage und Verteilung der Sinnesorgane anzeigen. Man unterscheidet *Sinneshaare, Grubenkegel* und *Porenplatten.* Für den Empfang von Signalen sind die Antennen mit unzähligen Sinneszellen für verschiedene Aufgaben ausgerüstet. Einzelne Sinneszellen sprechen auf Temperatur an, andere messen die Feuchtigkeit und den Kohlendioxidgehalt der Luft. Indem man mit winzigen Elektroden die Signale im Nervensystem abgehört hat ▷, konnte man zeigen, daß für diese Leistungen die Grubenkegel zuständig sind. Wieder andere Sinneszellen reagieren auf Berührungen und Luftbewegungen, die Sinneshaare. Duftstoffe werden von Sinneszellen empfangen, die unter den Porenplatten sitzen. Diese Porenplatten sind klein und oval und sitzen in der Außenhaut. Sie sind von vielen senkrechten Kanälchen durchbrochen. Die winzigen Poren stehen in radiär angeordneten Reihen. Es sind bis 5000 solcher Poren auf einer Porenplatte. Diese winzigen Poren in der Chitinbedekkung des Fühlers ermöglichen den Sinneszellen, mit der Umwelt in Beziehung zu treten. Durch diese Poren gelangen die Duftstoffmoleküle zu den Sinneszellen. Jeder Fühler trägt bei der Arbeitsbiene etwa 3000 Porenplatten, die auf der Vorderseite der äußersten acht Segmente verteilt sind. Schon die gewaltige Anzahl von Riechorganen auf den Antennen gibt uns einen Eindruck von der Bedeutung dieser Organe für die Bienen.

Sie dienen den Bienen nicht nur zum Riechen, dem Feststellen von Düften, sondern vor allem auch zum Aufsuchen von Duftquellen verschiedenster Art. Die Orientierung auf ein Duftzentrum hin stellt andere Anforderungen an die Sinnesorgane als die Orientierung auf eine Lichtquelle. Auch wenn wir Menschen eine Lichtquelle nicht sehen, können wir aus der Richtung eines Schattens schließen, *woher das Licht kommt.* Lichtstrahlen breiten sich *geradlinig* aus, deshalb ist die Orientierung zur Lichtquelle für uns so einfach. Ähnlich ist es mit dem Schall: auch Schallwellen breiten sich geradlinig aus.

Bei den Duftstoffen ist das anders. Selbst bei bewegter Luft, im Wind, verteilen sich die Duftmoleküle nicht gleichmäßig, sondern in unregelmäßigen Schwaden, wie man leicht an Zigarettenrauch beobachten kann. Die Orientierung zu einer Duftquelle hin ist daher gar nicht so leicht. Im Duftraum gibt es keinen »Schatten«. Es gibt eigentlich nur die Möglichkeit, sich entlang des *Konzentrationsgefälles* zur Duftquelle vorzutasten. Wir schnuppern so lange in einem Zimmer herum, bis wir bei zunehmendem Geruch gefunden haben, wo es stinkt.

In welcher Richtung der Duft zunimmt, kann ein Tier auf zwei verschiedene Arten feststellen. Entweder nimmt es mit *einem Riechorgan nacheinander* an verschiedenen Stellen des Duftfeldes Riechproben. Indem es diese Proben vergleicht, erfährt es, in welcher Richtung die Duftkonzentration zunimmt. Hat es *zwei Riechorgane,* kann es *gleichzeitig* zwei Riechproben aufnehmen und sie unmittelbar vergleichen. Sind sie unterschiedlich stark, dreht sich das Tier so lange, bis von beiden Seiten die gleiche Duftkonzentration gemeldet wird. Jetzt kann es geradlinig auf die Duftquelle losmarschieren.

Die Honigbiene hat zwei bewegliche Riechorgane. Hermann Martin ▷ hat untersucht, wie sich Bienen im Duftraum orientieren.

Zuerst werden Bienen auf Düfte dressiert, die sie in kleinen Duftkästchen zu Fuß über ein Y-förmig geteiltes Glasrohr erreichen können. Im Test müssen sich

Das »Abhören« von Nervensignalen wird in Band 1 »Partnersuche und Ehen im Tierreich« auf Seite 36 erklärt.

Hermann Martin, geb. 1935, Professor der Zoologie in Würzburg. Doktorarbeit bei Prof. Lindauer in Frankfurt.

die Bienen dann an der Weggabelung für den einen oder anderen Weg entscheiden, sie müssen sich zur Duftquelle hin orientieren. Die ganze Versuchsanordnung wird abgedunkelt, um keine Beeinflussung der Bienen durch Lichtreize zu bekommen. Da Bienen rotblind sind, kann man durch eine rote Rubinglasscheibe verfolgen, wie sie sich an der Weggabelung verhalten, und wie lange sie zu dem Fußmarsch brauchen. Für die Bienen ist es also in der Versuchsanordnung stockfinster. Wir können sie im Rotlicht gut beobachten.

Normale Bienen finden mit großer Sicherheit den Weg zum Duftkästchen. Für den elf Zentimeter langen Weg brauchen sie im Mittel vieler Messungen 2,5 Sekunden. Sie gehen an der Weggabelung ohne zu zögern den richtigen Weg zum Duft. Sie orientieren sich also leicht zur Duftquelle hin. Wie machen sie das? Messen sie das Konzentrationsgefälle durch beidseitiges Riechen mit den beiden Fühlern?

Amputiert man den Versuchsbienen vorsichtig eine Antenne, dann finden sie die Duftquelle ebenfalls. Dabei brauchen sie kaum länger für den Weg, im Mittel von über 1000 Versuchsabläufen 2,9 Sekunden. Kommen die Bienen also doch mit einem Fühler aus? Beobachtet man die Tiere, die nur eine Antenne zur Orientierung haben, dann erkennt man, daß sie *schräg laufen*. Ihre Körperlängsachse steht schräg zur Laufrichtung, und zwar so, daß die verbliebene Antenne genau in der Mitte steht. Mit dieser Antenne *pendeln* die Tiere lebhaft hin und her. So können sie mit der einen übriggebliebenen Antenne den Luftraum vor sich gut »beriechen«. Auf diese Weise bekommen wir also nicht heraus, ob Bienen mit *einer* Antenne schlechter riechen können als mit *zwei*.

Legt man die verbliebene Antenne fest, indem man sie an beiden Gelenken festklebt, dann finden die Bienen den Duftstoff nur noch, wenn der duftende Schenkel des Y-Rohres auf der Seite liegt, wo die übriggebliebene Antenne sitzt. Liegt der Duftschenkel auf der amputierten Seite, dann finden nur wenige Tiere den Weg zur Duftquelle. Verfolgt man den Weg solcher Bienen, die den Duft trotz der Behinderung finden, so sieht man, daß die Tiere sich in einem auffälligen *Pendelgang* fortbewegen. Das Pendeln wird durch Drehung des gesamten Körpers erzeugt. Da sie nicht mehr mit dem Fühler hin- und herpendeln können, gehen sie mit dem ganzen Körper im Schlängelgang. Dadurch wird der Weg länger und die Tiere brauchen fast 4,6 Sekunden bis zum Ziel.

Diese Versuche zeigen uns, daß die Bienen sich mit ihren *beiden* Nasen leicht zu einer Duftquelle hin orientieren. Um mit *einem* Fühler den Weg zu finden, müssen sie die »Nase« ständig im Duftraum bewegen. Klebt man den verbliebenen Fühler fest, dann bewegt sich der ganze Körper in Schlangenlinien, um das Fühlerpendeln zu ersetzen.

Da die Biene mit beiden Fühlern leicht und ohne solche Orientierungsbewegungen zur Duftquelle findet, könnte man schließen, daß sie tatsächlich jeweils zwei Geruchsproben gleichzeitig entnimmt, vergleicht und sich so mit Hilfe ihrer beiden Fühler zur Duftquelle einpeilt. Gibt es einen Versuch, der unsere Vermutung bestätigt?

Verwirrte Bienen suchen Düfte

Hermann Martin hat die Bienen überlistet. Er hat ihnen die *beiden Antennen überkreuzt und dann festgeklebt.* Wird tatsächlich von den beiden Antennen die Duftkonzentration an zwei Stellen im Duftfeld gleichzeitig gemessen und verglichen, dann meldet jetzt die linke Antenne die Duftkonzentration der rechten Seite und umgekehrt. Wirklich kommen die Bienen jetzt völlig durcheinander. Sie entscheiden sich an der Weggabelung fast immer für den falschen Weg und laufen in das duftlose Röhrchen. Nach wenigen Schritten halten sie

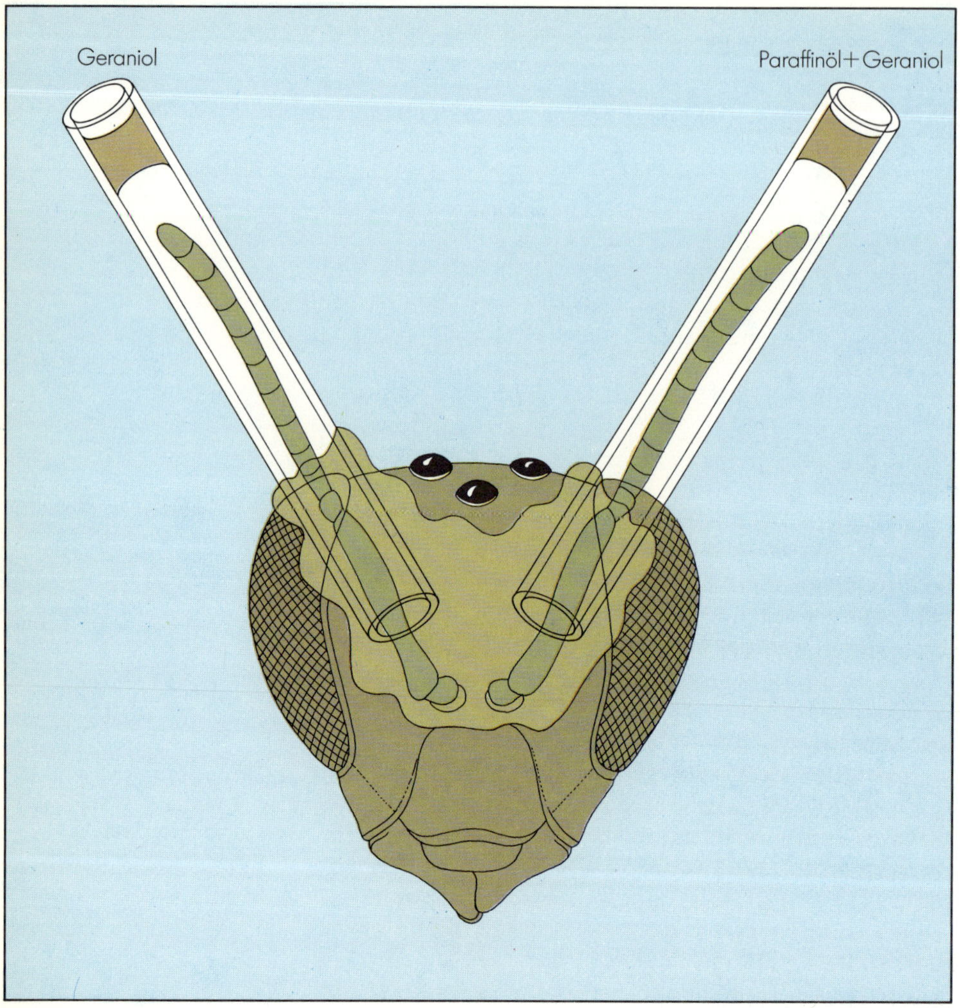

□ **Um die Reaktion einer Biene auf ein bestimmtes Duftgefälle zu testen, hat man über beide Fühler Glasröhrchen gestülpt und am Kopf verklebt. In das oben offene Ende der Röhrchen bringt man dann winzige Tropfen einer Paraffinöl-Duftstoffmischung bekannter Konzentration.**

jedoch an, pendeln, wohl völlig verwirrt, mit dem ganzen Körper hin und her und wissen nicht mehr weiter. Durch das Überkreuzen der beiden Fühler wird das Zentralnervensystem der Bienen durcheinandergebracht. Es erhält falsche Information und gibt daher unsinnige Befehle. Die Duftorientierung der Bienen bricht zusammen.

Bienen finden also tatsächlich eine Duftquelle, indem sie mit beiden Fühlern gleichzeitig riechen. Wie *weit* müssen die beiden Antennen auseinanderstehen, damit die Reizunterschiede zwischen rechter und linker Seite getrennt wahrgenommen werden, daß also die Messung einer Konzentrationsdifferenz in ruhender Luft gelingt?

Der *Grenzabstand* für das Riechen mit zwei Nasen liegt für die Bienen bei zwei Millimetern. Soweit müssen die beiden Fühlerenden mindestens voneinander entfernt sein, damit eine Duftquelle durch gleichzeitige Messung angepeilt werden kann.

Die bisher gewonnenen Ergebnisse sagen uns noch nicht, wie groß der *Konzentrationsunterschied* sein muß, um zwischen linker und rechter Seite ein Duftgefälle anzuzeigen. In den nächsten Versuchen wollen wir die Empfindlichkeit der Geruchspeilung an Bienen prüfen.

Wieder wird eine Biene auf einen bestimmten Duft dressiert. In Kohlendioxid-Narkose stülpt man dem Tier winzige Glasröhrchen über beide Antennen und klebt sie am Kopfende luftdicht fest. Sie überragen die Antennenspitzen etwa drei Millimeter und bleiben oben offen. Wir verdünnen als nächstes einen reinen Duftstoff mit Paraffinöl, und zwar so exakt, daß wir eine genau bekannte Duftstoffkonzentration erhalten. Wir stellen uns verschiedene Konzentrationen her.

Nun können wir mit dem Test beginnen. Zuerst wollen wir prüfen wieviel Duftstoff überhaupt im Paraffinöl sein muß, damit es unsere Versuchsbienen noch riechen.

Wir geben in die Öffnung des Glasröhrchens, das die Antenne umschließt, links einen winzigen Tropfen Duftöl geringer Konzentration, rechts reines Paraffinöl. Sofort dreht sich die Versuchsbiene nach links, zum Duft hin. Von Test zu Test verdünnen wir den Duftstoff, beispielsweise Geraniol, immer mehr. Schließlich kommt nur noch 1 Teil Geraniol auf 200 000 Teile Paraffinöl. Das scheint die Grenze zu sein, denn verdünnt man weiter, reagiert die Biene nicht mehr. Diese Konzentration 1:200 000 ist der Schwellenwert, die sogenannte *Riechschwelle* für Geraniol.

Als nächstes wollen wir prüfen, wie groß der Konzentrationsunterschied zwischen linker und rechter Antenne sein muß, wenn auf *beiden* Seiten Duftmischungen eingefüllt werden. Dieser Wert ist abhängig von der Grundkonzentration, *je geringer die Grundkonzentration, um so empfindlicher* ist das Riechsystem der Bienen. Bei niedrigen Duftstoffkonzentrationen muß der Unterschied mindestens 1:2,5 sein, nur dann kann die Biene den Konzentrationsunterschied wahrnehmen. Welche Bedeutung hat diese Zahl für die Orientierung der Bienen im Duftfeld?

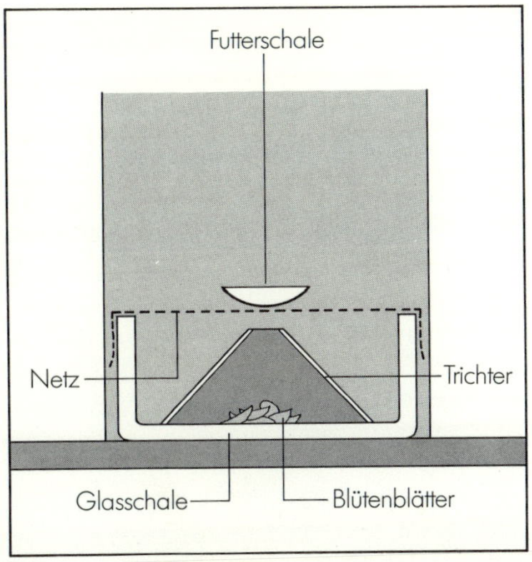

□ Futterplatz zur Dressur von Bienen auf Blütendüfte.

Duftmuster für Insektenfühler

Stellt man sich eine Duftquelle in absolut ruhiger Luft vor, so verbreiten sich die Duftmoleküle dieser idealen Duftquelle durch Diffusion ▷ gleichmäßig im Raum. Dabei nimmt die Konzentration der Moleküle in der Luft mit größer werdendem Abstand zur Duftquelle immer mehr ab. Die Zahl der Duftmoleküle, die in einem cm^3 Luft enthalten ist, kann für verschiedene Abstände von der Duftquelle ohne Schwierigkeit berechnet werden. Somit ist das Konzentrationsgefälle um die Duftquelle ziemlich genau zu ermitteln. Setzen wir einmal den *Fühlerabstand* einer Biene mit 1 cm fest. Der günstigste Wert für den notwendigen *Konzentrationsunterschied* beträgt nach den Messungen von Martin 1:2,5. Bringen wir diese beiden Werte – Fühlerabstand und Konzentrationsunterschied – in Beziehung zum berechneten Konzentrationsgefälle um eine ideale Duftquelle, so entdecken wir, daß ein so starkes Gefälle nur in allernächster Nähe der Duftquelle zu finden ist. Erst wenn eine Biene sich der Duftquelle bis auf wenige Millimeter genähert hat, kann sie durch gleichzeitiges Riechen mit beiden Fühlern die Duftquelle orten.

Diffusion: Ausbreitung, Vermischung; spontane Vermischung einander berührender Gase, mischbarer Flüssigkeiten und fester Körper infolge der Wärmebewegung ihrer Moleküle.

Farbmuster weisen den Bienen schon aus größeren Entfernungen den Weg zur

Blüte. Düfte, als Orientierungshilfe auf dem Weg zum Nektar, sind erst in allernächster Nähe wirksam. Bedeutet das vielleicht, daß es auch *Duftmuster* gibt, daß Blüten mit unterschiedlichen Düften den Weg zur Futterquelle markieren? Das würde voraussetzen, daß die verschiedenen Teile einer Blüte unterschiedlich riechen.

Theresa Lex ▷ ging dieser Frage als erste nach. Sie zerschnitt Blüten in ihre Teile und schloß die Teile getrennt in Glasdosen ein. Nach etwa 10–15 Minuten öffnete sie den Deckel und prüfte den Geruch des Inhalts mit eigener Nase. Bei 68 untersuchten Blüten konnte sie nachweisen, daß die Blütenteile verschieden stark und ganz unterschiedlich riechen. Blüten besitzen also tatsächlich Duftmale. Damit war natürlich noch lange nicht bewiesen, daß auch Insekten diese Duftmale wahrnehmen können. Ob auch die Honigbiene diese Duftunterschiede riechen kann?

Die weißen, nickenden Blüten der echten Narzisse, Narcissus poeticus, besitzen als Saftmal eine grünlichgelb gefärbte, schüsselförmige Nebenkrone mit gekerbtem, zinnoberrotem Saum. Dieses Saftmal duftet für den Menschen deutlich anders als die Blütenblätter.

Will man sehen, ob Bienen diese beiden Gerüche zu unterscheiden vermögen, muß man sie auf den Duft der Nebenkronen oder der Blütenblätter zu dressieren versuchen. Man stellt drei Futterplätze ▷ im Dreieck auf den Dressurtisch, einen mit Nebenkronen, einen zweiten mit Blütenblättern und einen dritten mit leerem Gläschen zur Kontrolle. Nur das Futtergläschen über den Nebenkronen enthält Zuckerwasser. Im Abstand von fünf Minuten stellt man die Futterstellen um, damit die Bienen das gefüllte Schälchen nicht an der Stellung auf dem Tisch wiedererkennen. So verhindert man, daß die Bienen auf den Ort dressiert werden. Sie sollen das Futter nur nach dem Duft wiederfinden.

Nachdem die Bienen mehrere Stunden über dem Duft von Nebenkronen Futter bekommen haben, werden sie getestet. Die Glasschalen werden neu mit Pflanzenteilen beschickt, alle Futterschälchen bleiben leer. Wohin werden die Tiere sich jetzt setzen? Sie besuchen fast nur den Platz mit dem Dressurduft, mit dem Duft der Nebenkrone.

Auch der Gegenversuch bringt ein gutes Ergebnis. Die auf den Duft der Blütenblätter dressierten Bienen besuchen im Test nur den Platz mit dem Duft von Blütenblättern.

Bienen können also den Duft von Nebenkronen und Blütenblättern der Narzisse gut unterscheiden. Die durch Farbe und Form hervorgehobene Nebenkrone bei den Blüten der Narzisse wäre ▷ für Bienen ein mehrfacher Wegweiser zum Nektar: sie ist *Farbmal* und *Duftmal* zugleich.

Auf die gleiche Weise hat man viele Blüten geprüft und dabei immer wieder festgestellt: Die sichtbaren und ultravioletten Farbmale der Blüten sind fast stets auch Duftmale. Bei vielen Blüten, die keinerlei Farbmal zeigen, konnte man nachweisen, daß sich auch bei ihnen der

□ Die Blüten der Grünen Kuckucksblume, Platanthera chlorantha, sind grünlichweiß gefärbt. Um die bestäubenden Nachtfalter anzulocken, verströmen sie in der Dämmerung einen schwachen Duft.

Theresa Lex hat bei Karl von Frisch über Duftmuster an Blütenblättern gearbeitet.

Die Versuchsanordnung muß sicherstellen, daß die schwachen Düfte gut zur Geltung kommen, ohne daß die Bienen die Blütenteile sehen. Vergleiche die Abbildung auf Seite 59.

Daß sich Bienen leicht auf den Duft von Narzissen dressieren lassen, beweist noch nicht, daß sie diese Blüten besuchen. Narzissenblüten sind vermutlich Nachtfalterblumen; für Bienen liegt der Nektar zu tief.

□ **Die Duftfelder der Kuckucksblume lassen sich durch Anfärben mit Neutralrot sichtbar machen. Die Duftdrüsen auf der Lippe und am vorderen Rand der beiden seitlichen Blütenblätter färben sich rasch rot.**

Eingang zum Nektar im Duft deutlich unterscheidet. Weiße oder gelbe Blüten ohne jedes Farbmal taucht man für 2 bis 10 Stunden in ein Farbbad aus stark verdünnter Neutralrotlösung ▷ und spült danach die Blüten ab. So zeigen sich rotgefärbte Felder, sichtbar gemachte Duftfelder auf den Blütenblättern. Sie färben sich mit Neutralrot, weil auf den Duftfeldern die Außenwände der Zellen sehr dünn sind und den Farbstoff eindringen lassen. Mit diesem einfachen Verfahren läßt sich zeigen, daß die Blüten nur an ganz bestimmten, wohlumgrenzten Stellen Duft aussenden. Zugleich erfahren wir, daß Duftmale häufiger verbreitet sind als Farbmale.

Bei vielen Blüten unterscheidet sich auch der Duft des Pollen und der Nektarien stark von dem der übrigen Blütenteile. Da Bienen auch auf diese Duftqualitäten dressierbar sind, wird uns ganz deutlich, daß viele Blüten neben den vielfältigen, für uns sichtbaren und unsichtbaren Farbmustern ebensolche vielfältigen Duftmuster besitzen. Sie helfen den Bienen, sich mit ihren beiden beweglichen Fühlern auf dem Weg zum Nektar zu orientieren.

Sind diese Duftmuster aber auch sicher *für den Insektenbesuch* eingerichtet? Oder sind sie einfach allgemeine Kennzeichen der Blüte?

Eine große Zahl Blüten, vor allem des tropischen Urwaldes, werden von Vögeln bestäubt. Vögel haben einen schwach entwickelten Geruchssinn. Wie sieht es mit den Vogelblumen aus? Sie duften nicht oder nur äußerst schwach und besitzen keine auffälligen Duftmuster. Wie bei den Blütenfarben, sind also auch bei den Düften Blüten und Besucher gut einander angepaßt. Die Vögel haben einen schwachen Geruchssinn, entsprechend schlecht entwickelt ist bei den Vogelblumen der Blütenduft. Die Insektenblumen dagegen, die den ausgesprochen riechstarken Insekten angepaßt sind, besitzen eine Fülle starker Düfte und vielfältiger Duftmuster, die den Tieren den Blütenbesuch erleichtern. Wir werden uns in einem der folgenden Kapitel nochmals abschließend mit den Beziehungen von Insekten, Blüten und Düften befassen ▷.

Stark verdünnte wäßrige Neutralrotlösung (1:10 000).

Vergleiche das Unterkapitel »Duftsignale im Leben der Insekten« auf Seite 100.

Gleitfallen zum Insektenfangen

Bienen und Hummeln besuchen die Blumen nicht, um sie zu bestäuben, sondern um ihren Nahrungsbedarf und den ihrer Nachkommen zu befriedigen. Die Bestäubung ist eine Folge dieser Nahrungssuche.

Es gibt aber viele Blüten, die den Besuchern keine Belohnung in Form von Nektar oder Pollen bieten. Auch diese Blüten werden bestäubt. *Weshalb funktioniert die Bestäubung, auch wenn keine Belohnung geboten wird?*

Bei den Blüten der Roßkastanie haben wir gesehen, wie bei schwachem Nektarangebot der Blütenbesuch der lernfähigen Hummeln rasch ausbleibt. Wir können daraus schließen, daß Blüten, die keine Belohnung bieten, auf lernfähige Insekten keinerlei Anziehungskraft ausüben. Mit welchen Einrichtungen wird bei nektarlosen Blüten die Fremdbestäubung sichergestellt? Wir wollen uns in diesem Kapitel zwei Beispiele hochspezialisierter Blüten ansehen, die den Besuchern keine Nahrung bieten. Dabei werden wir eine ganz andere Möglichkeit der Bestäubung von Blüten kennenlernen.

Der Frauenschuh, ein goldener Käfig

An einem sonnigen Nachmittag Ende Mai gehen wir durch einen lockeren Buchenwald. Über uns breitet junges Laub ein hellgrünes Blätterdach, der Boden ist braun von altem Laub und voller goldgelber Sonnenflecken.

Plötzlich verhalten wir den Schritt. In den hellen Farben des jungen Buchenwaldes hängt eine Blüte über dem Boden: braunviolett und goldgelb über dem Grün der Blätter. Es ist ein Frauenschuh. Wir fangen an zu suchen. Dieser Frauenschuh wächst nicht allein, hinter der Buche finden wir noch zwei Blüten. Da und dort stecken Blätterbüsche im Humus, fast ganz vom trockenen Laub bedeckt. An einer leicht abschüssigen Stelle finden wir, eingeschmiegt in einen halbverwitterten Baumstamm, eine Gruppe von sechs hohen Pflanzen beisammen. Die Gruppe steht gut versteckt unter tiefen Buchenzweigen und hinter dichtem Gebüsch. Jetzt fällt Sonnenlicht herein, da glühen die gelben Pantoffelschalen der Blüten auf, und im Innern der Blüten huschen summend Insekten.

Es ist nicht ganz leicht, in den langlebigen Blüten, die etwa zwei Wochen blühen können, Insektenbesuch zu beobachten. Oft vergehen Stunden der Beobachtung, ohne daß sich ein Insekt einfindet.

Vorsichtig nähern wir uns dem »summenden« Pantoffel und schauen von oben hinein: da sitzt eine kleine Biene am Grund des Blütenkessels. Wie ist sie hineingekommen? Was wird sie tun? Kommt sie wieder heraus? Wir wollen sehen, was die Biene macht.

Sie versucht herauszuklettern. Nach kurzem Aufstieg stürzt das Tier von der senkrechten Wand in den Kessel zurück. Mehrmals versucht es hochzukrabbeln, erfolglos. Dann setzt das Summen wieder ein: die Biene versucht, durch Schwirren mit den Flügeln das Klettern zu erleichtern. Kaum sind alle sechs Beine an der Steilwand, da stürzt sie schon wieder ab. Diesmal fällt sie auf den Rücken. Mit viel Mühe dreht sich die kleine Biene um und bleibt erschöpft sitzen. Dann versucht sie von neuem, an der Wand hochzuklettern. Ganz vorsichtig setzt sie die Beine,

aber sie fällt wieder zurück. Der Blütenkessel ist eine Falle.
Nun dreht sich die Biene mit dem Kopf zum hinteren Teil der Lippe. Sie läuft ein kleines Stück auf den Haaren nach hinten in den Kessel und verschwindet unter dem kleinen Vordach. Wieder summt es. Dann ist es ganz still. Die Biene ist ganz im hinteren Teil des Kessels verschwunden. Plötzlich sehen wir, daß sich an einer der seitlichen kleinen Öffnungen etwas bewegt. Jetzt schiebt sich langsam der Kopf der Biene heraus. Mit den Krallen hält sich das Tier am Rand der Lippe fest. Langsam zwängt es sich durch die schmale Öffnung. Wird sie groß genug sein? Bleibt das Tier stecken? Schließlich hat es die Biene geschafft, sie ist frei. Rasch und ohne sich um die benachbarten Blüten zu kümmern, fliegt sie davon.
Hermann Müller hat schon 1868 gezeigt, daß die Blüten des Frauenschuhs vor allem von kleinen Erdbienen der Gattung Andrena besucht werden. Charles Darwin berichtet 1862, daß er mit Erdbienen und Frauenschuhblüten *experimentiert* hat: er hat eingefangene Erdbienen in den Blütenkessel gesetzt. Als eines der Tiere aus der seitlichen Öffnung herauskam, setzte er es wieder in die Lippe zurück. Fünfmal hintereinander hat er eine Erdbiene auf die mühsame Reise geschickt, jedesmal kam sie hinten herausgekrochen. Auch unsere Beobachtungen zeigen, daß

□ **Eine Gruppe voll erblühter Pflanzen des Frauenschuh.**

dies der einzige Weg ist, auf dem gefangene Insekten den Blütenkessel verlassen können.
Die nach hinten gerichteten Haare erleichtern das Herausklettern. Wenn es weiter hinten steiler wird, dann können sich die Tiere nur noch an den Haaren festhalten. Sobald die Wand fast senkrecht wird, kann die Biene überhaupt nur weiterkommen, wenn sie sich mit den Krallen an diesen Haaren hochzieht, bis die Beine aus dem Loch herausreichen und den Rand der Lippe fassen können. Dann findet das Tier Halt und kann die Fallgrube verlassen. Da die Haare nach oben hin immer länger werden, verengt sich der Durchschlupf, die Tiere müssen sich regelrecht durchzwängen. Das ist ein mühsames Geschäft.

In einem benachbarten Blütenkessel summt es. Wieder hat sich eine kleine Erdbiene gefangen. Da wir schon darauf warten, bis sie aus einer der seitlichen Öffnungen herausklettert, gelingt es uns, das Tier beim Ausschlupf abzufangen.
Es ist auf dem Rücken mit einer glänzenden Schmiere bedeckt. Es sind die Pollen, die beim Frauenschuh nicht wie bei anderen Orchideenblüten zu kleinen Pollenpaketen verklebt sind, sondern zu einem zähen Brei, der die Unterseite der Staubblätter bedeckt. Da die langen Haare das Tier zwingen, sich gegen diese zähe Pol-

□ Der Pantoffel des Frauenschuh ist eine Kesselfalle. Unter der Geschlechtssäule sieht man die Ausschlupföffnung mit dem Staubblatt, unter dem die Erdbienen durchkriechen müssen, um aus dem Kessel herauszukommen.

lenschmiere zu stemmen, bleibt etwas davon auf dem Rücken hängen. Kleinere Tiere können an diesem Pollenbrei haften bleiben und zugrunde gehen. Nur die Erdbienen sind *klein genug*, um durch die Öffnungen schlüpfen zu können, und *stark genug*, daß sie nicht kleben bleiben. Gerät ein solches Insekt ein zweitesmal in einen Frauenschuhkessel, muß es beim nächsten Ausstieg zuerst an der schleimigen Narbe den mitgebrachten Pollenbrei abstreifen. Erst dann wird es erneut beladen. Durch die Anordnung von Narbe und Staubblättern wird sichergestellt, daß Selbstbestäubung ausgeschlossen ist. Erst wird der fremde, mitgebrachte Pollen abgestreift, dann wird der neue Pollen aufgeladen.

Wir wissen jetzt, wie die Erdbienen aus dem Pantoffel herauskommen. Aber wie kommen sie eigentlich in den Kessel? Klettern sie freiwillig hinein?

Die anfliegenden Tiere setzen sich fast immer auf den Rand der Lippe oder auf das kleine Vordach über der Lippe. Sie krabbeln dann umher. Plötzlich rutschen sie auf dem steilen, nach innen gerichteten Abschnitt aus und stürzen in den Kessel hinein. Nur wenigen Tieren gelingt es, rechtzeitig die Flügel zu bewegen und fliegend zu entkommen.

Daß die Oberfläche der Lippe sehr glatt ist, kann man leicht an dem Glanz erkennen. Ein glänzender Boden ist meist auch ein glatter Boden. Wieso aber gleitet eine Biene, die ja an einer glatten, senkrechten Fensterscheibe laufen kann, auf dieser schrägen Fläche aus? Warum gelingt es ihr nicht, wieder herauszuklettern?

Tropft man von außen Wasser auf den Pantoffel, so läuft es, ohne ihn zu benetzen glatt ab. Wenn man einen sauberen und trockenen Objektträger ▷ leicht gegen die Blütenlippe preßt, dann ist er an der Berührungsstelle beschmiert. Dieser Belag läßt sich auf dem Gläschen verreiben, er ist ölig und schmierig. Die Lippe ist also an den nach innen geschlagenen Rändern und vor allem an der Innenwand mit Öl bedeckt. Diese dünne Ölschicht macht aus den Wänden der Lippe eine tückische Gleitfläche. Der Ölüberzug hindert die Tiere am Klettern.

Die in dem Kessel gefangenen Erdbienen finden weder Nektar noch sonst irgendwelche Nahrung. Man weiß eigentlich keinen Grund, warum sie diese Blüten besuchen. Unsere Beobachtungen zeigen ja auch, daß die Blüte mit einem »Trick« arbeitet, um die Besucher hereinzuholen. Freiwillig kommen sie nicht in den Blütenkessel.

Erdbienen leben grabend im Boden. Die Weibchen sammeln Pollen und tragen ihn in die unterirdischen Nisthöhlen. In kleinen Seitenkammern der 10–30 cm tiefen Höhlen verteilen sie den eingesammelten Pollen und legen je ein Ei in eine solche Kammer. So sind die ausschlüpfenden Larven mit vorzüglicher Nahrung versorgt.

Besonders häufig besuchen die Erdbienen auf ihren Sammelflügen hellgefärbte weiße und gelbe Blüten. Dabei verirren sie sich, wenn sie, wie gewohnt, gelbe Blüten anfliegen auch ab und zu in eine Frauenschuhblüte. Die Fruchtbarkeit der Blüten ist entsprechend gering. Selbst in guten Jahren setzen nur etwa ein Viertel bis ein Drittel der Blüten Kapseln an. Der Frauenschuh ist eine ausdauernde ▷ Pflanze, die es sich gleichsam leisten kann, einen geringen Insektenbesuch aufzuweisen, zumal ja eine überaus große Samenzahl ▷ diesen Nachteil ausgleicht.

Ein weiteres Beispiel einer Kesselfallen-Blume soll uns zeigen, daß diese Art der Bestäubung auch sehr wirkungsvoll sein kann.

Mehrjährige Pflanzen, die sich nicht, wie die einjährigen, jedes Jahr durch Samen fortzupflanzen brauchen.

Orchideen sind durch eine besonders große Samenzahl ausgezeichnet. Eine Kapsel kann viele tausend Samen enthalten.

Erst weiblich und dann männlich

In schattigen Buchenwäldern wächst auf feuchten und nährstoffreichen Böden eine Pflanze, von der wir vor allem den Fruchtstand kennen. Die dichtgedrängten, scharlachroten Beeren, die in prächtigem Glanz erstrahlen, sind im Frühsommer nicht zu übersehen. Diese Pflanze, der gefleckte Aronstab, Arum maculatum, blüht im April oder Mai. Wie ein hoher,

Dünnes, rechteckiges Gläschen, wie es beim Mikroskopieren zum Tragen von Objekten benutzt wird.

vorn geöffneter Helm ragt der Blütenstand über die zwei bis drei pfeilförmigen, gefleckten Blätter empor. Von weißlichem Grund aus färbt sich dieser Helm zuerst purpurbraun, aber rasch geht der dunkle Ton in ein lichtes Hellgrün über, wenn der Helm sich öffnet und sich eine dicke, gelbe bis violette Keule zeigt. Eine seltsame Pflanze!

Das schützende Hüllblatt besteht aus einem flaschenförmigen geschlossenen Unterteil und dem sich öffnenden, viel größeren Oberteil. Wir wollen den oberen Teil als *Helm* bezeichnen, den unteren als *Kessel*. Beim Aufblühen rollt sich der Helm auf und gibt die Keule frei. Das Ganze ist keine Blüte, sondern ein recht kompliziert gebauter Blütenstand ▷, der von einem großen, schützenden Blatt, dem Helm, eingehüllt ist. Wenn sich diese Hülle öffnet, wird der Weg zu den im Kessel eingeschlossenen Blüten frei.

Bei allen Aronstab-Arten sind die männlichen und weiblichen Blüten im Blütenstand getrennt, die einzelne Blüte ist nur *eingeschlechtlich* ▷. Die Blüten sind im Kessel am unteren Ende des Blütenkolbens in zwei Gruppen aufgereiht. Ganz unten stehen die *weiblichen Blüten* in spiraliger Anordnung. Sie sind ganz einfach gebaut, ohne besondere Blütenhülle und bestehen aus je einem einzigen Fruchtknoten. Dicht bei dicht stehen diese Fruchtknoten.

Darüber, am Kolben finden wir einige flaschenartige Anhängsel mit langen borstenförmigen Fortsätzen. Über diesen Borsten stehen, ebenso dicht gedrängt wie die Fruchtknoten unten, zahlreiche Staubblätter. In den Fachbüchern steht, daß zu jeder *männlichen Aronstab-Blüte* zwei bis vier solche Staubblätter gehören sollen, aber die Abgrenzung der Einzelblüte ist nicht mehr zu erkennen. Man kann eigentlich sagen, daß die männlichen und weiblichen Blüten zu dicht gedrängten Staubblättern und Fruchtknoten vereinfacht worden sind.

Über den Staubblättern folgt ein weiterer Ring borstenförmiger Anhängsel. Sie bilden ein dichtes Gitter zwischen dem Hüllblatt und dem Keulenstiel und versperren den Zugang zum Kessel. Aus diesem Gitter erhebt sich ein drehrundes, stielartiges Stück, an dem oben die walzenförmige Keule sitzt. Oft steht dieser Keulenstiel aufrecht, manchmal ist er stark gegen den Eingang vorgeneigt. Meist schaut die Keule weit aus dem Eingang des Helms hervor.

Von der Schule her wissen wir, daß der Aronstab eine Insektenfalle ist, aber wir wissen doch nicht genau, wie diese seltsame »Blüte« eigentlich funktioniert. Wir wollen versuchen, das herauszubekommen.

In einem dichten Bestand markieren wir etwa fünfzig Blütenstände mit numerierten Schildern und schreiben in unser Notizbuch, wie die einzelnen Pflanzen aussehen: ob die Pflanzen noch *ganz geschlossen* sind, ob sie *frisch aufgeblüht* sind oder ob sie bereits verwelkt und *abgeblüht* sind. Wir unterscheiden diese drei Blühzustände und teilen so die Blütenstände in drei Gruppen ein. Von den gerade frisch aufgeblühten und den bereits abgeblühten, leicht verwelkten Pflanzen schneiden wir uns je fünf Stück ab und untersuchen sie genauer. Wir wollen feststellen, welche Unterschiede wir zwischen diesen Blühstadien finden.

Zuallererst fällt uns auf, daß die frischen »Blüten« unangenehm nach Urin riechen. Es ist die Keule, die den unangenehmen Geruch ausströmt. Bei den abgeblühten Pflanzen ist die Keule geruchlos. Nun schneiden wir den Kessel mit der Rasierklinge der Länge nach auf und betrachten die Blüten mit der Lupe. Sowohl bei den männlichen als auch bei den weiblichen Blüten finden wir deutliche Unterschiede zwischen den Blüh-Stadien. Bei den frischen Blüten sind alle Staubgefäße geschlossen. Sie haben kurze, gedrungene Staubfäden und stehen so dicht beieinander, daß sie dicht aneinandergepreßt sind. Sie sind abgeplattet. In den abgeblühten Blütenständen sind die Staubgefäße völlig verändert. Sie sind schmaler

Blütenstand: Infloreszenz; der blütentragende Teil der Blütenpflanze, der gegen die Laubblattregion scharf abgesetzt ist und außer den Blütenteilen nur Hochblätter oder gar keine Blätter trägt.

Eingeschlechtliche Blüte: Blüte, die nur Staubblätter oder nur Fruchtblätter besitzt.

geworden, zwischen benachbarten Staubbeuteln finden wir nun einen deutlichen Zwischenraum. An jedem Staubbeutel erkennen wir zwei kleine Öffnungen, durch diese beiden kleinen Löcher ist der größte Teil des Blütenstaubs herausgefallen, doch hängt noch viel Pollen an der Außenseite der Staubbeutel. Viel Pollen bemerken wir auch auf den Fruchtknoten der unteren weiblichen Blüten und in einer dichten Anhäufung am Grunde des Kessels.

Auch die weiblichen Blüten der beiden Blüh-Stadien sind sehr verschieden. Bei den frisch geöffneten Blütenständen finden wir auf jedem Fruchtknoten einen kleinen Haarkranz von langen Haaren, wir wollen sie als Narbenhaare bezeichnen. Diese Haare sondern eine schleimige Flüssigkeit ab, so daß sie ganz feucht sind. Oft glänzen diese Narbenhaare im Licht, und man kann die Flüssigkeit als kleine Tröpfchen erkennen. Bei den abgeblühten Blütenständen sind die Haare und der Schleim verschwunden, die Fruchtknoten sind ganz trocken und mit gelbem Blütenstaub bepudert.

Wieviel Zeit vergeht zwischen den beiden von uns untersuchten Blüh-Stadien? Wie lange blüht eigentlich ein solcher Aronstab? Am nächsten Tag kommen wir wieder, um die markierten Pflanzen zu kontrollieren. Die geschlossenen Blütenstände haben sich inzwischen fast alle geöffnet, sie sind jetzt frisch aufgeblüht und riechen stark nach Urin. Auch die frisch aufgeblühten Pflanzen vom Vortag haben sich weiterentwickelt, sie sind inzwischen geruchlos und zum Teil angewelkt.

Der gefleckte Aronstab blüht am späten Nachmittag auf, dann öffnet sich der Helm, und der Blütenstand riecht intensiv nach Urin. Wenn wir am nächsten Morgen vorbeikommen, sind die Blütenstände bereits geruchlos und im zweiten Blüh-Stadium. Innerhalb weniger Stunden also, innerhalb einer Nacht, verändern sich die Blüten. Um diese Veränderungen genau zu beobachten, müßten wir eigentlich die ganze Nacht im Wald sitzen. Wir würden nicht viel sehen.

□ **Blütenstand des Aronstab, Arum maculatum, im weiblichen Blühstadium. Auf jeder weiblichen Blüte sitzt ein dicker Tropfen Narbensekret. Die Staubblätter der männlichen Blüten sind noch geschlossen.**

Der schwarze Aronstab fängt Mistkäfer

Der Botaniker Fritz Knoll hat mit einer anderen Aronstab-Art experimentiert. Der schwarze Aronstab, Arum nigrum, wächst im mittleren und südlichen Dalmatien vom Gebirge bis zur Adriaküste. Er unterscheidet sich vom gefleckten Aronstab durch die Farbe des Helms, er ist bei ihm nicht hellgrün, sondern schwarzpurpurn gefärbt. Der schwarze Aronstab öffnet seinen Helm am Ende der Nacht. Diese Pflanze blüht also am frühen Morgen auf, und man kann dann einen ganzen Tag lang beobachten, wie kleine Fliegen und Käfer gefangen werden.

Bei Tageslicht lassen sich diese Vorgänge besser verfolgen als beim gefleckten Aronstab, der bei Nacht blüht. Fritz Knoll hat die einzelnen Stadien des Blühens beim schwarzen Aronstab untersucht, vor allem hat er das Verhalten der gefangenen Tiere im Kessel genau beobachtet. Er hat sich ein kleines Fenster in den Kessel geschnitten und ein dünnes Glasplättchen davorgeklebt. So konnte er von außen sehen, was eigentlich im Blütenkessel passiert.

Wie viele andere Insekten, so brauchen auch die gefangenen Tiere viel Flüssigkeit, damit sie nicht vertrocknen. Sie können Durst nicht lange ertragen. Die eingeschlossenen Tiere suchen die Sekrettropfen an den Narbenhaaren auf und trinken davon. Nur weil sie sich hier mit Flüssigkeit versorgen können, und weil im Kessel eine hohe Wasserdampfkonzentration herrscht, überleben die Tiere den Aufenthalt im Kessel. Die Tiere sind manchmal bis zu 24 Stunden in dem Blütenkessel, aber die Pflanze versorgt sie gut.

Oft ist die Zahl der gefangenen Tiere so groß, daß in dem Kessel ein dichtes Gedränge herrscht. Die Tiere stören sich gegenseitig, da sie ständig hin- und herkrabbeln. Sind nur wenige Insekten im Kessel, dann bleiben die Tiere meist ruhig und machen nur ab und zu einen kleinen »Spaziergang«. Immer wieder klettern sie an den Blütenständen hoch, um zu trinken. Dabei bringen sie mitgebrachten Pollen auf die Narbenhaare, die weiblichen Blüten werden bestäubt.

Am Abend oder in der Nacht hört die Flüssigkeitsabsonderung der Narbe auf. Die restlichen Tropfen werden vom Fruchtknoten aufgesaugt. Auch die Narbenhaare der bestäubten Blüten schrumpfen ein und verschwinden. Mit einbrechender Dunkelheit haben sich die Besucher zur Ruhe begeben. Da es im Frühjahr nachts immer noch empfindlich kalt werden kann, erzwingt diese Abkühlung, daß im Blütenkessel wirklich Nachtruhe eintritt. Dichtgedrängt sitzen die Besucher am Grunde des Kessels.

Jetzt beginnen die Staubbeutel sich zu öffnen. Nach und nach springen die klei-

□ **Im männlichen Blühstadium ist das Narbensekret aufgesaugt, die Pollensäcke sind fast völlig entleert.**

nen Öffnungen auf, und der Blütenstaub wird herausgepreßt. Die ganze Nacht hindurch rieselt der Pollen wie ein feiner, gelber Regen in den Grund des Kessels. Dabei werden die am Kesselboden ruhenden Tiere dicht mit dem gelben Pollen bedeckt. Da die Tiere von dem Narbensekret klebrig geworden sind, bleibt der Pollen leicht an ihnen hängen. So wird er mitgenommen, wenn die Tiere den Blütenkessel am nächsten Morgen verlassen. Auch der Blütenstand des schwarzen Aronstabes hat die beiden verschiedenen Blüh-Stadien, die wir beim gefleckten Aronstab gefunden haben. Obwohl an dem Blütenstand weibliche und männliche Blüten in großer Zahl vorhanden sind, ist Selbstbestäubung nicht möglich, weil die Blüten *nicht gleichzeitig, sondern nacheinander* reif werden. Sie sind zuerst weiblich und dann männlich. Im weiblichen Zustand lockt der Blütenstand die Bestäuber an; dann laden die eingefangenen Besucher ihren mitgebrachten Pollen auf der Narbe der weiblichen Blüten ab. Nach der Bestäubung wird das Narbensekret von den Fruchtknoten aufgesaugt, die Narbenhaare vertrocknen, eine Bestäubung ist nun nicht mehr möglich. Jetzt wird der Blütenstand männlich, die Staubbeutel öffnen sich, und der Pollen rieselt auf die im Kessel schlafenden Besucher herunter. Erst danach können die Tiere am nächsten Morgen den Blütenstand wieder verlassen. So übertragen sie den mitgenommenen Blütenstaub auf eine andere »Blüte«. Die Abfolge der Blüh-Stadien ist beim gefleckten und beim schwarzen Aronstab dieselbe, die Stadien sind nur in der Zeit etwas verschoben.

Lockt die Wärme oder der Gestank?

Wodurch werden eigentlich die Insekten zum Besuch der Aronstab-Blütenstände angelockt? An welchen Signalen erkennen die Tiere diese Pflanze? Lange Zeit hat man angenommen, daß die Tiere am Abend eine warme und windgeschützte Herberge aufsuchen. Ähnlich wie ein Mensch am Abend im Hause Schutz sucht, sollte auch das Tier handeln. Der Blütenkessel ist nicht nur ein windgeschützter Unterschlupf, er ist auch noch geheizt. Die Keule am Eingang des Helms ist ein richtiges kleines Heizöfchen und erwärmt die Luft am Eingang zum Blütenstand. Die Tiere kommen herbeigeflogen, um sich zu wärmen. Mit diesem Versuch, die Anlockung zu erklären, wollte man vor allem die auffällige Wärmeentwicklung der Keule deuten.

Dieses kleine Öfchen vollbringt wirklich erstaunliche Heizleistungen. Man bemerkt die Wärme schon, wenn man die intensiv »duftende« Keule eines frisch aufgeblühten Aronstabes bis auf einen halben Zentimeter der Wange nähert. Besonders deutlich spüren wir die Wärme aber, wenn wir eine solche Keule an die Haut der Wange oder des Handrückens legen. Wir groß ist die Heizleistung der Keule? Wir schneiden einige frische Keulen ab und befestigen sie mit einem Gummiband um den Quecksilberkolben eines Thermometers. Rasch steigt das Quecksilber an und zeigt schließlich eine Temperatur von fast 40° C an. Die Keulen sind um 15° bis 20° wärmer als die sie umgebende Luft, eine erstaunliche Leistung für eine Pflanze. Von den Pflanzen erwarten wir eigentlich nicht, daß sie selbst Wärme erzeugen, das heißt, daß sie sich *über die Temperatur der Umgebung* hinaus erwärmen können. Wie entsteht diese Wärme der Aronstabkeule?

Bei allen warmblütigen Tieren wird die Körperwärme durch Verbrennung von Nahrungsstoffen erzeugt. So erreicht beispielsweise der menschliche Körper die zum Leben notwendige Temperatur von 37° C durch Verbrennung von Blutzukker in den Zellen. Bei dieser Verbrennung braucht der Körper Sauerstoff und scheidet Kohlendioxid aus. Den benötigten Sauerstoff atmen wir mit der Atemluft ein, das dabei entstehende Kohlendioxid atmen wir aus. Wir sagen daher: der Zucker wird *veratmet*. Bei dieser Ver-

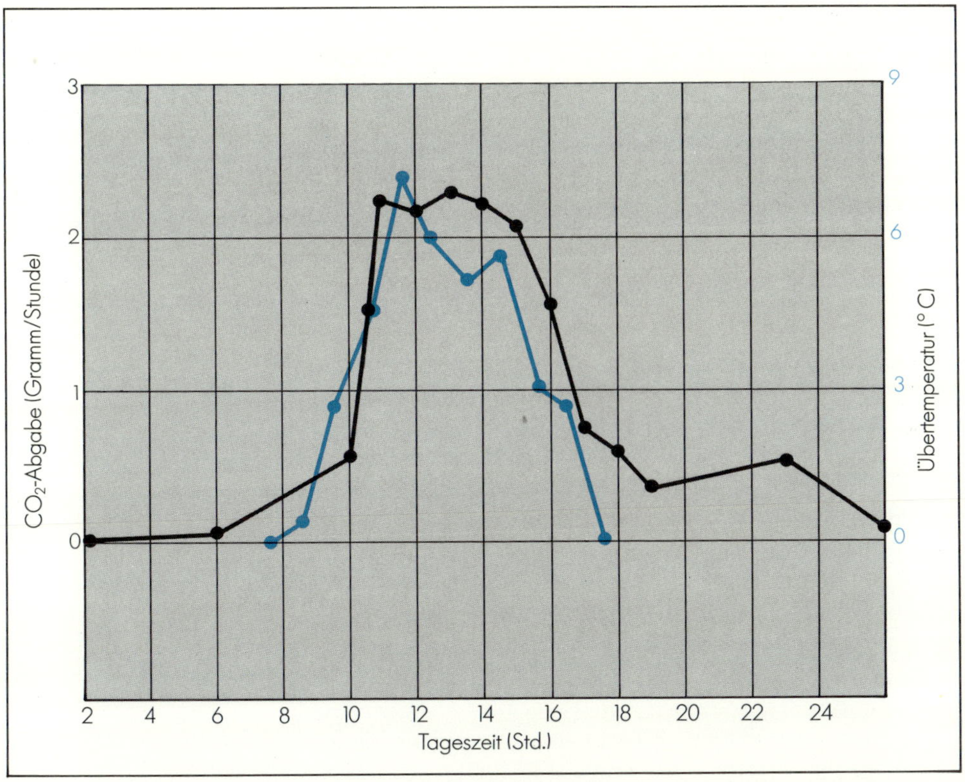

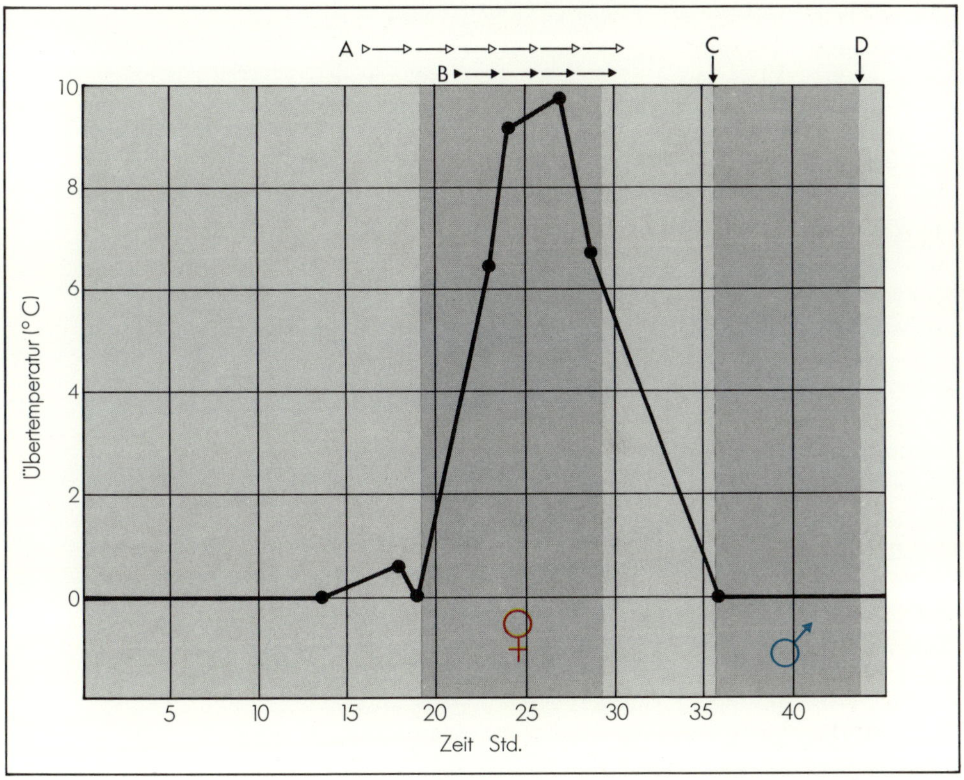

□ **Oben: Die Keule der Eidechsenwurz, Sauromatum guttatum, produziert beim Aufblühen viel Kohlendioxid. Gleichzeitig erwärmt sie sich durch die starke Atmungstätigkeit um mehrere Grad über die Temperatur der umgebenden Luft.**
Unten: Ablauf der Blühstadien beim Aronstab, Arum italicum:
A. Dauer der Duftproduktion
B. Produktion von Narbensekret
C. Narbensekret wird aufgesaugt
D. Entleerung des Blütenstaubs aus den Pollensäcken.

brennung entsteht Wärme. Wie ist es nun bei der Aronstabkeule? Findet hier auch eine solche Verbrennung statt?
Die Keule einer frisch aufgeblühten Pflanze ist dicht mit Stärke angefüllt, vor allem die äußeren Zellschichten sind voller Stärkekörnchen. Man kann das auch ohne Mikroskop leicht nachweisen, wenn man dünne Querschnitte von einer Keule anfertigt und mit Jodlösung ▷ betupft. Die intensive blauschwarze Färbung weist auf die Stärke hin. Bei der kalten, nicht mehr »duftenden« Keule einer bereits abgeblühten Pflanze gelingt der Stärkenachweis nicht mehr, also ist die Stärke verschwunden.
Wir wissen heute, daß dieser große Stärkevorrat der Keule in wenigen Stunden verbraucht wird. In wenigen Stunden wird dieser Vorratsstoff in Wärme umgesetzt. Das Trockengewicht ▷ einer solchen Keule nimmt während dieser Zeit der Wärmeentwicklung stark ab. In dieser Zeit verbraucht die Keule viel Sauerstoff und gibt große Mengen Kohlendioxid an die umgebende Luft ab. Man kann mit empfindlichen Meßgeräten zeigen, daß die Wärmeentwicklung und dieser Gasaustausch gleichzeitig ablaufen ▷. So läßt sich zeigen, daß der Kolben des Aronstabes innerhalb weniger Stunden seinen großen Stärkevorrat in Wärme und Kohlendioxid umwandelt. Wie beim Menschen und beim Tier nennen wir diesen Vorgang Atmung. Man kennt aus dem Pflanzenreich nur wenige Atmungsvorgänge, die mit einer solchen starken Wärmeerzeugung verbunden sind. Diese Aronstabkeule hat ja eine stark erhöhte Temperatur, sie »fiebert« geradezu. Es lag nahe, in dieser auffälligen Erscheinung eine biologische Bedeutung zu suchen. So entstand die Vorstellung vom Aronstab-Blütenstand als einer geheizten Herberge für eine kalte Frühlingsnacht.

Andere Botaniker haben schon immer die Ansicht vertreten, daß es nicht so sehr die *Wärme,* als vielmehr der starke *Geruch* sei, der die Insekten anlocke. Daß dieser Duft bei der Anlockung der Insekten eine Bedeutung haben muß, läßt sich leicht zeigen: die verschiedenen Aronstabarten riechen recht verschieden und werden von ganz verschiedenen Insekten besucht.
Der gefleckte Aronstab riecht stark nach Urin, er wird fast ausschließlich von kleinen Schmetterlingsmücken der Gattung Psychoda besucht. Der schwarze Aronstab riecht unangenehm nach Kot, entsprechend findet man in den Blütenständen vor allem Insekten, die sonst auf Kot leben: Fliegen und Mistkäfer. In den Blütenständen einer anderen Aronstabart, Arum conophalloides, fand Fritz Knoll im Botanischen Garten der Universität Wien nur Weibchen blutsaugender Insekten. Offenbar werden auch sie durch einen ganz spezifischen Duft angelockt.
Eine solche Anlockung ganz bestimmter Insekten läßt sich allein mit der Herbergs-Hypothese ▷ nicht erklären. Wenn es allein die Wärme ist, die anlockt, dann müßte eine bunte Mischung schutzsuchender Insekten sich in den Blütenständen einfinden.
Fritz Knoll wollte beim schwarzen Aronstab prüfen, ob die Insekten am Abend wirklich das Bedürfnis haben, einen Unterschlupf für die Nacht zu suchen.
Auf benachbarten Blättern und Grashalmen in der Nähe dieser Blütenstände sitzen meist zahlreiche verschiedene Insekten, vor allem Fliegen. Die Keulen der frisch erblühten Pflanzen erwärmen die umgebende Luft. Knoll konnte nie beobachten, daß diese Insekten ihre ungeschützten Sitzplätze bei Einbruch der Dunkelheit verlassen und den warmen Aronstab-Unterschlupf aufsuchen. Sie verkriechen sich auch nicht unter Blättern. Sie übernachten im Freien. Es sieht also so aus, als ob die Vorstellung vom warmen Unterschlupf doch etwas zu kühn war, zu sehr vom Menschen her gedacht.
Aber auch die Duft-Hypothese ist noch keineswegs bewiesen. Daß man an den Keulen von Arum nigrum einen starken Kotgeruch wahrnimmt und die Besucher

Jodlösung: 1 Teil Jod und 1 Teil Jodkalium auf 100 Teile Wasser.

Trockengewicht: Gewicht nach Trocknung bei 95° C, dabei verdunstet das in der Keule enthaltene Wasser.

Hypothese: Eine wissenschaftlich begründbare Annahme, die durch Erfahrung oder Experiment bestätigt oder widerlegt werden kann. Hypothesen sind meist Vorstufen für Theorien.

Abbildung auf Seite 71.

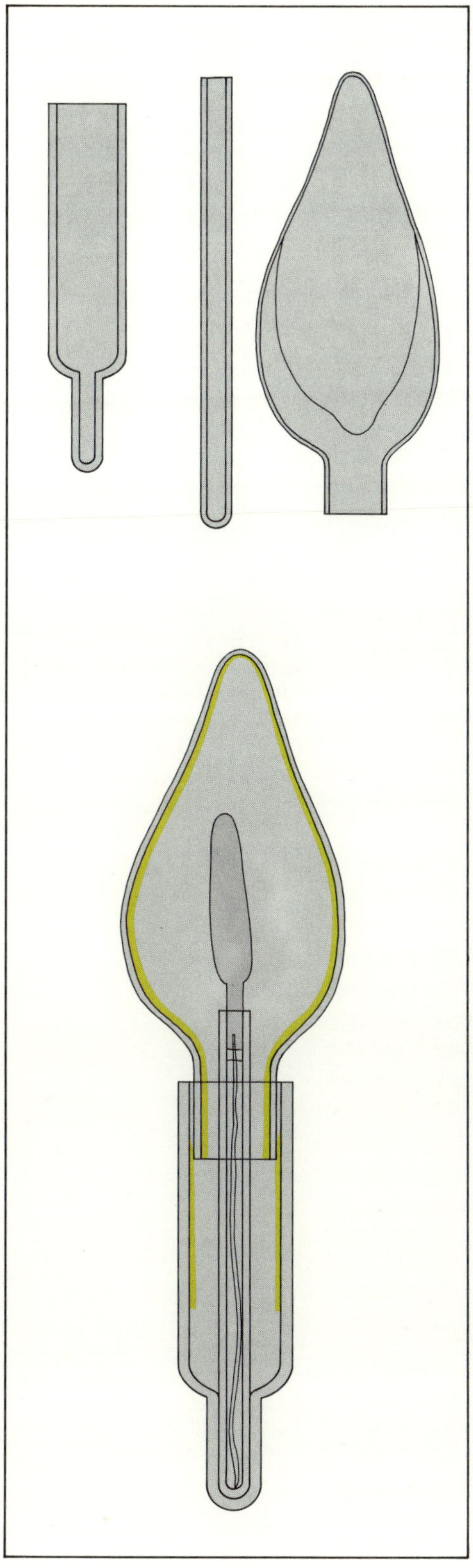

ausschließlich Kotinsekten sind, bringt uns natürlich auf den Gedanken, daß dieser Duft es ist, der die Insekten sowohl zum Kot als auch zu den Blüten lockt. Christian Sprengel schrieb schon 1794: »Stapelia hirsuta ▷ stinkt bloß deswegen wie Aas, damit die Fleisch- und Aasfliegen, denen dieser Geruch höchst lieblich ist, dieselben besuchen und befruchten.« Die Biologen zögern heute, solche Aussagen ungeprüft hinzunehmen. Eine solche Schlußfolgerung, auch wenn sie unmittelbar einleuchtend zu sein scheint, ist noch lange kein Beweis. Solche Schlüsse haben sich schon in zu vielen Fällen als falsch erwiesen. Wie läßt sich aber unsere Frage, ob der Duft, oder die Wärme, oder vielleicht auch beides zusammen anlokkend wirkt, sicher beantworten? Eigentlich *nur mit einem Experiment.*

Stapelia hirsuta: Eine Pflanze aus der Familie der Asclepiadaceae mit nach Aas riechenden Blüten.

Fritz Knoll hat versucht, diese Frage beim schwarzen Aronstab zu lösen. Er hat sich Modelle angefertigt, die einen Aronstab nachahmen. Er hat seine Attrappen aus Glas gemacht, um sie zwischen den verschiedenen Experimenten gut säubern zu können. Er wollte ganz sicher sein, daß nicht irgendwelche Verunreinigungen die Ergebnisse der Experimente verfälschen. Der Geruchssinn einiger Insekten ist außerordentlich empfindlich, man kann bei solchen Experimenten nicht vorsichtig genug sein. Jede Attrappe besteht aus drei Glasteilen, aus einem Oberteil, der die Gestalt des Helms nachbildet, aus einem Unterteil, das dem Kessel entspricht, und aus einer hohlen Säule in der Mitte, mit der beim Versuch eine Arum-Keule gehalten wird. Alle Teile werden gut gereinigt und ineinandergesteckt. Dann schneidet man eine kräftig stinkende Arumkeule mit einem kurzen Stück Stiel von einer frisch aufgeblühten Pflanze ab und spaltet mit einer Rasierklinge den Keulenstiel der Länge nach. In diesen Schlitz klemmt man ein Stück Filtrierpapier. Diesen Papierstreifen schiebt man dann langsam in den mit Wasser gefüllten Hohlraum der mittleren Säule ein. Das Filtrierpapier

□ Die Aronstab-Attrappe von Fritz Knoll wird aus drei Glasteilen zusammengesetzt und innen mit Talkumpulver (gelb) eingestäubt.

wirkt nun wie ein Docht und versorgt die Keule mit Wasser, so daß sie länger frisch bleibt und intensiv stinkt.

Knoll hat die besten Erfahrungen gemacht, wenn er seine Aronstab-Attrappen inmitten dichter Aronstab-Bestände aufstellte. Bei vier Versuchen hat er beispielsweise 168 Insekten gefangen. Von diesen 168 Tieren waren 163 solche, die man normalerweise in Blütenständen des schwarzen Aronstabes findet. Besonders häufig waren die Mistkäfer mit über 90 Exemplaren. *Allein durch die Wirkung der Keule:* Wärme und Gestank, lassen sich also die für den schwarzen Aronstab typischen Insekten anlocken. Die anlockende Wirkung geht also wirklich von der Keule aus. Alte Keulen von abgeblühten Pflanzen, die nicht mehr warm sind und auch nicht mehr stinken, sind wirkungslos.

Ist es nun die Wärme oder der Gestank, was die Insekten anlockt? Knoll hat versucht, auch diese Frage mit seinen Attrappen zu lösen. Er hat sich Aronstabkeulen gebaut, die er mit elektrischem Strom beheizen konnte. Attrappen mit solchen Keulen sind warm, stinken aber nicht. Er hat beheizte Attrappen neben solche mit normalen Keulen aufgestellt. Er hatte also nebeneinander Attrappen, die sich nur in dem Signal »Duft« unterschieden. Wie verhielten sich die Tiere?

Kein einziges Insekt besuchte die warme Herberge, *alle flogen zur stinkenden Attrappe.* An diesem Experiment kann man sehen, wie sehr eine zu sehr vom Verhalten des Menschen her gedachte Hypothese in die falsche Richtung führen kann. Ein einfaches Experiment kann hier oft weiterhelfen und eine einleuchtende Hypothese als falsch ausweisen.

Wärme fördert die Verdampfung

Warum nun aber die Wärme? Die große Wärmeentwicklung der Aronstab-Keulen während der Duftzeit hat den Botanikern keine Ruhe gelassen. Sie haben weiter nach einem biologischen Sinn für diese auffällige Erscheinung gesucht.

Besonders der Nachweis, daß die Zeit der Duftentwicklung und der Wärmeentwicklung zusammenfallen ▷, war ein guter Ausgangspunkt für weitere Versuche. Daß eine solche Keule zu stinken beginnt, bedeutet ja, daß sie *Stoffe erzeugt, die leicht flüchtig sind* und von unserer Nase als Gestank wahrgenommen werden. Ist vielleicht der intensive Stoffwechsel Voraussetzung für die Herstellung solcher Duftstoffe? Ist also die Wärmeentwicklung vielleicht nur eine Begleiterscheinung ohne jede direkte biologische Bedeutung?

Vergleiche die Abbildung auf Seite 71 (unten). Ähnlich wie die CO_2-Entwicklung ist auch die Bildung der Duftstoffe mit der Wärmeentwicklung gekoppelt.

Bei der Eidechsenwurz, Sauromatum guttatum, einer mit den Aronstabarten verwandten Gattung, die vorwiegend in den Tropen wächst, hat der Botaniker Bastiaan Meeuse ▷ die Duftstoffe genauer untersucht. Er hat Luft an mehreren stinkenden Keulen vorbeigesaugt und den mit Duftstoffen beladenen Luftstrom durch ein tiefgekühltes Glasgefäß geleitet. Wie Wasserdampf beim Auftreffen auf eine kalte Glasfläche als Wasser kondensiert, das heißt aus dem gasförmigen in den flüssigen Zustand übergeht, werden in dieser Kältefalle die leicht flüchtigen Duftstoffe kondensiert. So kann man sie genauer untersuchen. Bei der Eidechsenwurz werden in einer Keule aus etwa 8 Gramm Stärke wenige Milligramm von Duftstoffen hergestellt. Es sind vor allem verschiedene *Amine,* einfach gebaute Stickstoffverbindungen, wie sie beim Abbau von Eiweiß entstehen. Die von den Darmbakterien aus bestimmten Aminosäuren gebildeten Amine Cadaverin und Putrescin, die den typischen Geruch von Kot verursachen, konnten als Duftstoffe bei der Eidechsenwurz und bei einigen Aronstabarten nachgewiesen werden. Zusätzlich wird vor allem in großer Menge Ammoniak freigesetzt.

Bastian J. D. Meeuse, Professor der Botanik an der University of Washington in Seattle (USA).

Es ist eigentlich recht unwahrscheinlich, daß die Pflanzen soviel *hochwertigen Brennstoff* benötigen, um so kleine Mengen von *einfachen Verbindungen* herzustellen. Man nimmt heute an, daß die Erwärmung der Keule die Ausbreitung

der Duftstoffe verstärkt: die erhöhte Temperatur beschleunigt die Verdampfung dieser Stoffe, ähnlich wie auch Wasser bei Erwärmung schneller verdampft. Durch die Erhöhung der Keulentemperatur von 25° auf 40° C wird die Verdampfungsrate, also die Zahl der pro Zeiteinheit verdampfenden Moleküle, *verdoppelt*. Es werden also von dem warmen Kolben in der gleichen Zeit doppelt so viele Moleküle in die umgebende Luft abgegeben. Dadurch entsteht ein intensiverer Geruch.
Es wird also nur wenig Energie aus den Stärkevorräten zur Herstellung der Duftstoffe gebraucht, aber sehr viel Energie wird dazu benutzt, diese Duftstoffe möglichst schnell zu verdampfen. So wird die Duftausströmung und damit die Anlokkung der Insekten um ein Vielfaches gesteigert, die Wärmeentwicklung dient zur Verstärkung des Gestanks. Auch die Erwärmung erweist sich so als biologisch sinnvoll.

Bei den Attrappenversuchen fand Knoll einen wesentlichen Unterschied zwischen dem Modell und den Pflanzen. Aus dem Glasmodell kamen die Insekten immer *gleich wieder herausgekrabbelt*, aus den Blütenständen immer erst am Morgen des kommenden Tages. Er versuchte herauszufinden, wie die Insekten in den Kessel gelangen, und warum sie erst nach 24 Stunden wieder herauskommen. Wie gelangen die Tiere eigentlich in den Kessel? Wodurch werden sie im Kessel festgehalten? Wie kommen sie schließlich doch wieder heraus? Wir wollen auch auf diese Fragen eine Antwort suchen.

Vorsicht, Glättegefahr!

Man hat früher angenommen, daß die durch den Duft angelockten Besucher sich zunächst auf der Keule niederlassen und dann über den Keulenstiel in den Kessel hinabkriechen. Da der Kessel eine warme und windstille Unterkunft vor allem für die Nacht sein sollte, war es ja ganz selbstverständlich, daß die Tiere freiwillig in den Kessel kriechen. Auf dem Weg dahin stoßen sie gegen den Gitterverschluß aus Borsten am oberen Ende des Kessels. Die Tiere sollen nun durch dieses Gitter hindurchkommen, indem sie die etwas abwärts geneigten Borsten weiter nach unten drücken. Sobald sie durchgeschlüpft sind, sind sie gefangen. Nun gibt es kein Entkommen, denn in umgekehrter Richtung lassen sich die Borsten nicht beiseitedrücken. Beim Versuch, sie hochzudrücken, stoßen sie gegen das

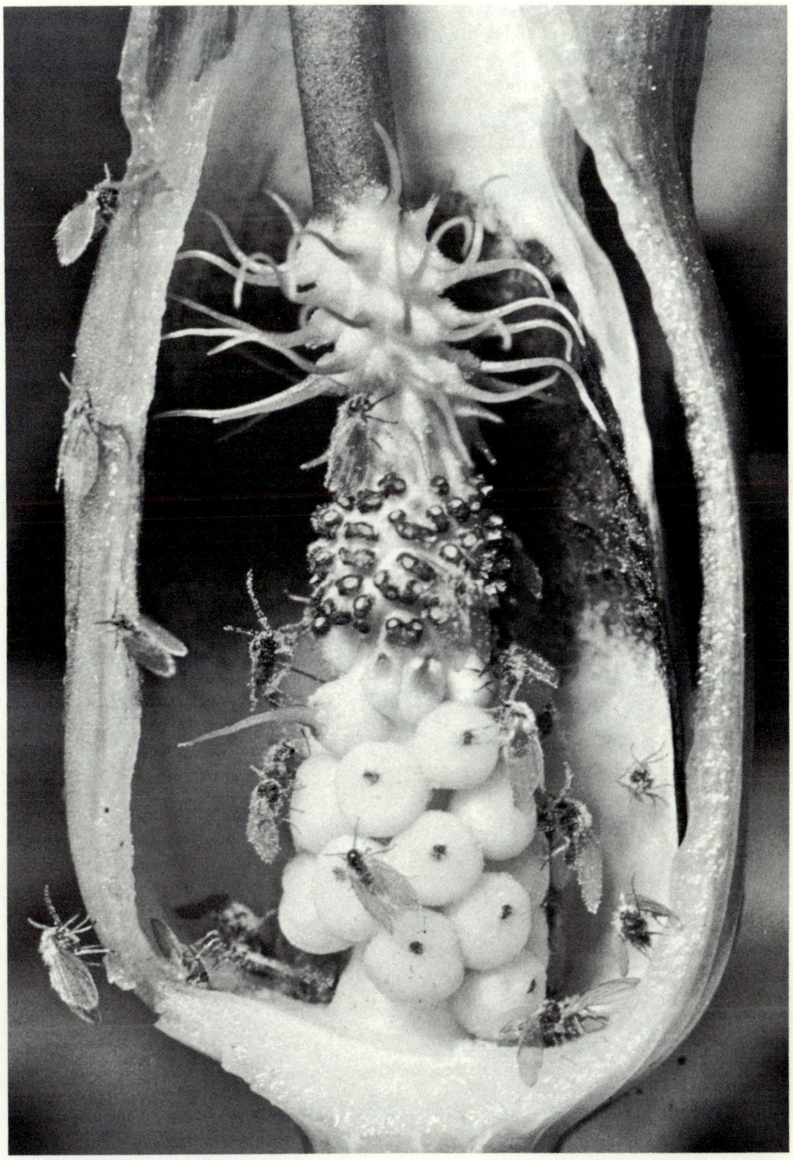

□ Winzige Schmetterlingsmücken bestäuben den gefleckten Aronstab, Arum maculatum. Es fällt schwer, sich vorzustellen, daß die kleinen Insekten von den Borsten am oberen Ende des Blütenkessels wie von einer Reuse zurückgehalten werden.

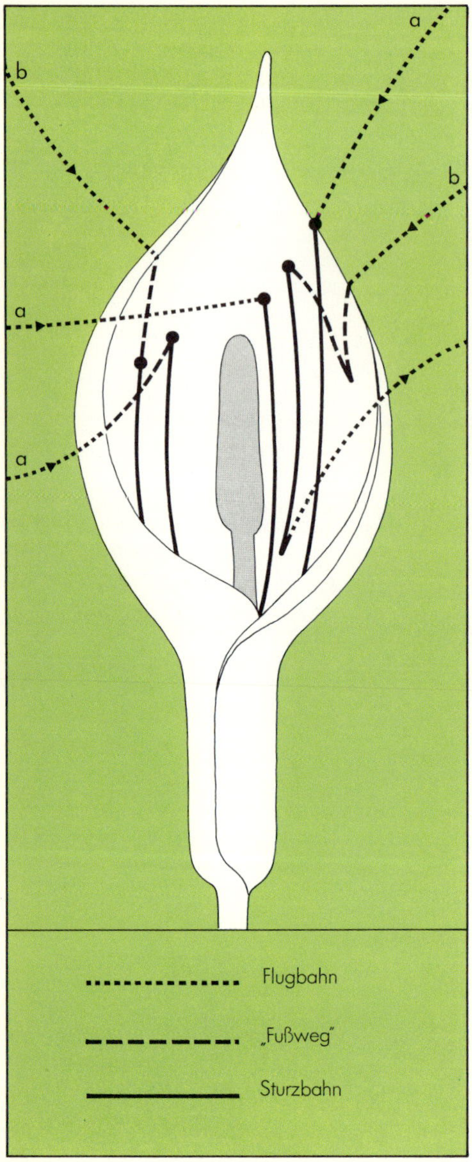

□ **Anflug, Landung und Absturz von Käfern (a) und Fliegen (b) am schwarzen Aronstab, Arum nigrum.**

äußere Hüllblatt. Wie bei einer Reuse sollen die Tiere gefangen werden. Erst nach dem Aufblühen der Staubbeutel, wenn diese Borsten erschlaffen, soll der Rückweg wieder frei sein. *Soweit die Theorie.*

Man kann dies beim gefleckten Aronstab sehr schlecht beobachten. Die Besucher sind sehr klein und bei der abendlichen Dämmerung kaum zu sehen. Es ist schwer, sich vorzustellen, wie diese winzigen Mücken die Kraft aufbringen sollen, die Reusen am Kesseleingang zu verbiegen. Auch scheint das unnötig, denn sie müßten eigentlich leicht zwischen den Gitterstäben durchschlüpfen können. Auch zur Lösung dieser Frage erwies sich der schwarze Aronstab als das geeignetere Untersuchungsobjekt. Hier konnte Fritz Knoll bei vollem Tageslicht den Insektenfang beobachten und so Schritt für Schritt das Geheimnis der Aronstab-Blütenstände lösen.

Da sich beim schwarzen Aronstab die reifen Blütenstände während der Nacht aufrollen, muß man mit den Beobachtungen schon in den frühen Morgenstunden beginnen. Solange die Blütenstände noch im Schatten stehen und Tau an den Blättern hängt, bemerkt man nichts Auffallendes. Erst wenn sich der Boden und die Luft durch die Sonnenstrahlen etwas erwärmt haben, kommen nach und nach fliegende Insekten verschiedenster Art.

Als erstes erscheint eine große braunhaarige Fliege, die auch stets als erste zu sehen ist, wenn irgendwo frischer Mist von Pferden oder Rindern liegt. Sie umkreist in einem engen Bogen den Blütenstand, setzt sich flüchtig auf den Helmrand, läuft auf ihm eine kurze Strecke und fliegt wieder weg. Mit lautem Gebrumm fliegt ein dicker, stahlblauer Roßkäfer daher und läßt sich neben dem Blütenstand ins Gras fallen. Mittlerweile sind eine ganze Anzahl von verschiedenen Insekten angekommen, die nun in nächster Nähe des Blütenstandes auf Grashalmen, auf Blättern und auf Steinen herumsitzen. Oft kann man fünfzig und mehr zählen, die sich gleichzeitig in einem Umkreis von nur 20 cm Halbmesser rings um den Blütenstand aufhalten. Überall, wo ein frisch geöffneter Blütenstand von Arum nigrum steht, findet man eine solche Ansammlung von Insekten. Es sind fast ausschließlich solche Insekten in dieser Versammlung zu sehen, wie sie sonst auf dem Kot von Säugetieren zu finden sind.

Von einem Grasblatt, das neben dem Blütenstand hervorragt, erhebt sich eine der kleinen schwarzbraunen Fliegen mit den dicken Hinterbeinen, die wir vor allem auf Pferdemist finden. Sie fliegt auf den Blütenstand zu. Dann läßt sie sich auf der Außenseite des Helmes nieder, spreizt die Flügel, macht ein paar Schritte, bleibt wieder stehen, macht dann wieder ein paar Schritte auf der Innenfläche des Helms. Plötzlich ist sie weg. Wie weggezaubert!

Jetzt haben in dem warmen Sonnenschein kleine Mistkäfer zu schwärmen begonnen. Einer von diesen kleinen schwarzen Käfern verändert plötzlich seinen gleichförmigen ruhigen Flug, schwenkt seitlich ab, macht ein paar Schleifen um den Blütenstand und fällt knapp neben ihm ins Gras. Da kommt ein zweiter, der den Blütenstand ganz eng umkreist und beim Helmeingang die Flügel so plötzlich einzieht, daß er gerade in die Öffnung hineinfällt. Ein weiterer Mistkäfer fliegt langsam auf die Helmöffnung zu, prallt gegen die hintere Wand und stürzt in den Kessel. Ein anderer Käfer fliegt im Bogen gegen den Rand des Helms und purzelt über den Rand hinweg in den Trichter. Zwei kleinere Fliegen kommen herbeigeflogen. Sie setzen sich auf dem Helmrand nieder und fallen nach wenigen Schritten auf der Innenseite des Helmes ebenfalls in den Trichter. Die meisten *Käfer stürzen unmittelbar ab,* wenn sie sich niederlassen. Die *Fliegen* dagegen *gleiten aus, wenn sie* auf der Innenseite des Helms *zu gehen versuchen.* Größere Fliegen retten sich in den allermeisten Fällen, indem sie rasch die Flügel in Bewegung setzen und noch gerade rechtzeitig aus dem Trichter herausfliegen.

So sammeln sich im Laufe des Tages zahlreiche Insekten im Innern des Kessels. Obwohl viele entkommen oder neben der Öffnung ins Gras fallen, findet man beim Aufschneiden im Grunde des Kessels ein Gewimmel von kleinen Fliegen und Käfern. *Kein einziges Insekt geht* über den Stiel der Keule durch den Hals in den Kessel hinunter. *Alle Tiere sind abgestürzt,* die Trichterwand hinuntergeglitten und im Kessel verschwunden. Sie gehen nicht freiwillig in den Kessel, sie geraten in eine Falle.

□ **Die Epidermiszellen auf der Innenseite des Blütenkessels sind beim Aronstab zu spitzigen Warzen ausgezogen und dicht mit Öltröpfchen bedeckt.**

Warum gleiten die Tiere auf der Innenseite des Helms aus? Können sie sich nicht festhalten? Damit wir die Beobachtungen besser verstehen können, müssen wir uns mit den Kletterwerkzeugen dieser Tiere und mit der Innenwand des Helms ausführlich beschäftigen.

Die meisten auf Pflanzen herumkletternden Insekten besitzen zweierlei Kletterwerkzeuge: *Krallen* und *Haftscheiben*. Die Krallen sind in das letzte Fersenglied des Insektenbeins gelenkig eingefügt; mit ihrer Hilfe kann das Tier auf einer senkrecht stehenden Wand ohne Schwierigkeiten klettern, wenn die Wand so rauh ist, daß die Krallen Halt finden. Sie können sich dann in kleine Vertiefungen der Oberfläche einhängen.

An glatten steilen Flächen finden die Krallen keinen Halt, mit ihnen allein könnte daher eine Fliege oder eine Ameise an einer senkrechten Fensterscheibe nicht hochklettern. Eine Glasoberfläche ist so glatt, daß die Krallen sich nirgends einhängen können. Für eine solche Steilwand haben sie Haftscheiben, die sie zwischen den Krallen vorstrecken können. Eine Fliege klebt sich damit an der glatten Oberfläche fest und kann so sicher und gewandt auch auf spiegelglatten Flächen auf- und ablaufen. Käfer, die keine solche Haftscheiben besitzen, stürzen an solchen glatten Steilwänden ab. Auch an steilen unbehaarten Pflanzenwänden können die Insekten nur mit Hilfe der Haftscheiben klettern. Die Wände sind so glatt und die Fugen zwischen den Zellen so dicht, daß die Krallen keinen Halt finden.

Käfer haben keine Haftscheiben. Daß sie auf der steilen Innenwand des Helms abstürzen, können wir jetzt ganz gut verstehen. Aber warum stürzen auch die Fliegen ab? Sie können doch selbst an Fensterscheiben sicher auf- und ablaufen. Wenn man die Innenseite des Helms querschneidet und unter dem Mikroskop betrachtet, findet man, daß die ganze Innenfläche mit feinen spitzen Warzen besetzt ist. Jede Zelle der äußersten Zellschicht ist zu einer spitzen Warze ausgezogen. Alle diese kleinen Warzen zeigen mit der Spitze nach unten, ins Innere des Kessels. Die Fugen zwischen den Zellen sind dicht und fest aneinandergefügt, ohne Zwischenraum. Auch in dem trichterförmigen Teil, der zum Kessel führt, finden wir solche spitzen, nach unten gerichteten Warzen. Knoll machte an dieser War-

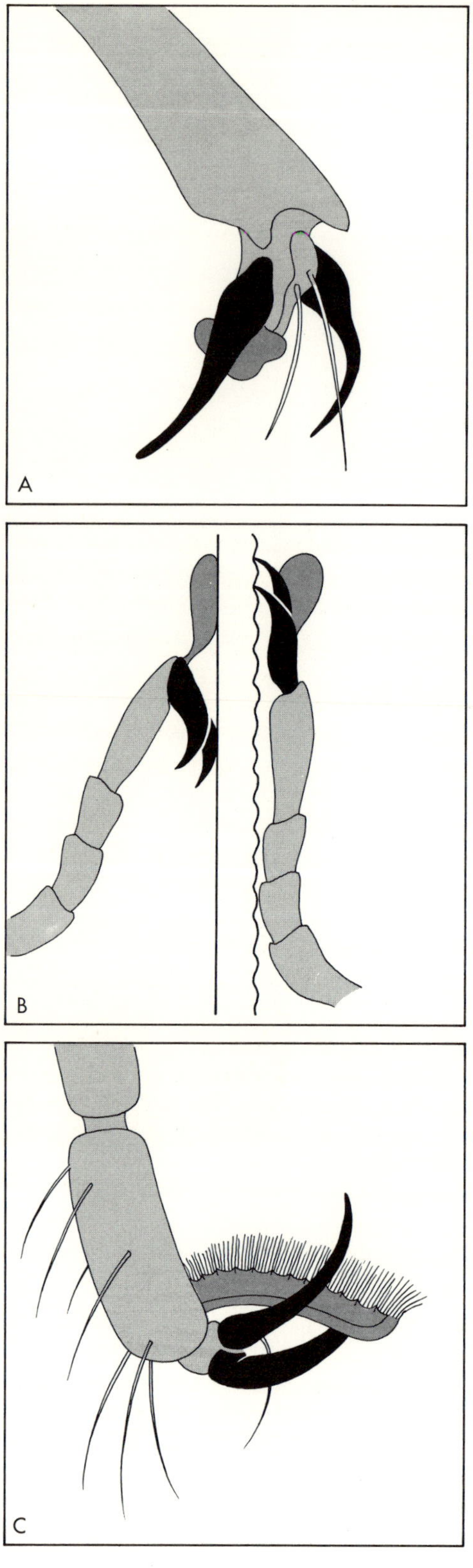

□ Fußglieder verschiedener Insekten mit Krallen (schwarz) und Haftlappen (dunkelgrau).
A. Ameise
B. Honigbiene: Auf glatter Unterlage sind die Krallen zurückgeklappt, der Haftlappen schmiegt sich an. Auf rauher Unterlage haken sich die Krallen ein, der Haftlappen liegt hoch.
C. Fliege

zen-Epidermis ▷ eine überraschende Entdeckung: wenn man einen Flächenschnitt nicht mit einem Deckgläschen zudeckt und das Licht von der Seite einfallen läßt, sieht man unter dem Mikroskop auf der ganzen Außenfläche der Epidermiszellen, und besonders an den Warzen, starke, lichtbrechende Tröpfchen. Knoll zeigte ein Verfahren, wie man diese Tröpfchen noch leichter nachweisen kann: man nimmt einen sorgfältig geputzten fettfreien Objektträger und legt ein etwa 0,5 cm^2 großes Stück der Blattfläche, die man prüfen möchte, vorsichtig mit der Warzenseite nach unten darauf. Nun kann man durch leichten Druck mit dem Finger einen großen Teil der Tröpfchen auf den Objektträger übertragen und unter dem Mikroskop betrachten. Mit etwas Übung kann man diese *Abklatschpräparate* so gut herstellen, daß man in der regelmäßigen Anordnung der Tröpfchen die Verteilung der Warzen wiederfinden kann.

Knoll konnte zeigen, daß diese Tröpfchen aus einem *fetten Öl* bestehen, mit dem die ganze Innenwand des Helms und des Kessels ausgekleidet ist. Dieses Öl verschmiert die Haftscheiben der Insekten, so daß sie auf der steilen Fläche nach wenigen Schritten ausgleiten und abstürzen. Eine heimtückische Innenfläche hat dieser Helm des Aronstabes!

Eine solche mit Öltröpfchen versehene Fläche, auf der auch Tiere mit Haftscheiben nicht klettern können, bezeichnet Knoll als *Gleitfläche.* Er hat auch seine Aronstab-Attrappen mit Gleitflächen versehen. Dazu hat er die Innenseite des Helms, den Kessel und die Mittelsäule ganz dünn mit Talkum-Pulver eingestäubt. Talkum-Pulver wirkt wie Öl, läßt sich aber leichter auftragen. Auch an einer solchen mit Talkum eingepuderten Glaswand können Tiere mit Haftscheiben nicht klettern. So wurden die Attrappen zu vollkommenen Fallen: wie bei einem richtigen Aronstab stürzten die Tiere, fielen in den Kessel und kamen nicht mehr heraus.

Die Tiere stürzen also in den Blütenstand des Aronstabes, weil die Innenseite des Helms eine vorzügliche Gleitfläche ist. So fängt der Blütenstand die vom Duft angelockten Besucher ein. Sie suchen nicht Unterschlupf in einer warmen Herberge, sondern sie werden hinterlistig gefangen. Sie »denken«, sie kämen zu einem frischen Misthaufen und sitzen plötzlich in der Falle.

Als Gefangene im Blütenkessel

Die herabstürzenden Tiere verbiegen die Borsten am Eingang nie, sie fallen einfach zwischen den Gitterstäben durch. Diese Borsten sind keine Reusen, sie sollen das Eindringen größerer Tiere in den Kessel verhindern. Nur diejenigen, die so klein sind, daß sie leicht zwischen den Borsten durchrutschen, kommen wirklich in den Kessel.

Wir schneiden uns einen Blütenstand ab, der Insekten gefangen hat, und stellen ihn aufrecht in ein Glas mit Wasser, so daß er nicht welkt. Wir stülpen ein großes Glas oder eine durchsichtige Plastiktüte darüber. Dann sehen wir, daß bis zum Einbruch der Nacht und auch im Laufe der Nacht keines der gefangenen Tiere den Kessel verläßt. Bleiben die Tiere freiwillig im Kessel oder werden sie von der Pflanze daran gehindert, herauszuklettern?

Einige Tiere sitzen ruhig am Grunde des Kessels oder an den weiblichen Blüten, andere krabbeln langsam herum. Am trägsten sind die Mistkäfer. Sie sitzen alle ganz unten im Kessel. Manchmal bewegen sie sich, gerade so, als wollten sie sich eingraben. Dann sitzen sie wieder lange Zeit unbeweglich. Sie können an keiner Stelle des steilen Kessels hochsteigen. Andere kleinere Käfer sind schon beweglicher. Sie kriechen auf den Fruchtknoten herum und trinken die von den Narbenhaaren ausgeschiedene Flüssigkeit. Aber sonst können sie auch nicht viel besser klettern als die Mistkäfer. Am besten können sich die Fliegen bewegen.

Epidermis (Oberhaut) mit Zellen, die zu winzigen Warzen umgebildet sind.

Sie laufen auf der Kesselfläche herum und versuchen, nach oben zu klettern. Ein Stückchen gelingt das, aber schnell werden die Schritte unsicher. Man sieht, wie sie mit den Vorderbeinen vergeblich versuchen, sich festzuhalten. Immer wieder müssen sie die Haftscheiben der Vorderbeine säubern. Aber niemals gelingt es ihnen wirklich, an der Kesselwand hochzusteigen. »Zur Abwechslung« steigen sie nun vom Kesselgrund auf den weiblichen Teil des Blütenstandes. Dort trinken sie von der Narbenflüssigkeit. Doch auch hier kommen sie nicht weiter. Beim Höherklettern am Blütenstand gleiten sie aus, sowie sie bei den Sperrborsten ankommen; immer wieder gleiten die vorsichtig aufgesetzten Beine ab. Die Oberfläche des Keulenstiels und der Sperrborsten ist spiegelglatt und dicht mit Öltröpfchen besetzt. Auch dieser Weg über den Blütenstand, den Keulenstiel hoch und zwischen den Sperrborsten durch, ist den Tieren versperrt. Allerdings sperren die Borsten den Ausgang nicht wie Reusen ab, die Tiere könnten wohl durchklettern, aber die *Gleitfläche* des Keulenstiels und der Borsten macht diesen Ausgang unpassierbar. Die Insekten bleiben nicht freiwillig im Kessel, sie werden festgehalten, sie sind wirklich Gefangene. Nun sind wir gespannt, wie die Tierchen schließlich doch wieder herauskommen.

Man muß schon frühmorges am Standort sein, wenn man das Aussteigen der Gefangenen beobachten will. Frühmorgens ist es in der Umgebung der Pflanzen noch kühl. Sobald es etwas wärmer wird, erscheinen die ersten Tierchen. Man kann nun gut beobachten, wie sie nach und nach aus dem Blütenstand hervorkommen. *Alle kommen sie den Keulenstiel hochgekrochen.* Alle sind sie dicht mit Blütenstaub bepudert, besonders am Kopf, auf der Brust, an den Flügeln und an den Beinen. Dann bleiben die Insekten sitzen und putzen lange und gemächlich den allzu reichlich auf ihnen liegenden Blütenstaub ab. Nach und nach fliegen sie weg. Sie wandern alle im Laufe des Vormittags ab, wenn die Luft etwas wärmer geworden ist.

Die ersten Tiere, die den Keulenstiel heraufklettern, sind die Fliegen. Sie waren ja unter den Gefangenen im Kessel die lebhaftesten. Später kommen die schwerfälligeren Käfer. Wie gelingt es eigentlich den Tieren, doch herauszuklettern? Wir hatten doch gesehen, daß die Borsten und der Keulenstiel mit Gleitflächen versehen sind und *nicht begangen werden können.* Jetzt kommen alle Tiere an diesem Keulenstiel hochgeklettert.

An einem aufgeschnittenen Blütenstand sehen wir, daß die Oberfläche der Sperrborsten und des Keulenstiels nicht mehr so spiegelt, sie ist ganz matt geworden. Mit einer starken Lupe können wir sehen, daß die Zellen der äußersten Schichten der Keule, des Keulenstiels und der Borsten schlaff und schrumpelig geworden sind. Von der intensiven Atmung, die mit der Erwärmung verbunden ist, sind die Stoffreserven im Innern dieser Zellen aufgebraucht worden. Danach wird die Zellwand schlaff und runzelig. Jetzt können sich die Tiere mit den Krallen festhalten und hochklettern. Der intensive Stoffwechsel dieser Zellschicht erwärmt die Keule und macht nachher diesen Ausgang begehbar, er erfüllt also zugleich *zwei verschiedene Aufgaben.*

Die mit Blütenstaub eingepuderten Tiere werden rasch vom Duft einer anderen Aronstabblüte eingefangen und übertragen so den Pollen von Blüte zu Blüte. Ein reichlicher Fruchtansatz zeigt, wie erfolgreich dieser Weg der Bestäubung ist.

Bei Pollenpaketen nur Blüten nach Maß

Die Leuchterblumen der Gattung Ceropegia gehören mit ihren 150 verschiedenen Arten zu den am raffiniertesten ausgestatteten Blüten der Tropen und Subtropen Afrikas und Asiens. Es sind zum größten Teil Windepflanzen, die sich an anderen Pflanzen hochranken. Sie wachsen bevorzugt in schwer zugänglichem Gestrüpp, wo die Pflanzen, im Schatten verborgen, unscheinbare, bräunlich gefleckte Blüten entfalten. Der Fachmann erkennt schon an dieser Färbung, der Musterung aus Braun, Grün, Grünlichgelb und Weiß, daß diese Blüten von Fliegen besucht werden. Winzige Fliegen von 1,5–3 mm Länge bestäuben diese Blüten.

Über die Blütenbesucher an den natürlichen Standorten dieser Pflanzen im tropischen Afrika weiß man noch sehr wenig. Der Botaniker Stefan Vogel ▷ hat in den Gewächshäusern des Botanischen Gartens der Universität Mainz diese Blüten untersucht und gezeigt, wie sie funktionieren. Einige Arten werden auch bei uns in Mitteleuropa, weit entfernt von den natürlichen Standorten, von Fliegen besucht und bestäubt.

Die Leuchterblumen sind ähnlich wie die Blütenstände des Aronstabes zu Kesselfallen umgebildet. In einigen Einrichtungen sind sie aber noch raffinierter ausgerüstet. Wir wollen uns an einigen Leuchterblumen-Arten ansehen, wie sie bestäubt werden.

Fliegen mögen seltsame Düfte

Lange Zeit hat man die Leuchterblumen für *duftlos* gehalten. Seit den Untersuchungen Vogels weiß man, daß die Fliegen vor allem durch Duft angelockt werden. Dieser Duft wird aber vom Menschen kaum wahrgenommen, und außerdem duftet eine Blüte nur zu ganz bestimmten Zeiten. Die Blüte der Ceropegia stapeliaeformis beispielsweise blüht etwa 30 Stunden lang, duftet aber nur knapp 4 Stunden. Nur wenn man *zum richtigen Zeitpunkt* Riechproben macht, kann man feststellen, daß diese Blüten tatsächlich duften.

Alle Leuchterblumen duften unmittelbar nach dem Aufblühen. Der Duft der verschiedenen Arten wird vom Menschen als recht unterschiedlich empfunden. Daß diese Düfte die Blütenbesucher anlocken, läßt sich gut nachweisen, weil auch bei den Leuchterblumen, wie beim Aronstab, die verschiedenen Arten von ganz bestimmten Fliegen besucht werden. Vogel hatte drei verschiedene blühende Ceropegia-Arten zur gleichen Zeit dicht beisammen im Gewächshaus. Jede Art wurde von einer bestimmten Gattung kleiner Fliegen besucht. Man nimmt an, daß jede Leuchterblumen-Art mit ihrem spezifischen Duft ihre eigenen Bestäuber anlockt. Wir haben uns bei den Stanhopea-Arten schon angesehen, wie so etwas funktioniert ▷. So wird auch bei gleichzeitig und benachbart blühenden verschiedenen Arten verhindert, daß es zu Kreuzungen kommt. Weil jede Art ihre eigenen Bestäuber hat, bleiben sie getrennt. Durch diese Art der Duftanlockung wird Bastardierung verhindert ▷.

Vogel versuchte herauszubekommen, von welchen Teilen der Blüten dieser Duft erzeugt wird. Man kann an den Leuchterblumen drei Teile unterscheiden:

Stefan Vogel, geb. 1925, Professor der Botanik in Berlin, arbeitet vielseitig auf dem Gebiet der Blütenbiologie.

Vergleiche das Unterkapitel »Auf die richtige Mischung kommt es an« auf Seite 53.

Bastardierung: Artkreuzung, Hybridisierung; die Erzeugung eines neuen Lebewesens durch die geschlechtliche Fortpflanzung von Eltern, die verschiedenen Arten angehören.

den *Fangtrichter* mit seinen Anhängseln, die *Kronröhre* und den *Blütenkessel* mit männlichen und weiblichen Blütenorganen. Vogel hat die Blüten in diese Teile zerlegt, sie in kleine Glasdosen eingeschlossen und nach einiger Zeit auf ihren Geruch geprüft. Bei allen Ceropegia-Arten wird der Duft in den Anhängseln am oberen Ende des Fangtrichters erzeugt. Diese Blüten haben ganz bestimmte Blütenteile, die, ähnlich wie die Dufthöhlen bei den Catasetum- und Stanhopea-Arten und wie die Keule bei den Aronstabblütenständen, den Duft erzeugen. Man bezeichnet solche Duftorgane der Blüten als *Osmophor* ▷.

Untersucht man diese dufterzeugenden Blütenteile mikroskopisch, dann sieht man, daß sie zu richtigen *Duftdrüsen* umgebildet sind. Die Zellen der Epidermis sind mit kleinen Warzen versehen, zartwandig und sehr reich an Inhaltsstoffen. Darunter liegen zwei Zellschichten, die voller Reservestoffe sind, entweder Stärke oder Zucker.

Bei allen Blüten, die Stärkezellen enthalten, kann man die Duftdrüsen gut sichtbar machen: man tötet die Blüten kurz in kochendem Wasser ab, entfärbt sie mit Alkohol und bringt sie dann in Jodlösung ▷. Die Duftdrüsen sind nun als scharf umrissene schwarze Flächen zu erkennen.

Wenn nach wenigen Stunden die Dufterzeugung der Blüten aufhört, ist der Stärkevorrat der Zellen verbraucht. Da diese Düfte für den Menschen nur schwach wahrnehmbar sind, müssen wir wohl annehmen, daß hier leicht flüchtige Stoffe produziert werden, die wir Menschen kaum riechen können, die für die Fliegen aber starke Duftqualitäten haben.

Die Leuchterblumen sind also nicht duftlos, sie sind im Gegenteil geradezu *Spezialisten* in der Herstellung ganz besonderer Duftmischungen. In vielen Einzelheiten stimmt die Anlockung der Bestäuber durch Geruch mit der des Aronstabes überein. Für die an den Leuchterblumen aufgefundenen Insekten ist kennzeichnend, daß sie besonders durch Düfte angelockt werden, wie sie von Tieren ausgehen. Ähnlich wie schon bei den nach Aas oder Kot riechenden Blüten des Aronstabes werden auch hier Fliegen getäuscht, die eigentlich keine Blütenbesucher sind.

Über das Leben dieser Fliegen wissen wir noch zu wenig, doch scheinen sie auf ganz bestimmte Düfte ihres Lebensbereichs zu reagieren und auf eine solche Duftquelle zuzufliegen. Nur so können wir verstehen, warum nach Art eines Schlüsselreizes ▷ von den verschiedenen Leuchterblumen ganz verschiedene Kleinfliegen angelockt werden.

Die winkenden Haare der Leuchterblume

Wenn die durch den Duft aus der Ferne angelockten Fliegen nahe genug herangekommen sind, werden sie durch zusätzliche optische Signale zum Blütenbesuch verführt. Wie schon die Duftqualitäten, so sind auch die optischen Signale ganz auf das Verhalten der Fliegen abgestimmt. Typisch ist vor allem die für alle Fliegenblumen kennzeichnende Färbung der Blüten. Wir müssen dabei unterscheiden zwischen der *Farbe* und der *Musterung* der Blüten. Bevorzugte Farbtöne sind unauffällige bräunliche und grünliche Töne. Fast scheut man sich, hier überhaupt von Farbe zu sprechen. Durch braune und purpurne Flecken auf hellgrünem Grund entsteht ein für Fliegenblumen kennzeichnendes Muster, das dem eines Pantherfells ähnlich ist. Daran erkennt man von Fliegen besuchte Blüten. Die optische Nah-Anlockung wird bei einigen Leuchterblumen durch auffällige, weiß oder rotbraun gefärbte Wimpern noch verstärkt. Man bezeichnet solche Wimpern am Blütenrand von Fliegenblumen auch als *Flimmerkörper*. Es sind schlank-keulenförmige oder stabförmige Haare, die stets an den freien Rändern der an der Spitze zusammenneigenden Blütenzipfel sitzen. Bei Ceropegia Hay-

Schlüsselreiz: Signalreiz. Der Begriff Schlüsselreiz wird in Band 1 »Partnersuche und Ehen im Tierreich« auf Seite 54 erklärt.

Osmophor: Duftträger.

Vergleiche die Erklärung auf Seite 72.

garthii sind sie sogar auf dem über einem langen Stiel stehenden »Kopf« auffällig emporgehoben.
Bei unbewegter Luft hängen diese Haare nach unten, oder sie liegen umgekippt auf der obersten Zellschicht, der Epidermis. Bei geringsten Luftströmungen fangen diese Haare an, sich *ruckweise pendelnd* zu bewegen. Bei Ceropegia Brownii sitzen fast 60 solcher Wimpern am Blütenrand und zucken ruckartig hin und her: so entsteht das auffällige Flimmern dieser Blüten. Diese Flimmerbewegung ist für eine Pflanze etwas sehr Seltsames. Wenn wir nicht wüßten, daß diese Bewegungen von Luftströmungen verursacht werden, würden wir vermuten, daß die Pflanze ihre Wimpern selbst bewegt.
Solche Flimmerkörper am Rand der Blüten sind kennzeichnend für Fliegenblumen aus verschiedensten Gruppen des Pflanzenreiches. Sie sind immer wieder von den Pflanzen »erfunden« worden, um Fliegen anzulocken. Leider wissen wir nicht, welche Verhaltensmuster der Fliegen hier angesprochen werden. Man nimmt an, daß diese Flimmerbewegung anlockend wirkt, indem sie das Flügelwinken von anderen Fliegen vortäuscht und damit zum Heranfliegen reizt. Man hat auch vermutet, daß hier eine für die Balz der Fliegen typische Flügelbewegung im Spiel sei. Experimente hat man noch nicht angestellt, so können wir hier keine sicheren Aussagen über die Wirkung dieser Flimmerbewegungen auf die Fliegen machen.
Die erste Phase des Blütenbesuches, die Anlockung, erreichen die Leuchterblumen durch drei Eigenschaften: den Duft, die Färbung und die Bewegung der Flimmerkörper. In der für Duftanlockung typischen Art erfolgt der Anflug der Tiere langsam und auf Umwegen, sie fliegen Kreisbögen und Zickzack-Figuren. Immer landen die Fliegen auf den Duftdrüsen der Leuchterblumen. Sie setzen sich nieder und beginnen hin und her zu laufen und mit dem Rüssel die Blüte abzusuchen.

□ Blüte der Leuchterblume Ceropegia Haygarthii mit weit emporgehobenem Flimmer-Apparat, Fangtrichter, Kronröhre und Blütenkessel.

Beobachtet man eine kleine Fliege, die sich auf einem der dunkelbraunen Schwänze einer Ceropegia stapeliaeformis niedergesetzt hat mit der Lupenbrille, so sieht man, wie sie sich ruckweise bewegt und immer wieder mit dem Rüssel tastet: *sie sucht etwas*. So bewegt sie sich auf der Duftdrüse abwärts. Nach kurzer Zeit gerät sie ans untere Ende des braunen Teils. Dort verharrt sie und macht einige tastende Schritte. Dann versucht sie vorsichtig, sich zurückzuziehen.
Bis hierher kommen die Tiere freiwillig, die Blüte täuscht etwas vor, was die Fliegen zum Besuch anlockt, aber genau am unteren Ende der Duftdrüsen wird es für die Fliegen gefährlich. Sie gleiten an dieser Stelle aus und stürzen in den Fangtrichter hinunter. *Die Fliegen sind in die Falle gegangen.* Freiwillig gehen die Blütenbesucher nicht den Weg in den Blütenkessel. Wir kennen diese Geschichte ja bereits vom Aronstab her.
An der unteren Grenze der Duftdrüsen beginnt bei allen Leuchterblumen eine tückische Gleitfläche. Wie beim Aronstab sind hier die Zellen der Epidermis zu

Warzen umgebildet und mit winzigen flüssigen Wachströpfchen bedeckt. Die Fliegen können sich hier auch mit ihren Haftscheiben nicht mehr festhalten und gleiten aus. Diese Gleitflächen sind bei den verschiedenen Leuchterblumen-Arten so über dem Blütentrichter verteilt, daß die ausgleitenden und abstürzenden Fliegen immer ins Innere des Blütentrichters fallen. Bei den verschiedenartigsten Fallenblumen wie auch in den Kannenblättern fleischfressender Pflanzen sind solche Umbildungen der Epidermis zu Gleitflächen zu finden. Immer wieder haben die Pflanzen diesen Weg beschritten, um die Haftscheiben der Insekten wirkungslos zu machen.

Nicht bei allen Leuchterblumen fallen die Tiere sogleich in die Blütenröhre, nicht immer ist der Fangtrichter so steil, daß die winzigen Fliegen direkt ins Blüteninnere stürzen. Bei Ceropegia stapeliaeformis ist der Trichter auffällig flach. Stefan Vogel beobachtete an diesen Blüten morgens ab 10 Uhr fast in jeder frisch aufgeblühten Blüte mehrere Fliegen, die in den Trichter gestürzt waren und nun versuchten herauszukrabbeln. Immer wieder bemühen sich die Tiere, den Trichterrand zu erreichen, immer wieder gleiten sie aus und stürzen in den Schlund zurück. Ist hier der Fangtrichter unvollkommen ausgebildet? Oder ist die Blüte so raffiniert gebaut, daß sie die bereits gefangenen Fliegen als Köder benutzt? Die vergeblich krabbelnden Tiere sind als auffällige, dunkle, bewegte Punkte auf dem hier leuchtend weißen Trichter gut zu erkennen. Ein solches Bild wirkt auf andere Fliegen durchaus einladend. Wird hier die Bewegung der Flimmerhaare auf andere Weise erreicht? Immer wieder versuchen die Fliegen, aus dem Trichter zu entkommen. Warum fliegen sie nicht einfach weg? Macht man mit der Hand eine rasche Bewegung, dann fliegen sie ohne weiteres auf und davon! *Sie können wegfliegen,* aber von selbst tun sie es nicht. Auch hier wissen wir noch zuwenig über das Verhalten

□ Blüte einer Leuchterblume mit Duftschwänzen, behaartem Fangtrichter und Kronröhre (Durchmesser 2 Millimeter). Typisches Farbmuster für eine Fliegenblume.

dieser Insekten, um es zu verstehen. Jedenfalls ist die Blüte vorzüglich auf dieses Verhalten der Fliegen eingestellt. Keines der abgestürzten Tiere fliegt davon. Immer wieder versuchen sie, auf der Gleitfläche hochzuklettern. Ganz allmählich, manchmal erst nach Stunden, ermatten die Tiere. Immer häufiger rutschen sie bis an den Rand der Kronröhre und verschwinden zuletzt, trotz heftigem Widerstreben, in dem nur wenige Millimeter breiten Schlund.

Auf der Flucht zum Ringfenster

Durch ein eingeschnittenes Guckfenster kann man die Ankunft der Tiere im Kessel beobachten. Wie lange brauchen die nach oben zum Ausgang strebenden Insekten für den Weg durch die lange Kronröhre?

Nach wenigen Minuten gleiten sie mit dem Kopf voran in den Blütenkessel. Wenn die Fliegen einmal in der Kronröhre verschwunden sind, legen sie das letzte Stück Weg überraschend schnell zurück. Warum versuchen sie nicht mehr, aus dem Gefängnis zu entkommen?

Haben die Tiere »eingesehen«, daß sie gegen die heimtückische Gleitfläche der Blüten machtlos sind?
Bei einer anderen Leuchterblumen-Art, bei Ceropegia elegans, endet die Gleitfläche bereits am oberen Ende der Kronröhre. Die Kronröhre selbst ist für Tiere mit Haftlappen leicht zu begehen. Wie fängt diese Blüte ihre Fliegen?
Läßt man Kleinfliegen im Trichter einer Blüte von Ceropegia elegans abgleiten, so kommen sie innerhalb einer Minute im Blütenkessel an. Das ist erstaunlich. Eigentlich könnten die Tiere doch nach oben aus der Röhre herausklettern. Auch liegt bei Ceropegia elegans der Kessel nicht am tiefsten Punkt der Blüte, wo die Tiere hinfallen, sondern seitlich davon. Sie müssen also selbst in den Kessel krabbeln. Warum gehen die Fliegen so schnell und zielsicher in den Kessel? Obendrein ist der Zugang von der Kronröhre zum Kessel bei dieser Blüte noch durch einen dichten Haarkranz versperrt.
Wir wollen uns den Bau der Blüte von Ceropegia elegans genauer ansehen. Von außen fällt auf, daß hier der Kessel nicht in Verlängerung der Fallrichtung liegt, sondern in fast rechtem Winkel seitlich an die Röhre ansetzt. Wenn wir die Blüte aufschneiden, dann sehen wir, daß die Kronröhre innen tief dunkelrot gefärbt ist. Von außen ist von dieser dunklen Färbung nichts zu bemerken. Welche Bedeutung hat diese Färbung, die ja von außen her nicht zu erkennen ist?
Am unteren Ende der Kronröhre, wo seitlich der Kessel ansetzt, endet auch die dunkle Färbung der Zellen. Die Wand des Blütenkessels ist durchscheinend. Nur die Kronröhre selbst ist undurchsichtig, eine Art dunkle Höhle. Tiere, die in diesen Kanal gerutscht sind, kommen plötzlich in einen abgedunkelten Raum. Was werden sie tun?
Wenn man abends von einer Fliege gestört wird, dann kann man sie leicht aus dem Raum entfernen. Man löscht das Licht, macht in einem Nachbarraum das Licht an und scheucht die Fliege mit einer schnellen Handbewegung auf. Sofort fliegt sie in den hell erleuchteten Raum. Wenn Fliegen an einem für sie unangenehmen Ort sind oder erschreckt werden, fliehen sie immer *zum Licht hin.* Diese natürliche Fluchtreaktion der Fliegen macht die Leuchterblume sich zu Nutze.
Die abgestürzte Fliege rutscht in die abgedunkelte Kronröhre. Nur oben und unten gibt es eine helle Öffnung. Durch den Sturz gerät die Fliege in die Nähe der unteren Öffnung. Sie sieht seitlich durch den Haarkranz den hell erleuchteten Blütenkessel. Sie klettert deshalb nicht durch die leicht begehbare Kronröhre ins Freie, sondern flieht zum Licht hin. Auch hier ist die Blüte hervorragend auf das Verhalten der Fliegen eingestellt.
Nun ist sie *endgültig gefangen,* denn durch die Haare gibt es kein Zurück. Die auch bei den anderen Leuchterblumen in der Kronröhre vorhandenen langen Haare sind *Reusenapparate,* die den Zutritt zum Kessel gestatten, den Ausweg jedoch verwehren.
Wie eine solche Reuse funktioniert, erkennt man, wenn man die Haarborsten mit einer Nadel zu bewegen versucht: sie lassen sich nur in einer Richtung leicht bewegen. Ein herabfallendes Insekt kann die Haare zum Kessel hin elastisch verbiegen und sich so den Weg freimachen. Wenn das Tier versucht, zum Eingang der Kronröhre zu krabbeln, dann stellen sich ihm die Haare direkt entgegen und verschränken sich bei Druck von unten gegenseitig, anstatt auseinanderzuweichen. Die Haare machen die Kronröhre zur Einbahnstraße.
Besonders wirkungsvoll gebaut sind die Reusenhaare bei Ceropegia stapeliaeformis. Hier sind sie unten ganz eng eingeschnürt, so daß sie wie an einem Gelenk beweglich sind. Das Haar selbst ist völlig starr. Hier läßt sich nicht das Haar verbiegen, sondern das Gelenk ist beweglich. Direkt über diesem Gelenk ist das Reusenhaar auf dem zum Ausgang der Kronröhre zeigenden oberen Ende bauchig erweitert. So läßt es sich nur nach

unten bewegen. Drückt man von unten dagegen, so legt sich das verdickte Widerlager gegen die Wand und blockiert das Haar.
Die Reusenhaare hindern also die im Blütenkessel gefangenen Fliegen am Verlassen der Blüte. Ganz am äußersten Ende dieses weiträumigen Blütenkessels befinden sich die weiblichen und männlichen Organe der Blüte. Wie gelangen die Fliegen, nachdem sie im Blütenkessel angekommen sind, zu diesen Teilen der Blüte? Werden sie irgendwie angelockt, oder geraten sie ganz zufällig dorthin?

Bei Ceropegia stapeliaeformis ist die Kronröhre und auch die ganze Kesselwand abgedunkelt. Nur rings um das unterste Ende zieht sich ein durchscheinendes Stück der Wand, das wir *Ringfenster* nennen wollen. Bei diesen Pflanzen wird der Fluchtreflex der Fliegen *hin zum Licht* noch weiter ausgenutzt. Hier werden sie nicht nur in den Kessel befördert, sondern schnurstracks an die für die Blüte wichtigen Teile geleitet.
Stefan Vogel konnte in einem Experiment die Wirkungsweise dieses Ringfensters nachweisen. Eine Blüte wird dicht unter dem Kessel mit einer Rasierklinge abgeschnitten und auf einen Objektträger aufgesetzt. Am oberen Ende des Kessels werden mit einem weiteren Schnitt die übrigen Blütenteile entfernt und dann in den Kessel einige winzige Fliegen eingebracht. Danach verschließt man den oberen Ausgang mit einem Deckgläschen. Nun fertigt man aus schwarzem Papier eine Röhre, die sich so über den Kessel schieben läßt, daß das Licht entweder von oben durch das Deckgläschen oder von unten durch das Ringfenster einfällt. Unter dem Mikroskop kann man jetzt das Verhalten der Fliegen beobachten. Wird das Ringfenster abgedunkelt und von oben beleuchtet, sammeln sich die Fliegen in kurzer Zeit alle am Deckglas. Verdunkelt man den oberen Teil und läßt das Licht von unten durch das Ringfenster einfallen, so laufen die Fliegen nach unten. Jetzt kann man unmittelbar die Bestäubung der Blüten beobachten.

Wie bei den Orchideen sind die Staubblätter und Narben der *Schwalbwurzgewächse* ▷, zu denen auch die Leuchterblumen gehören, zu einem komplizierten Bestäubungsapparat verwachsen. Wie bei den Orchideen hat man diesem Teil der Blüte den Namen *Geschlechtssäule* ▷ gegeben, obwohl er bei den Leuchterblumen anders gebaut ist.
Am Grunde des Blütenkessels steht die sogenannte Innenkrone. Sie wird aus fünf langen Zipfeln gebildet, die sich in der Mitte zusammenneigen und aussehen wie die Griffel einer Blüte. Zwischen den Zipfeln liegen tiefe, je mit einem dunklen Saftmal gezeichnete Höhlen. Am Grunde dieser Gruben befindet sich reichlich Nektar. Es sind richtige Saftfächer. Diese Saftfächer werden vom Ringfenster hell erleuchtet. Es sind die hellsten Stellen im Blütenkessel.
Fliegen, die in die dunkle Höhle gestürzt sind, fliehen aus der dunklen Fallgrube zum Licht hin. Den Kopf nach unten, setzen sie sich an die in der Mitte stehenden »Griffel« und dringen zu den hell erleuchteten Saftfächern vor. Steife Borsten an der Außenseite der Fächer hindern sie, von außen einzuklettern. Mit der Bauchseite nach innen schlüpfen die Fliegen in ein Saftfach. Sie haben nur eines »im Sinn«, zum Licht hin. Und nun stoßen sie plötzlich auf Nektar. Sofort fangen sie an zu saugen. Nach der Duftanlockung, dem Sturz und der Flucht zum Licht gibt es erst einmal Futter.

Der Klemmkörper hält sie fest

Es dauert einige Sekunden, ehe eine Fliege den reichlichen Nektarvorrat in dem Saftfach aufgesaugt hat. Dann zieht sie sich rückwärts aus dem Saftfach zurück. Das geht aber gar nicht so einfach, offenbar hängt das Tier fest. Immer wieder versucht es, sich mit einem Ruck loszureißen. Es ist nicht zu erkennen, was die Fliege festhält. Schließlich gelingt es

Schwalbwurzgewächse: Pflanzenfamilie der Asclepiadaceae. Bei uns durch die Schwalbwurz Cyanchum vincetoxicum in Kalk- und Wärmegebieten vertreten.

Auf der Seite 115 findet sich eine gute Abbildung einer solchen Verwachsung von Staubblatt, Griffel und Narbe zur Säule, dem sogenannten Gynostemium.

□ **Kleinfliege (Länge etwa 2 Millimeter) mit Pollenpaketen aus einer Leuchterblume.**

ihr doch, sich zu befreien. Sie trägt jetzt an der Unterseite des Kopfes zwei goldgelbe Pollenpakete, die so dicht vor ihren Augen hängen, daß sie kaum darüber hinweg schauen kann. Mit flinken Bewegungen der beiden Vorderbeine versucht sie die Last loszuwerden. Vergeblich.

Wo kommen diese beiden Pollenpakete plötzlich her? Wie sind sie am Kopf befestigt? Wir müssen uns die Geschlechtssäule der Leuchterblume noch einmal, aber viel genauer ansehen.

Zwischen den Zipfeln der Innenkrone, über jedem Saftfach ist ein winziger, dunkler Knoten. Er wird als *Klemmkörper* bezeichnet. Links und rechts neben diesem knorpeligen Klemmkörper sitzt je ein Staubbeutel, in dem die Pollenkörner zu einem wachsartigen Pollenpaket, einem *Pollinium,* vereinigt sind. Zwei Pollinien sind über kurze Stielchen mit dem Klemmkörper verbunden und bilden mit ihm ein sogenanntes *Pollinarium* ▷. Am Eingang zu jedem Saftfach befindet sich ein solcher Bestäubungsapparat.

Doch kehren wir zu unserer Fliege zurück, die sich, nachdem sie sich am Nektar gelabt hat, aus dem Saftfach zurückziehen will, aber nicht kann. Was hält sie fest?

Wir schneiden vorsichtig mit einer Rasierklinge das Saftfach auf und können nun das festsitzende Tier von der Seite betrachten.

Unterhalb des Klemmkörpers liegt, genau in der Mitte des Saftfaches, eine unten löffelartig erweiterte, nach oben hin enger werdende *Leitschiene.* Wenn eine Fliege Nektar saugt, drückt sie die Kehlhaut, eine faltige, weiche Haut an der Rüsselbasis gegen das untere Ende dieser Leitschiene. Dabei gerät die Kehlhaut in den Spalt der Leitschiene. Zieht die Fliege, wenn sie mit Saugen fertig ist, den Rüssel zurück, gleitet die erschlaffte Kehlhaut im Spalt der Leitschiene nach oben und verklemmt sich in einem engen Schlitz des Klemmkörpers. Nun versucht die festsitzende Fliege sich aus dem Klemmkörper zu befreien und reißt dabei das Pollinarium aus der Blüte heraus.

Mit einem dünnen Draht oder einer ganz feinen Nadel kann man diesen Vorgang nachmachen. Zieht man den Draht durch die Leitschiene nach oben, dann wird die Spitze genau in den Schlitz des Klemmkörpers geführt. Mit einem kleinen Ruck vermag man dann die Pollenpakete aus den Staubbeuteln zu ziehen.

Die Geschlechtssäule der Leuchterblumen mit den Saftfächern, den Leitschie-

Pollinarium: Doppelpaket aus zwei Pollinien, die durch Stielchen (Caudiculae) zusammengehalten werden.

□ **Linke Seite, rechts: Blick von oben in den Blütenkessel einer Leuchterblume mit der Geschlechtssäule, der Innenkrone und den fünf Saftfächern.**
Linke Seite, links oben: Innenkrone und Eingang zu den Saftfächern von der Seite.
Linke Seite, links Mitte: Kleinfliege (Madiza glabra) mit Pollenpaketen.
Linke Seite, links unten: Flügel einer Honigbiene mit einem Pollinarium der Schwalbwurz, Asclepias. Der Klemmkörper ist am Rand des Flügels hängengeblieben, an den beiden Caudiculae sitzen die beiden Pollinien.
Rechte Seite, links oben: Blick von oben in den Grund eines Blütenkessels. Eine Kleinfliege (Madiza glabra) steckt kopfüber in einem der Saftfächer.
Rechte Seite, unten: Im Kühlraum ist die Kleinfliege (Länge etwa 2 Millimeter) bewegungsunfähig geworden. Der Schnitt zeigt, wie genau das Insekt in das Saftfach paßt. Der Rüssel ist in die Nektargrube vorgestreckt, beim Zurückziehen des Rüssels wird das Pollinarium entnommen.
Rechte Seite, rechts oben: In der Narbengrube liegt ein Pollinarium, die Blüte ist bestäubt.

nen, den Klemmkörpern und den Pollinarien ist eine *Präzisionsapparatur*. Das Saftfach ist auf Bruchteile eines Millimeters auf die Größe der Fliege zugeschnitten. Es bringt den Blütenbesucher genau in die Stellung, die nötig ist, um die Kehlhaut in die Leitschiene zu führen. Der Nektar verführt die Fliege zum Saugen. Bei einigen hundert Kleinfliegen aus den Blütenkesseln von Ceropegia stapeliaeformis, die Stefan Vogel fing und untersuchte, hing der Klemmkörper stets an der Kehlhaut. Kein Feinmechaniker könnte eine sinnreichere Einrichtung erfinden, um Fliegen sicher mit Pollenpaketen zu beladen.

Wie wird die Fliege dieses Pollinarium wieder los? Wo sind eigentlich bei diesen Blüten die *weiblichen Teile,* Griffel und Narben? Lange hat man in den komplizierten Blüten nach diesen Teilen gesucht. Die fünf in der Mitte zusammenneigenden Zipfel der Nebenkrone, an denen sich die Fliegen beim Nektarsaugen festhalten, sind keine Griffel, wie man zuerst vermutet hat. Diese Blüten besitzen überhaupt keine Griffel.

Durch genaue Beobachtung der Bestäubung hat man die weiblichen Blütenteile gefunden! Einige Fliegen, die schon mit einem Pollinarium von einer anderen Blüte kommen, lassen diese Pollenpakete in den Blüten zurück. Wir wollen einmal eine solche Fliege verfolgen. Eben saugt sie noch im Saftfach. Jetzt zieht sie den Rüssel zurück, und dabei gerät eines der mitgebrachten Pollenpakete in den unteren Löffel der Leitschiene. Wie in einer Gabel wird das Paket festgehalten und reißt in dem Moment vom Klemmkörper ab, indem die Fliege den Rüssel weiter hochzieht. Unterhalb der Leitschiene bleibt das Pollenpaket in einer kleinen Vertiefung hängen. Diese kleine Grube ist mit einem schleimigen Sekret überzogen, *es ist die Narbengrube.*

In diesem Narbenschleim beginnt das Pollenpaket zu quellen, dann sendet es einen Strang von Pollenschläuchen in das Narbengewebe. Die Blüte ist bestäubt.

Während der gesamten Blütezeit stehen die Fangtrichter der Leuchterblume kerzengerade. Da die Gleitzonen und der Trichter nur zusammen mit der Schwerkraft wirken können, ist diese aufrechte Stellung eine wichtige Voraussetzung für das Funktionieren der Kesselfallen. Erst am Ende der bei den verschiedenen Arten Stunden oder Tage dauernden Blütezeit, senken sich die Blüten. Im Verlauf von wenigen Stunden kippen sie in die waagrechte Lage um. Gleichzeitig schrumpfen die Reusenhaare. Jetzt können die mit Pollenpaketen beladenen Fliegen die verwelkte Blüte verlassen.

Bringt man am Abend vorher etwas Methylenblau-Pulver in den engen Fangtrichter, dann schleppen die Tiere den Farbstoff mit. So kann man leicht nachweisen, daß die freigelassenen Fliegen *sogleich* wieder in die Falle gehen. Vom Duft frisch erblühter Leuchterblumen angelockt, setzen sie sich auf den Fangtrichter, stürzen ab und bringen so die Pollenpakete rasch zur nächsten Blüte.

Die Blüten der Leuchterblumen haben sich im Laufe der Evolution ganz auf das Verhalten der Fliegen eingestellt. Da die Fliegen nicht lernen können, fallen sie immer wieder auf diese Blüten herein. Es ist faszinierend anzusehen, wie diese Blüten das Verhaltensmuster der Tiere für die Bestäubung ausnutzen.

Erst wird die Fliege mit besonderen *Duftmischungen angelockt.* Nach dem Absturz versucht sie *aus der Blüte* zu flüchten. Mit Hilfe von Licht-Dunkel-Effekten dreht die Blüte die Fluchtrichtung der Fliege um, sie flieht zum Licht und damit *in die Blüte.* Die hell erleuchteten Saftfächer wirken wie Ausschlupföffnungen, die Fliege kriecht hinein und stößt plötzlich auf Nektar. Auf diese Weise bringt die Blüte die Fliege dazu, den *Rüssel auszustrecken* und sich an der Kehlhaut mit den *Pollenpaketen zu beladen.* Stück für Stück eine gelungene Konstruktion!

Die Kesselfallen-Blumen erreichen ihr Ziel, die Fremdbestäubung, unter trügerischen Vorspiegelungen. Sie locken In-

□ **Zwei hängende Blüten von Stanhopea (Länge etwa 10 Zentimeter). Im Bogen neigen sich Lippe und Geschlechtssäule unten zusammen.**

sekten an, die keine Blumenbesucher sind, setzen sie längere Zeit gefangen und entlassen sie erst nach vollzogener Bestäubung. Entsprechend dem Verhaltensmuster der Insekten besitzen sie komplizierte Anpassungen, die die Fremdbestäubung sicherstellen.

Besonders bei Blüten mit Pollenpaketen kann man Präzisionseinrichtungen kennenlernen, mit denen Fremdbestäubung erzwungen wird. Wir wollen uns noch zwei weitere Beispiele für Bestäubung mit Pollenpaketen ansehen.

Eine Rutschbahn für Prachtbienen

Wie wir in dem Kapitel über die Blütendüfte erfahren haben, werden die Blüten der mittel- und südamerikanischen Orchideengattung Stanhopea ausschließlich von den Männchen der Prachtbienengattungen Euglossa, Eulaema und Euplusia besucht. Mit besonderen Parfümgemischen locken die Blüten jeweils ganz bestimmte Arten von Prachtbienen an.
Die bis zu zehn Zentimeter großen und außerordentlich intensiv duftenden Blüten hängen an traubigen Blütenständen nach unten. Die elfenbeinweißen und dicht rot gefleckten Kelch- und Blütenblätter sind nach oben zurückgeschlagen, die Lippe und die Geschlechtssäule nach abwärts gerichtet. Um zu verstehen, wie sie bestäubt werden, müssen wir uns diese bizarren Blüten einmal genauer ansehen.
Die dickfleischige Lippe ist in ihrem oberen Teil sackförmig ausgehöhlt. Innen ist die Höhlung dicht mit dunklen Zotten ausgekleidet, zwischen denen sich der in einem Drüsengewebe gebildete flüssige Duftstoff der Blüten sammelt. Die beiden seitlichen Wände der Dufthöhle sind außen spiegelglatt und durch je einen dunkelroten Fleck gezeichnet. Dieses glänzende Saftmal weist den anfliegenden Prachtbienen den Weg.
Das Mittelstück der Lippe trägt auf beiden Seiten je einen hornartig gebogenen Fortsatz. Die beiden Hörner reichen mit ihren Spitzen bis zur gegenüberliegenden Geschlechtssäule und sperren so im unteren Teil der Blüte den Zugang von der Seite her ab. Der herzförmige Endlappen der Lippe ist in der Mitte tief gefurcht.
Im Bogen wölbt sich die der Lippe gegenüberstehende Geschlechtssäule über die Duftdrüsenhöhle und die übrigen Teile der Lippe. Sie besitzt zwei scharfe Seitenkanten und endigt unten mit zwei spitzen Zähnen. Zwischen diesen Zähnen liegen, dicht beieinander, die Narbengrube und

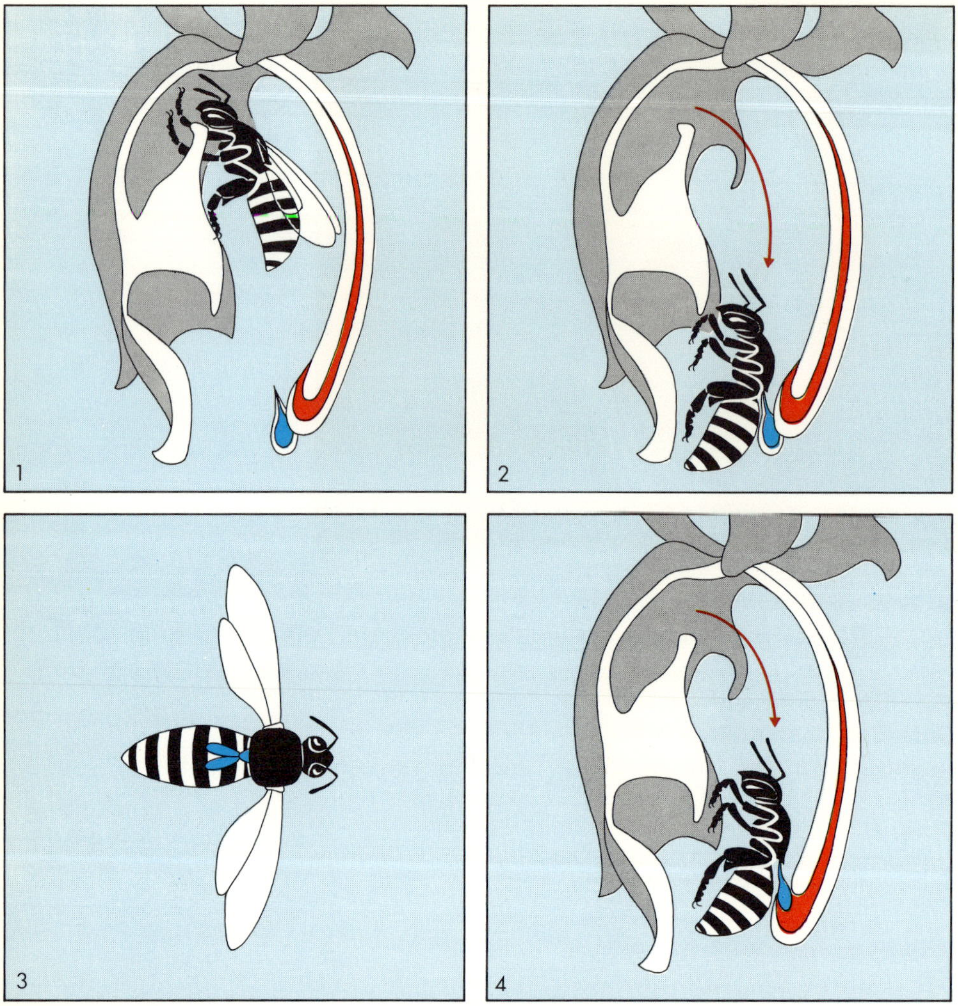

□ **Eine Prachtbiene bestäubt Blüten von Stanhopea:**
1. Die Prachtbiene ist bis zur Dufthöhle vorgedrungen.
2. Auf der »Rutschbahn« wird das Pollenpaket angeklebt.
3. Unterwegs zu einer anderen Blüte.
4. Auf der »Rutschbahn« wird das Pollenpaket in die Narbengrube eingeführt.

der einzige Staubbeutel der Blüte mit den beiden Pollenpaketen ▷.

Die wie poliert glänzenden Blütenteile besitzen Epidermiszellen mit stark verdickten, fugenfreien Außenwänden. Sie sind außerdem dicht mit winzigen Öltröpfchen bedeckt. Es sind also für Insekten tückische Gleitflächen.

Prachtbienen, die über das dunkle Saftmal den Weg zur Dufthöhle gefunden haben, müssen rückwärts aus der engen Öffnung kriechen und gelangen so auf die Gleitfläche der Lippe. Dort rutschen sie aus. Beim Versuch, wegzufliegen, stoßen sie gegen die Säule und fallen, mit dem Hinterleib voran, nach unten. Von der Säule am Rücken, den beiden Hörnern an der Seite und der glatten Lippe am Bauch geführt, sausen sie, wie auf einer Rutschbahn, aus der Blüte.

Bei den Blüten der Stanhopeen sind die beiden Geschlechter nacheinander reif. Zuerst sind die Blüten männlich. In diesem Stadium nimmt eine Prachtbiene die Pollenpakete mit. Am unteren Ende der engen Rutsche, beinahe am Ausgang, ragt eine Klebscheibe in die Bahn des heruntergleitenden Insekts. Im Vorbeisausen gerät die Klebscheibe in den Einschnitt zwischen Brustkorb und Hinterleib und bleibt dort haften. So zieht die Prachtbiene im Fallen das Pollinarium aus der Blüte.

Erst einige Stunden später öffnet sich

Abbildung auf Seite 93.

hinter den leeren Pollenfächern die Narbengrube. Sie ist mit zähem Schleim gefüllt. Jetzt erst wird die Blüte weiblich. Sowie eine Biene mit Pollenpaketen erneut durch die Blüte gleitet, werden die Pollinien von einem spitzen Vorsprung unter der Narbengrube abgefangen und in die Narbe geschoben. Dort bleiben sie kleben. Die Blüte ist bestäubt. Durch die zeitliche Trennung der beiden Blühstadien wird eine Selbstbestäubung unmöglich gemacht. Nach dem Auskeimen wachsen bei diesen Blüten die Pollenschläuche mehr als zehn Zentimeter durch die gesamte Geschlechtssäule bis zum Fruchtknoten. Dort werden die Eizellen befruchtet.

Der Abstand zwischen Lippe und Geschlechtssäule paßt bei den verschiedenen Arten genau zur Größe der regelmäßigen Blütenbesucher: Es gibt Rutschbahnen für kleine und große Bienen. Auch diese Blüten sind also Präzisionsapparate, bei denen es, zur sicheren Pollenübertragung, auf den Millimeter ankommt. Doch kehren wir nochmals zum Anfang zurück und beobachten einige aufblühende Stanhopeen.

Wenige Stunden nach dem Aufblühen beginnt die Blüte, Duft auszusenden. Schon erscheinen die ersten Prachtbienen. Bald umschwärmt eine große Zahl die Blüte. Ist sie bereits besetzt, dann schweben die farbenprächtigen Tiere eine Zeitlang in der Luft vor der Blüte und warten. Sowie die Blüte wieder frei ist, geht das Gedränge los: jede der Bienen will so schnell wie möglich in die Blüte. Die sonst so vorsichtigen Tiere verlieren jede Scheu und fliegen wie besessen auf die Duftquelle los. Was suchen sie? Wollen sie alle einmal Rutschbahn fahren? Warum werden immer nur die *Männchen* angelockt? Warum sind die Blüten gerade für sie so attraktiv?

Lange hat man geglaubt, daß die Bienenmännchen sich an den Blütendüften berauschen. Sie verhalten sich ja auch

□ Ausgang einer Stanhopeen-»Rutschbahn«. Zwischen dem unteren Ende der Lippe und der Geschlechtssäule ragt als spitzer Fortsatz die Klebscheibe des Polllinariums in die freie Öffnung. Die Kappe über den Pollenpaketen ist abgenommen.

wirklich merkwürdig. Torkelnd, wie betäubt vom starken Blütenduft, fliegen sie umher. Einige fallen sogar wie betrunken zu Boden. Erst nach geraumer Zeit, wenn sie ihren »Rausch« ausgeschlafen haben, kommen sie wieder hoch. Sind diese schönen Blüten nur eine Art übler Kneipe, in der der Gast erst betrunken gemacht und dann vor die Tür gesetzt wird?

Stefan Vogel und Calaway Dodson ▷ haben die Blüten genau untersucht und festgestellt, daß es für die Bienen in den Blüten keinerlei Nahrung gibt. Mit ihrer zarten Rüsselzunge können die Tiere nur flüssige Nahrung aufnehmen. Sie saugen mit ihrem 15–30 Millimeter langen Rüssel vorwiegend an Blüten mit tiefliegendem Nektar. Dabei strecken sie den Rüssel vor dem Niedersetzen nach vorn. Auf den Blüten von Stanhopea jedoch lassen sie den Rüssel in Ruhelage. Damit zeigen sie dem Beobachter, daß sie an diesen Blüten gar keinen Nektar suchen.

Calaway H. Dodson, Professor der Botanik in Miami, USA. Arbeitet über die Bestäubung tropischer Orchideen.

Was ist es aber dann, das sie so geschäftig und eifrig in die Blüten treibt?

Orchideenblüten als Scharfschützen

Die Frage, was die Prachtbienen an den intensiv duftenden Blüten suchen, konnte Stefan Vogel zuerst an einer anderen, nahe verwandten Orchidee herausfinden. An den Blüten von Catasetum. Die unscheinbaren, grünen oder gelben Blüten dieser Gattung duften sehr stark und werden ebenfalls ausschließlich von Prachtbienenmännchen besucht. Im Unterschied zu den Blüten von Stanhopea wird bei Catasetum Selbstbestäubung nicht durch *zeitliche,* sondern durch *räumliche* Trennung der beiden Geschlechter verhindert. Diese Pflanzen haben männliche und weibliche Blüten, die in ihrem Bau so verschieden sind, daß man geglaubt hat, sie gehörten zu verschiedenen Arten.

Die männlichen Blüten der Catasetumarten senden zwei oder drei Tage nach dem Aufblühen einen süßlichen, anis- oder kümmelartigen Duft aus. Er stammt aus einem Drüsengewebe, das, ähnlich wie bei Stanhopea, in einer Höhlung der Lippe zu finden ist. Die Männchen landen auf der Blüte und dringen in die Dufthöhle vor ▷. Dabei stoßen sie gegen einen der beiden langen, spitzen Fortsätze, die von der Geschlechtssäule in die Dufthöhle ragen. Verbiegt die eindringende Prachtbiene eine solche Antenne, dann schnellt blitzartig ein Pollinarium aus der Blüte. Mit einem Salto rückwärts fliegt es mit der Klebscheibe voraus genau auf den Rücken der Biene und haftet in Sekundenschnelle fest. Die Kraft, mit der das Pollinarium ausgeschleudert wird, ist oft so groß, daß die getroffene Biene aus der Blüte »hinausgeschossen« wird.

Löst man den Schleudermechanismus im Experiment aus, dann fliegen die Pollinarien bis zu 80 Zentimeter weit durch die Luft. Man hat ausgerechnet, daß das sitzende Tier mit einer Wucht von 1200 Erg ▷ getroffen wird. Mit dieser Energie wird beim Aufprall die Klebscheibe festgeklebt!

Diese Art der Übernahme von Pollenpaketen ist einzigartig. Während bei den anderen Orchideen, wie auch bei den Schwalbwurzgewächsen, die Tiere das Pollinarium berühren müssen, wird es bei den Catasetumblüten dem Insekt gegen den Leib geschleudert. Man weiß heute, daß diese Pollinienschleuder auf rein mechanischem Weg ausgelöst wird. Sie funktioniert ähnlich wie eine Armbrust, bei der man den Bogen spannt, einen Pfeil auflegt und abdrückt. Der gespannte Bogen kehrt blitzschnell in seine Ruhelage zurück, und die sich rasch streckende Sehne schleudert den Pfeil vorwärts. Das Geschoß fliegt, wenn man Glück hat, ins Ziel.

Bei der Catasetumblüte ist der gespannte Bogen, der bei Auslösung das Geschoß abschleudert, das Stielband. Es liegt bei der reifen Blüte, wie eine Feder gespannt, zwischen der Klebscheibe und den beiden Pollenpaketen. Bei Berührung und Verbiegung der Antennen löst sich dieses federnde Stielband von der Unterlage. Es streckt sich blitzschnell und reißt dabei die Klebscheibe und die Pollinien mit der Kappe ab. Das ganze Katapult fliegt als Geschoß davon.

Abbildung auf Seite 98.

Will man ein Ziel treffen, muß man im richtigen Augenblick abdrücken. Catasetumblüten sind gute Schützen, sie treffen ihr Ziel fast immer. Wie machen sie das?

Durch den Bau der Lippe und der Antennen gelangen die Bienen immer nur in einer ganz bestimmten Stellung an den Eingang der Dufthöhle und lösen dann die Schleuder aus. Der im richtigen Augenblick ausgelöste Schuß trifft die Tiere fast immer genau auf der gleichen Stelle, je nach Art auf dem Rücken, am Bauch oder auch am »Ellbogen« ▷.

Abbildung auf Seite 100.

Sobald die Pollenpakete abgefeuert sind, verändert sich die Duftmischung der Blüte. Nach kurzer Zeit stellt sie das Duften völlig ein. Die männliche Blüte hat ihre Funktion erfüllt.

Erg: griech. Arbeit; Maßeinheit der Arbeit (Energie) im Zentimeter-Gramm-Sekunden-System.

Die weiblichen Blüten brauchen etwas länger als die männlichen. Sie fangen erst vier bis fünf Tage nach dem Aufblühen zu duften an. Alle weiblichen Blüten besitzen eine auffällige kapuzenförmig gewölbte Lippe, in der sich die Duftdrüse befindet. Jeweils zu ganz bestimmten Tageszeiten, meist am frühen Morgen, duften sie für 1–2 Stunden.

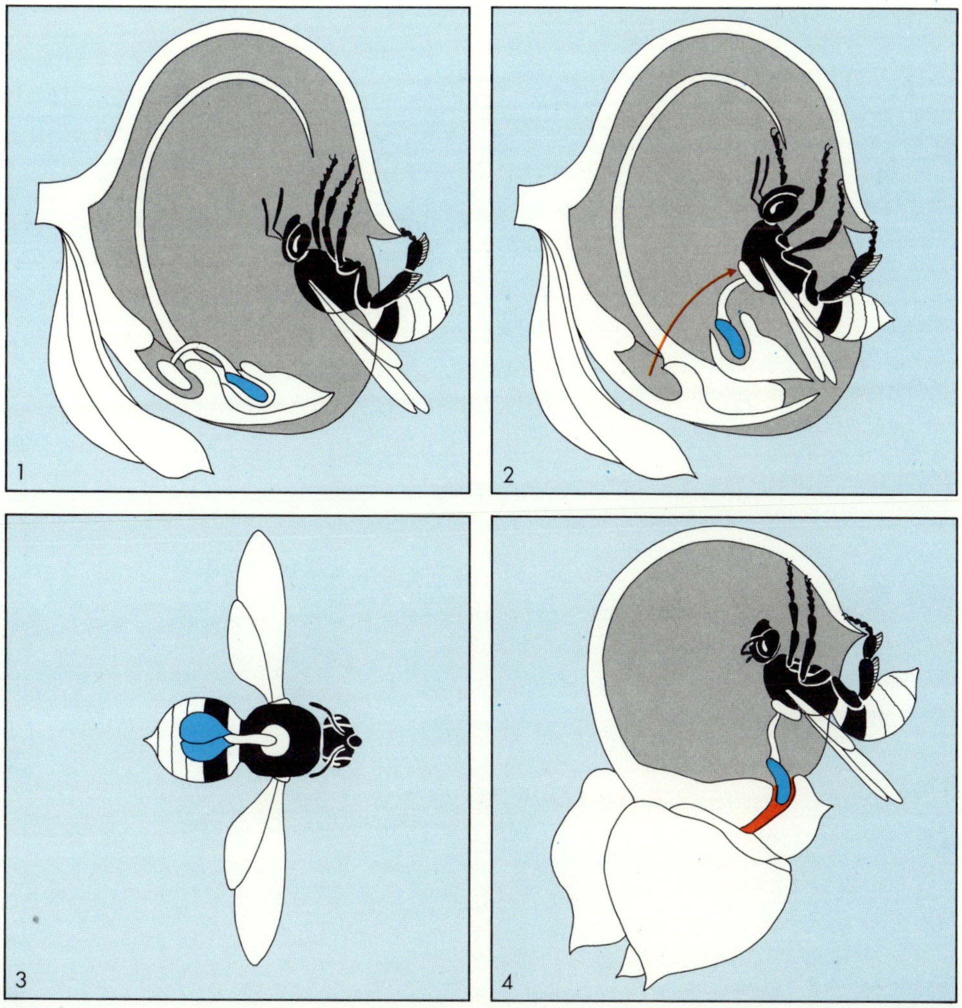

□ Eine Prachtbiene bestäubt Blüten von Catasetum:
1. Die Prachtbiene landet auf einer männlichen Blüte.
2. Sie berührt die »Antennen« und löst das Pollinien-Katapult aus. Mit der Klebscheibe voraus fliegt es auf den Rücken der Biene.
3. Verschreckt fliegt die Biene davon.
4. Beim Herauskriechen aus der Dufthöhle einer weiblichen Blüte gerät das Pollenpaket in die Narbengrube.

Wenn sie nicht bestäubt werden, duften sie einen ganzen Monat lang.
Sobald eine Prachtbiene mit einem Pollinarium in die Dufthöhle der Lippe kriecht, hängt das Pollenpaket senkrecht am Stielband nach unten. Verläßt das Tier nun rückwärts kriechend die Kapuze, dann gleiten die Pollenpakete in die Narbengrube, bleiben kleben und reißen vom Stiel ab. Die Blüte ist bestäubt. Innerhalb einer Stunde läßt der Duft nach. Kein Insekt mehr besucht die duftlose Blüte.

Durch die Anlockung ganz bestimmter Prachtbienen mit besonderen Parfümmischungen und durch die Präzision der Pollinienschleuder ist bei den Catasetumarten sichergestellt, daß gleichzeitig blühende Arten fast nie bastardieren. Die räumliche Trennung in männliche und weibliche Blüten gewährleistet, daß ausschließlich Fremdbestäubung erfolgt. Diese Blüten sind hochentwickelte Spezialisten in der Übertragung von Pollenpaketen.
Wir verstehen nun den komplizierten Bestäubungsmechanismus, haben aber immer noch keine Antwort auf unsere Frage gefunden: Was veranlaßt männliche Prachtbienen, Catasetumblüten aufzusuchen, wo doch sicher ist, daß sie in den Blüten keine Nahrung finden?

Ein Parfümfläschchen am Bein

Die Orchidee Catasetum barbatum ist in Brasilien heimisch und wird dort ausschließlich von Euglossa cordata besucht, einer großen grüngolden schimmernden Prachtbiene. Die Männchen landen nur auf stark duftenden Blüten, kriechen dann die Lippe entlang und wischen mit den beiden Vorderbeinen eifrig über die Oberfläche der Blütenlippe. Langsam schreiten sie vorwärts und prüfen dabei ständig die Unterlage mit den Fühlern. Abwechselnd bewegen die Tiere die Vorderbeine vor und zurück. Nach jeweils 10–30 Sekunden unterbrechen sie dieses Geschäft durch kurze Schwebflüge. In etwa 2–10 Zentimeter Entfernung schwirren sie dann für 60 Sekunden vor der Blüte im Schwebflug, landen wieder, um weitere 30 Sekunden lang die Blütenlippe abzuwischen.

Man hat dieses ständige Auffliegen von der Blüte zuerst als eine Sicherung gegen Feinde aufgefaßt: Die Biene schaut sich sozusagen immer wieder um, ob alles in Ordnung ist. Mit der Lupenbrille entdeckte jedoch Stefan Vogel, daß sie beim Schwebflug in rasender Eile mit allen Beinen »strampelt«. Daraufhin untersuchte er sehr genau die Beine der Tiere. Sowohl die Vorderbeine als auch die Hinterbeine der männlichen Prachtbienen zeigen merkwürdige Umbildungen. Bei den Weibchen sind sie nicht zu finden. An den Vorderbeinen tragen die Männchen eigentümliche Quasten aus dichten, pinselartigen Haarbüscheln. Sie bestehen aus äußerst feinen, gefiederten Chitinhaaren. An den Hinterbeinen sind die Schienen zu mächtigen Chitinkapseln aufgebläht. Wozu haben die Männchen diese seltsamen Umbildungen? Was machen sie damit?

Als Stefan Vogel eine solche Chitinkapsel mit einer Pinzette behutsam zusammendrückte, erschien zu seiner Überraschung ein großer wasserklarer Tropfen einer Flüssigkeit. Sofort verbreitete sich ein intensiver aromatischer Duft, ein Duft, der genauso riecht wie die Duftstoffe der Blüten von Catasetum barbatum.

Es liegt nahe, die Duftstoffe der Blüte und der Biene zu analysieren und zu vergleichen. Bringt man Flüssigkeitstropfen mehrerer Bienenmännchen und dann die Dufttropfen mehrerer Blüten in den Gaschromatografen ▷, so kann man beide Duftstoffe auftrennen und bestimmen. Dabei ergibt sich, daß in den Blüten und den Hinterschienen der Prachtbienen tatsächlich dieselben chemischen Verbindungen vorkommen.

Vergleiche die Erklärung auf Seite 53.

Vogel hat den Bau der Hinterschienen untersucht und dabei gefunden, daß sie innen angefüllt sind mit einem feinen Maschenwerk aus feinverzweigten Chitinhaaren, die von den Außenwänden ausgehen und das Innere der Kapsel wie ein Schwamm ausfüllen. An der Stelle, an der beim Zusammendrücken der Flüssigkeitstropfen erscheint, liegt in einer kleinen Vertiefung, der Pfanne, eine winzige Öffnung unter einem dichten Haarfilz. Von dieser Öffnung führt ein Kanal ins Innere der Kapsel. Dicht daneben mündet ein weiterer Kanal in einen kleinen beschuppten Napf. In der Nähe beider Kanäle befinden sich mehrere Drüsen. Die Hinterschiene der Prachtbienenmännchen ist also ein höchst kompliziert gebautes Organ zur Speicherung von Duftstoffen. Sie tragen an den Hinterbeinen richtige kleine Parfümfläschchen.

Wie gelangt der Duftstoff aus den Blüten in die Hinterschienen? Es ist nicht einfach, den flüchtigen Duft einer Blüte aufzufangen und in ein kleines Fläschchen mit einer winzigen Öffnung zu bringen. Wie machen die Prachtbienen das? Die Tiere gewinnen den Duftstoff, indem sie mit den beiden Vorderbeinen die Blütenoberfläche im Bereich der Duftdrüsen abbürsten. Bei diesen Blüten entstehen die Duftstoffe in solchen Mengen, daß sie als kleine Tropfen auf der Oberfläche austreten. Die Haarbüschel an den Vorderbeinen sind sehr saugfähig

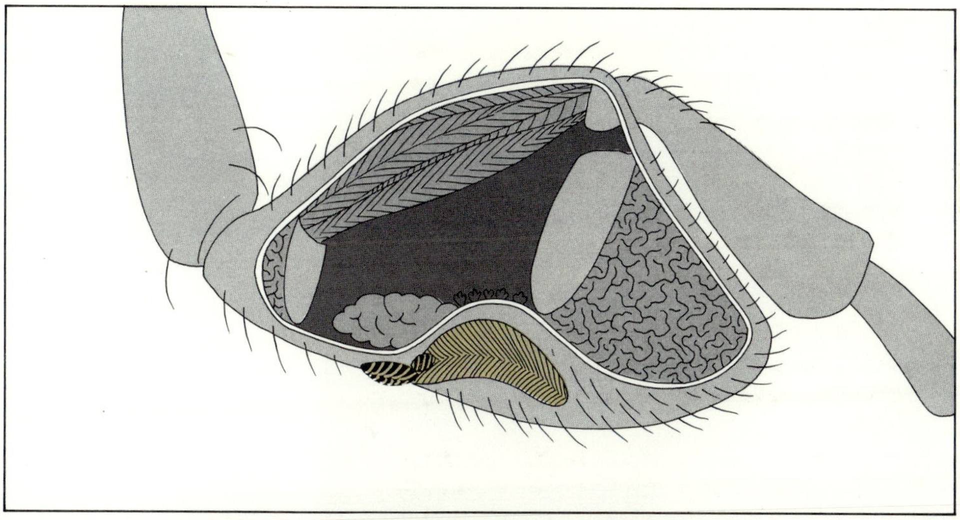

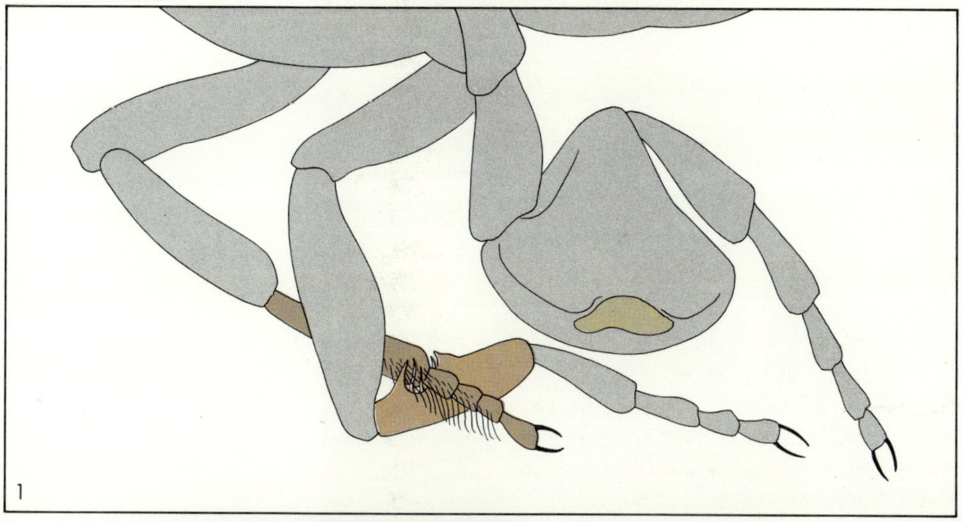

1

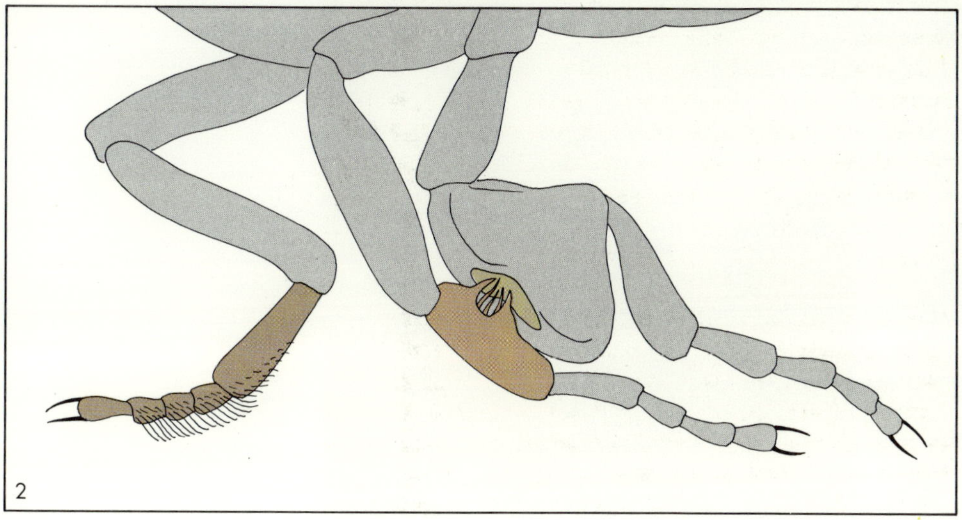

2

□ **Oben: Die Hinterschiene der männlichen Prachtbienen ist innen dicht mit Chitinhaaren besetzt. In einer flachen Grube, der Pfanne, liegt unter einem dichten Haarfilz die Öffnung, die den flüssigen Duftstoff aufsaugt.**
Unten: Beim Duftstoff-»Höseln« werden die flüssigen Duftstoffe in zwei Phasen nach hinten geladen:
1. Der Duftstoff sitzt in den Tarsalquasten des Vorderbeins. Im ersten Takt streift die Prachtbiene den Duftstoff in einer Kerbe des Mittelbeins ab.
2. Die Kerbe des Mittelbeins wird über die Pfanne der Hinterschiene geführt. Der Chitinschwamm im Innern der Hinterschiene saugt den Duftstoff ab.

□ **Männliche Blüte einer Catasetum-Art mit Geschlechtssäule und den beiden »Antennen« vor der Dufthöhle.**

und nehmen den Duftstoff, wie ein Schwamm, rasch auf. Nach kurzer Zeit sind die Quasten gefüllt. Sie müssen entleert werden. Das geschieht im Flug.

Ähnlich wie eine pollensammelnde Honigbiene den Pollen im Schwebflug nach hinten in die Körbchen an den Hinterbeinen »höselt« ▷, bringen die Prachtbienen die Duftstoffe zu den Hinterbeinen. Da sie zum Dufttransport alle sechs Beine brauchen, können sie nur im Schwebflug nach hinten umladen. Die Bewegungen der Beine sind so rasch, daß man sie mit bloßem Auge kaum verfolgen kann. Man hat die Tiere daher im Schwebflug mit 64 Bildern in der Sekunde gefilmt und dann auf den Einzelbildern den Ablauf des »Duftstoffhöselns« analysiert.

Das Umladen geschieht in zwei aufeinanderfolgenden Schritten. In der ersten Phase streckt die Prachtbiene beide Vorderbeine nach hinten, so daß die gefüllten Quasten hinter die mittleren Beine reichen. Dann schnellen die Vorderbeine wieder in die Normallage zurück. Dabei streift die Biene den Duftstoff am mittleren Beinpaar ab. An der Hinterkante des Mittelbeins findet man eine tiefe Kerbe mit drei dicken, verbogenen Dornen. Zieht die Biene die vollgesogene Quaste durch diesen Rechen, dann halten die Dornen die Duftflüssigkeit zurück wie ein Kamm das Wasser aus einem Pinsel. So gelangt also eine winzige Menge der Duftflüssigkeit an das mittlere Beinpaar, die Quasten sind wieder aufnahmefähig.

In der zweiten Phase, die sich direkt anschließt, bewegt die Biene das mittlere Bein nach hinten und drückt es so an das Hinterbein, daß die Kerbe mit dem Dufttropfen genau an die behaarte Pfanne der Hinterschiene zu liegen kommt.

Setzt man mit einer feinen Glaskapillare tropfenweise Duftflüssigkeit auf die Pfanne, dann versickert sie sehr schnell. Sie wird von dem Chitinschwamm im Innern der Hinterschiene angesaugt. Genauso wird auch der Dufttropfen vom Mittelbein abgesaugt. Der Haarfilz an der Öffnung des Kanals wirkt dabei wie ein Filter und hält Staub, Pollen, Blütenwachs und andere Verunreinigungen zurück. Wie die Duftstoffe einiger Blüten vom Menschen in Paraffinöl festgehalten werden ▷, so binden auch die Prachtbienen die Blütendüfte in einem fetten Öl. Man weiß noch nicht, ob dieses Öl aus den Blüten stammt oder ob es von einer Drüse in den Schenkeltaschen produziert wird.

Nach einem solchen höchstens 60 Sekunden dauernden Schwebflug landen die Tiere wieder auf der Blüte, um erneut die Quasten an den Vorderbeinen zu füllen. Dann transportieren sie abermals Duftflüssigkeit in die Schenkeltaschen. Abbürsten und Umladen wiederholen sich solange, bis die Parfümfläschchen gefüllt sind. Nun wissen wir also, was die Prachtbienenmännchen so gierig an den Blüten von Stanhopea und Catasetum suchen.

Blütendüfte haben vielfältige Funktionen. Beim Aronstab und bei den Leuchterblumen locken sie Fliegen an, die offenbar nicht lernen können, daß sie vom Duft nur getäuscht werden. Bei den lernfähigen Honigbienen und Hummeln ist der Blütenduft ein Merkzeichen für das Futter in der Blüte. Bei den Prachtbienen ist es wieder anders. Hier ist es der Duft allein, der die Tiere an die Blüten bindet. Die Männchen werden vom Duft dieser Blüten nicht nur angelockt, sondern sie sammeln auch das Parfüm. Neben den vielen Blüten, die von den Insekten wegen des Nektars und des Pollens besucht werden, gibt es demnach auch Blüten, deren Duftstoffe ausgebeutet werden. Man nennt sie *Parfümblumen*. Was machen die Prachtbienenmännchen mit den pflanzlichen Duftstoffen in ihren Schenkeltaschen? Welche Bedeutung haben Düfte in ihrem Leben?

Über die Speicherung flüchtiger Duftstoffe in Öl vergleiche Seite 53.

Höseln: Der Imker bezeichnet die an den Hinterbeinen der Bienen festgeballten Pollenklümpchen als »Höschen«. Daher kommt der Ausdruck »höseln« für das Pollensammeln.

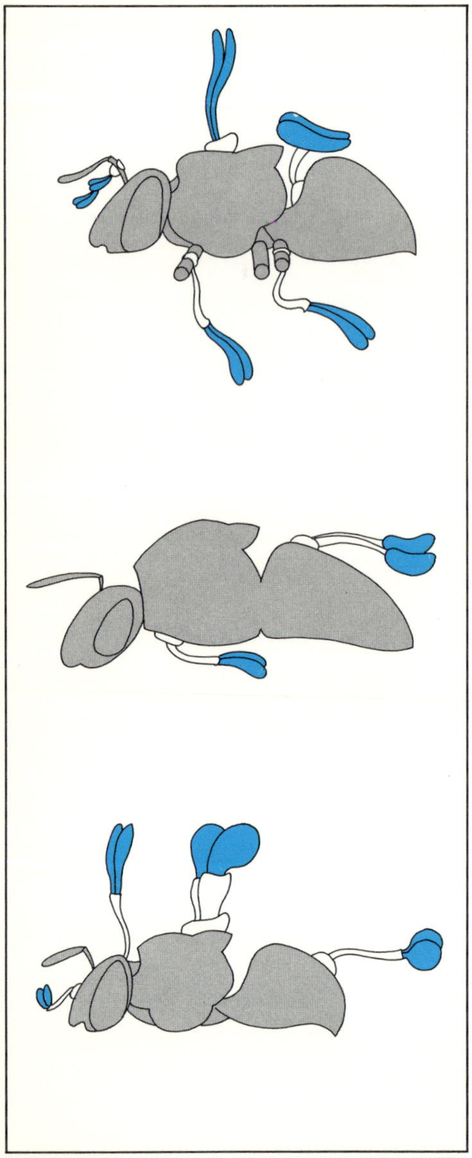

Duftsignale im Leben der Insekten

Man weiß heute, daß die Insekten vielfältige Duftsignale benutzen, um sich mit Artgenossen zu verständigen. Vor allem die in Völkern sozial zusammenlebenden Insekten haben ein hochentwickeltes System verschiedenartiger Duftsignale. Sie sind ausgesprochene Dufttiere ▷.

Vor allem von den Ameisen kennt man *Alarmsignale*. Bei Gefahr entladen sie aus den Mandibeldrüsen am Kopf und einer Drüse am Hinterleibsende Duftstoffe. Ameisen, die nur wenige Millimeter von Alarm gebenden »Genossen« weg sitzen, reagieren innerhalb weniger Sekunden. Ameisen, die weiter weg einer Beschäftigung nachgehen, zeigen erst nach Minuten eine typische Reaktion. Sie richten die Fühler steil auf und bewegen sie suchend in der Luft. Dann öffnen sie ihre Mundwerkzeuge zum Beißen und laufen los, genau in die Richtung, aus der das Alarmsignal kommt.

Man kennt heute eine Vielzahl solcher *Alarm-Pheromone* ▷. Bei den Ameisen enthalten sie neben anderen Verbindungen die *ätherischen Öle* Citronellal und Citral, bei den Termiten α-Pinen und Limonen ▷.

Viele stachellose Bienenarten legen Duftmarkierungen zwischen dem Nest und der Futterstelle. Mit kleinen Tröpfchen aus den Mandibeldrüsen, die von den sogenannten »Pfadfinderbienen« in regelmäßigen Abständen entlang des Weges abgegeben werden, ziehen sie eine regelrechte Duftspur. Diese Duftmarkierungen weisen anderen Tieren desselben Stockes den Weg zur Futterquelle. Bei der Biene Trigonema subterranea konnte man als wirksamen Bestandteil ebenfalls das *ätherische Öl* Citral nachweisen.

Zusammen mit Geraniol kommt Citral auch bei der Honigbiene als Pheromon vor. Findet eine Honigbiene eine besonders ergiebige Futterquelle, dann stülpt sie zwischen den beiden letzten Hinterleibsegmenten am Rücken einen sichelförmigen weißen Wulst hervor, die Nas-

Weitere Beispiele für die Bedeutung von Düften als Signale werden in Band 1 »Partnersuche und Ehen im Tierreich« besprochen. Vergleiche insbesondere die Seiten 19, 34, 45, 68, 110.

Pheromon: Eine chemische Substanz die zwischen Artgenossen als Signal benutzt wird. Meist ein Drüsensekret.

Vergleiche die Strukturformeln verschiedener Duftstoffe auf Seite 52.

□ Die Pollenpakete der Catasetum-Arten werden mit großer Präzision abgefeuert und so den Prachtbienen an ganz bestimmten Körperstellen angeklebt. So kann ein Prachtbienenmännchen verschiedene Catasetum-Arten besuchen, ohne daß es zu Kreuzungen kommt. Pollinarium von Catasetum mit Klebscheibe, Stielband und den beiden Pollenpaketen, im Experiment auf ein Holzklötzchen »aufgeschossen«.

sanoffsche Drüse. Dieser Drüse entströmt ein blumiger, an Melisse erinnernder Duft, mit dem die Biene den Futterplatz markiert. Sie fliegt dazu mehrmals im Bogen um die Futterquelle und läßt die Duftdrüse auch ausgestülpt, wenn sie sich zum Saugen niedersetzt. Durch dieses Duftsignal werden andere Bienen herbeigelockt.
An warmen Sommertagen kann man gut beobachten, wie vor dem Eingang zum Bienenstock mehrere Bienen gleichzeitig Duftsignale aussenden. Mit tief geneigtem Kopf, aufwärtsgerichtetem Hinterleib und ausgestülpter Duftdrüse sitzen sie mit schwirrenden Flügeln nebeneinander. Sie *sterzeln* ▷. Der von den Flügeln erzeugte Luftstrom nimmt den Duft der ausgestülpten Drüse mit und verbreitet ihn rasch und wirkungsvoll. Dieses Duftsignal markiert für ausfliegende Neulinge den Weg zurück zum Bienenstock.
Nur sehr wenig wissen wir bis jetzt über die Zusammensetzung der verschiedenen Duftsignale. Das hängt damit zusammen, daß die Duftstoffe von den Tieren nur in winzigen Mengen produziert werden. Es ist schwierig, genügend große Mengen für genaue Untersuchungen zu bekommen.
Eine Ausnahme machen Hummelmännchen. In ihren im Kopf liegenden Mandibeldrüsen produzieren sie verschiedene Duftstoffe in so großen Mengen, daß man sie leicht gewinnen und untersuchen kann.
Der Zoologe Adolf Haas ▷ hat sich deshalb ganz besonders mit den Hummelmännchen befaßt und sich gefragt: Wozu brauchen Hummelmännchen ihr Parfümgemisch?
Sobald im Hochsommer in den Hummelnestern die ersten Männchen und Königinnen geschlüpft sind, verlassen die Männchen das Nest und fliegen weg. Um die schnell davonfliegenden Tiere verfolgen zu können, versah Haas die Männchen jeweils mit einer Flugbremse. Er hängte ihnen einfach mit einer Schlaufe aus feinstem Garn ein Stanniolfähnchen an. Außerdem markierte er die Tiere durch Farbpunkte auf den Fähnchen. Jetzt erkannte er »seine« Tiere und konnte ihnen folgen. Die Stanniolfähnchen bremsten den Flug.
Sehr bald erkannte Adolf Haas, daß die Hummelmännchen in den frühen Morgenstunden ganz eigenartig von Baumstamm zu Baumstamm, von Zweigen zu Ästen und von Blumen zu Blumen fliegen, sich kurz niedersetzen und dann weiterfliegen. Bei jedem Halt setzen die Tiere einen Duftpunkt aus ihren Mandibeldrüsen ab. Fängt man ein solches spurenlegendes Hummelmännchen, dann bemerkt man einen starken, angenehm nach Rosenblüten duftenden Geruch.
Immer wieder kehren die Männchen zu ihren Duftmarken zurück. Bis auf wenige Zentimeter fliegen sie die Duftstellen an und wenden sich dann in schnellem, gezieltem Flug dem nächsten Duftpunkt zu. Diese Rundflüge auf einer einmal gewählten Bahn behalten die Tiere über Wochen bei, auch die gewählte Richtung wird bei allen Rundflügen streng eingehalten.
An einzelnen Bahnpunkten überschneiden sich die Flugbahnen. Sie sind Anflugpunkte für mehrere Hummelmännchen. So entsteht aus den sich überkreuzenden Flugbahnen ein dichtes Netz, auf dem einzelne Hummelmännchen bei günstiger Witterung bis zu 60 Kilometer täglich zurücklegen. Über die biologische Bedeutung dieser Flugbahnen, die man

Sterzeln: Hergeleitet von Sterz = Hinterteil, Hinterleib.

Pater Adolf Haas, Dozent am Berchmanskolleg in Pullach bei München.

□ Eine »sterzelnde« Honigbiene bläst mit dem Flügelpropeller den Duftstoff der Hinterleibsdrüse in die Luft.

auch bei vielen Bienenarten gefunden hat, weiß man noch recht wenig. Sie hängen ziemlich sicher mit dem Balzverhalten dieser Tiere zusammen. Man nennt sie *Schwarmbahnen*. Auf ihnen werden die jungen Königinnen begattet, wenn sie das Nest verlassen.
Der Zoologe Bertil Kullenberg ▷ hat die Duftstoffe der Mandibeldrüsen verschiedener Hummelarten untersucht. Mit Hilfe des Gaschromatografen konnte er nachweisen, daß jede Hummelart ein ganz spezifisches Parfümgemisch zur Markierung ihrer Flugbahnen benutzt. Bisher sind über 30 verschiedene Verbindungen nachgewiesen worden. Hauptwirkstoffe sind wieder *ätherische Öle*, besonders Farnesol, Geraniol und Citronellol ▷.
Fassen wir die genannten Beispiele zusammen, dann können wir festhalten, daß die Duftstoffe, die wir kennengelernt haben, genau dieselben ätherischen Öle sind, die auch als Bestandteile von Blütendüften auftreten. Die interessante Frage, wie diese Duftstoffe im Stoffwechsel der Insekten gebildet werden, ist noch ganz ungeklärt. Für die Hummeln ist die Vermutung geäußert worden, daß sie die Duftstoffe der Mandibeldrüsen vielleicht gar nicht selbst herstellen, sondern sie aus den Blüten aufnehmen. Auf jeden Fall haben wir jetzt einen Anknüpfungspunkt, um das Verhalten der Prachtbienen besser zu verstehen. Wozu benutzen die Männchen der Prachtbienen ihren an Blüten gesammelten Duftstoff?

Stefan Vogel beobachtete mehrmals Prachtbienenmännchen, die in merkwürdiger Weise, ähnlich sterzelnden Bienen, in etwa 3–4 Metern Höhe auf Baumstämmen saßen. Dort schwirren sie kaum hörbar mit den Flügeln. Nach kurzer Zeit fliegen sie laut brummend davon, machen eine weite Schleife und kehren nach wenigen Minuten auf den gleichen Platz zurück. Wieder landen sie in dieser merkwürdigen Haltung. Der Kopf ist dicht an die Rinde gedrückt, der Hinterleib weit abgespreizt. Die Vorderbeine ruhen beim Kopf auf der Rinde, die Hinterbeine sind steif ausgestreckt. Die mittleren Beine berühren die Rinde nicht, sie werden angelegt. Dann schwirren sie wieder leise summend mit den Flügeln, unterbrechen für wenige Sekunden und schwirren erneut mit dem Flügelpropeller.
Manchmal kann man auch mehrere Männchen gleichzeitig beobachten. Während eines der Tiere »fächelt«, erscheint ein zweites. Sofort wird der Ankömmling gejagt. Tief brummend und erregt verfolgen sie einander in einer achtförmigen Kurve. Handelt es sich hier um eine Turnierbalz ▷? Ähnlich wie die Hummelmännchen fliegen die Prachtbienenmännchen ganz bestimmte Flugbahnen und besuchen dabei immer wieder die »Fächelplätze«.
Stefan Vogel schließt aus seinen Beobachtungen, daß die Männchen der Prachtbienen, ähnlich wie die der Hummeln, bei der Balz Schwarmbahnen mit Duftmarkierungen anlegen. Aus dem mit Schuppen versehenen Napf an den Hinterschienen wird dabei Duftstoff abgelassen und mit den Flügeln in die Luft gewirbelt. Die Duftsignale der Prachtbienen sind aufeinanderfolgende Duftwolken, in der Funktion vielleicht ähnlich wie die Rauchsignale der Indianer.

Blüten stehen untereinander in starker Konkurrenz um die bestäubenden Insekten. Je anziehender ein Blüte ist, um so häufiger wird sie besucht und um so sicherer auch bestäubt. Mit Nektar und Pollen kann man vor allem Nahrung sammelnde Insekten ködern. So sind die Arbeiterinnen der Honigbiene ausgesprochen fleißige Bestäuber. Die Männchen der Honigbienen, die Drohnen, die nicht selbst sammeln, sondern sich füttern lassen, sind dagegen als Bestäuber völlig ungeeignet. Auch bei den Prachtbienen versorgen nur die Weibchen die junge Brut, die Männchen brauchen Nahrung nur für den eigenen Bedarf. In der

Bertil Kullenberg, schwedischer Zoologe an der Ökologischen Station der Universität Uppsala in Ölands Skogsby.

Turnierbalz: Eine besondere Form der Balz. Vergleiche dazu in Band 1 dieser Reihe das Kapitel »Die Balz der Tiere«, besonders auf den Seiten 55–72.

Vergleiche die Strukturformeln verschiedener Duftstoffe auf Seite 52.

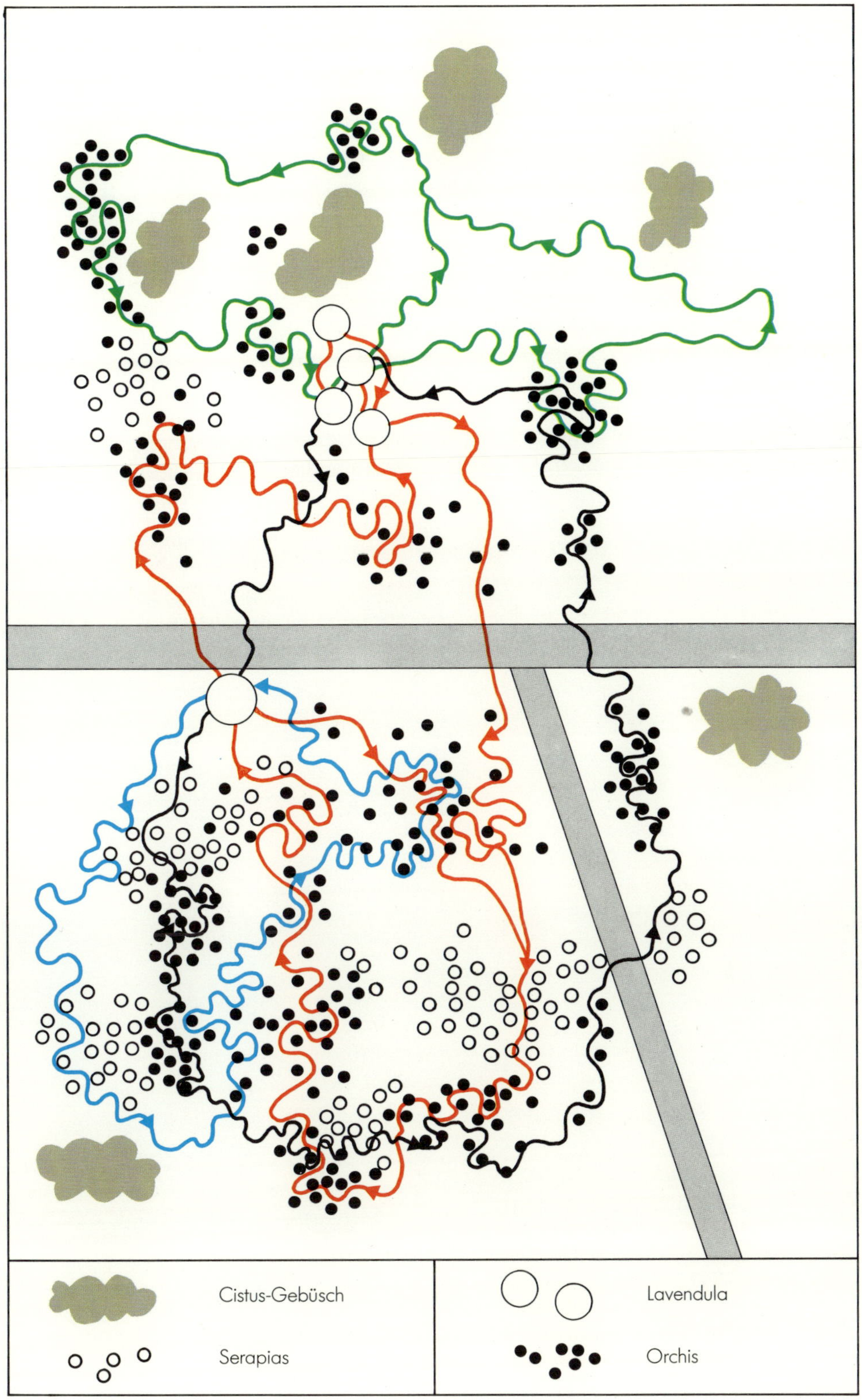

□ **Schwarmbahnen von Langhornbienen der Gattung Eucera (vergleiche die Abbildung auf der Seite 111) auf einer Mittelmeerinsel. Zwischen Cistus- und Lavendelbüschen und dichten Blütenteppichen kleiner Erdorchideen (Orchis und Serapias) schlängeln sich die Flugbahnen. Jede Flugbahn wird nur in einer bestimmten Richtung beflogen. An einigen Punkten treffen jeweils mehrere Flugbahnen zusammen (Rendezvous-Plätze). Grau: Wege.**

Konkurrenz um die bestäubenden Insekten haben die Parfümblumen im Laufe der Evolution einen Weg gefunden, auch die Männchen für die Bestäubung zu nutzen. Sie liefern die für Balzflüge benötigten Duftstoffe und werden deshalb, obwohl sie weit verstreut im Urwald wachsen, regelmäßig bestäubt.

Warum bestimmte chemische Verbindungen sowohl als Duftsignale im Leben der Insekten auftreten, als auch bei den Blütendüften zu finden sind, bedarf weiterer Untersuchung. Es gibt bestimmte Anzeichen dafür, daß es physikalische Eigenschaften der Stoffe sind, die sie für Duftsignale besonders geeignet machen. Ein Duftstoff muß schnell verdampfen. Er muß sich rasch ausbreiten und auch nach kurzer Zeit soweit verdünnt sein, daß ein neues Signal wirksam werden kann. Gleichzeitig müssen die Riechzellen der Tiere möglichst empfindlich auf die Moleküle reagieren. Nur Stoffe mit einem Molekulargewicht ▷ von 100 bis 200 eignen sich für ein Signalsystem aus flüchtigen Pheromonen.

Wie es dazu kam, daß Insekten und Blüten mit den *gleichen* Düften »arbeiten«, wissen wir ebenfalls noch nicht. Vielleicht haben sich die Blüten, um Insekten anzulocken, in die Duftsignale der Insekten »eingeschlichen«. Sicher ist es kein Zufall, daß die Hauptwirkstoffe des Duftes der Rosenblüten und der Hinterleibsdrüse der Honigbiene so überraschend ähnlich sind. Das nächste Kapitel soll uns zeigen, wie eng im Laufe der Evolution die Beziehungen zwischen den Blüten und den bestäubenden Insekten auch auf dem Gebiet gemeinsamer Duftsignale geworden sind.

Molekulargewicht: Eine Verhältniszahl, die angibt, wie groß die Masse eines Moleküls einer Verbindung im Verhältnis zu der des Kohlenstoffs ist, dessen Atomgewicht willkürlich gleich 12 gesetzt wird.

Eine gelungene Täuschung

Bei einer Wanderung Ende Mai finden wir an einem sonnigen Kalk-Trockenrasen eine sehr merkwürdige Pflanze: eine kleine Orchidee mit purpurbraunen Blüten, seltsam fremd und schön. Jede Blüte besitzt eine sanft gewölbte Lippe, samtbraun behaart, mit einem bläulichen Spiegelfleck und zwei glänzenden dunklen Höckern. Darüber fünf Blütenblätter, drei davon unscheinbar grünlich, zwei dunkel, schmal und langgestreckt. Der Stengel steht ruhig, nur der Schatten benachbarter Sträucher zittert über der Pflanze: es sieht so aus, als ob sich ein großes Insekt auf einer Blume niedergelassen habe.

Der deutsche Name *Fliegenblume* ▷ für die Ragwurz aus der Gattung Ophrys, ebenso wie die lateinische Artbezeichnung *insectifera*, bringen diese Pflanze mit Insekten in Zusammenhang. Lange Zeit hat man die Insektenähnlichkeit als Zufälligkeit betrachtet, als eine Spielerei der Natur. Der in dieser Ähnlichkeit liegende biologische Sinn war denen, die den Namen prägten, noch unbekannt.

Spiegelblume und Dolchwespe

Die Bestäubung der Ophrys-Blüten ist eines der aufregendsten Kapitel der Blütenbiologie. Die Biologen haben Jahrzehnte gebraucht, um dieses Rätsel zu lösen. Die ersten Nachrichten über die Bestäubung der Ophrys-Arten sind schon über 50 Jahre alt. Die Beobachtungen waren so außergewöhnlich und ihre Deutung so phantastisch, daß man sie nicht geglaubt hat. Die Geschichte von der Spiegelblume und den Dolchwespen ist in der Tat auch kaum zu glauben.

Im südlichen Europa und auch noch jenseits des Mittelmeeres an der Küste Nordafrikas, in Algerien, wächst eine nahe Verwandte unserer Fliegenblume, die Spiegelblume, Ophrys speculum. An dieser Art wurden die ersten wirklich guten Beobachtungen über erfolgreiche Blütenbesuche gemacht ▷.

Abbildung auf Seite 107.

Die Spiegelblume blüht schon im März, sie besitzt außergewöhnliche Blüten. Die Lippe ist verkehrt-eiförmig und schwach gewölbt, ihre Ränder sind etwas nach unten umgerollt. Die Lippe ist an den Rändern rotbraun und dicht sammethaarig. In der Mitte ist sie zu einer metallisch glänzenden, polierten Oberfläche umgebildet, die wie ein kleiner Spiegel stahlblau glänzt. Dieser glänzende Bereich ist von einem schmalen Goldrand umgeben: ein kleiner in Gold gefaßter Spiegel. Solche metallisch glänzenden Farben sind für das Reich der Blüten ungewöhnlich, wir kennen sie eigentlich nur von den Flügeldecken der Käfer, aus dem Reich der Insekten.

Abbildung auf Seite 106.

Die Bedeutung dieser auffälligen Färbung kennt man erst, seit im Jahre 1916 Maurice Pouyanne ▷ das Ergebnis zwanzigjähriger Beobachtungen veröffentlichte. Er hatte herausgefunden, daß die Blüten der Spiegel-Ophrys von Dolchwespen der Art Trielis ciliata besucht werden, und zwar ausschließlich von den *Männchen* dieser Dolchwespenart! Die Dolchwespen-Männchen schlüpfen in Algier im März, etwa einen Monat vor den Weibchen und bilden dann kleine, im Zickzackflug dahinstreichende Schwärme. Solange die Weibchen noch nicht geschlüpft sind, besuchen sie gerne die Blüten von Pflanzen, die viel Nektar und Pollen als Futter abgeben. Sie besuchen

Maurice Pouyanne, Präsident am Appelationsgericht in Algier. Beschäftigte sich über viele Jahre aus Liebhaberei mit der Bestäubung der Ophrys-Arten.

aber auch regelmäßig die als Futterpflanze völlig ungeeignete Spiegelblume. Obwohl die Blüten dieser Pflanze keinerlei Nektar oder verwertbaren Pollen enthalten, stürzen die Dolchwespenmännchen gierig auf diese Blüten. Wodurch werden sie angelockt?
Pouyanne hat mit diesen Blüten experimentiert. Entfernt man die Lippe, so werden die Blüten nicht mehr besucht. Die Lippe muß also anlockend auf die Männchen wirken. Selbst wenn man die Blütenlippen in Zeitungspapier einwickelt, werden sie von den Männchen gesucht: sie lassen sich dann auf dem Papier nieder und versuchen hineinzukrabbeln. Es muß also der feine, für uns kaum wahrnehmbare Duft sein, der die Tiere anlockt und zu den Blüten leitet. Oft stürzen sich zwei oder drei Männchen zur gleichen Zeit auf eine Blüte und streiten um die Blume. Ein Männchen bleibt als Sieger auf der Lippe sitzen. Das Tier ist dann so erregt und benommen, daß es sich durch die Anwesenheit des Menschen nicht stören läßt.
Man kann nahe herankommen und das Verhalten der Tiere mit einer Lupe beobachten. Das Männchen setzt sich der Länge nach auf die Lippe, mit dem Kopfende kommt es dabei gerade unter die Klebkörper der Pollenpakete. Es bewegt das Ende des Hinterleibes gegen die Haare am Rand der Blütenlippe hin und her, dabei zittert das ganze Tier. Bei diesen Bewegungen wird der Kopf so fest gegen die Klebkörper gepreßt, daß das Tier die beiden Pollenpakete wie zwei Hörner zwischen die Augen gesetzt bekommt. Die Bewegungen der Dolchwespenmännchen auf der Blütenlippe entsprechen vollkommen denen einer Begattung. Verwechselt das Männchen die Lippe der Blüte mit einem Weibchen?
Wenn die Erregung abgeklungen ist, reibt sich das Männchen am Kopf und an den Fühlern, dabei werden die beiden Pollenpakete etwas herabgebogen. Das erleichtert ihr Einführen in die Narbengrube beim Besuch der nächsten Blüte. Der Blütenbesuch kann mehrmals hintereinander wiederholt werden, denn man findet oft Männchen mit zwei bis drei Pollinienpaaren am Kopf.

□ **Blüte der Fliegenblume, Ophrys insectifera.**

Wenn einen Monat später die Weibchen ausschlüpfen, haben die Männchen das Interesse für die Blüten schnell verloren; die späteren Blüten bleiben infolgedessen unbestäubt und unfruchtbar. Die Fruchtbarkeit der Spiegelblume hängt davon ab, ob Dolchwespennester in der Nähe sind und ob sich der Boden für die Brutpflege des Insekts eignet.
Pouyanne deutet seine Beobachtungen so: die Blüten der Spiegelblume stehen in sehr spezialisierter Wechselbeziehung zu

den Männchen der Dolchwespen. Die Blüte wirkt anlockend auf die Männchen, indem sie die wichtigsten Signale nachahmt, an denen das Männchen das Weibchen erkennt. So würde auch die merkwürdige Ähnlichkeit dieser Blüten mit Insekten verständlich.
Der Zoologe Bertil Kullenberg hat in vielen Attrappenversuchen und jahrelangen geduldigen Beobachtungen das geheimnisvolle Wechselspiel zwischen den Ophrys-Blüten und den Insektenmännchen untersucht. Er kennt auch den Besucher unserer einheimischen Fliegenblume am besten.

Grabwespenmännchen auf der Fliegenblume

Die Blüten der Fliegenblume werden von Männchen der Grabwespengattung Gorytes bestäubt. Kullenberg hat über viele Jahre das Verhalten von Grabwespenmännchen auf Fliegenblumen beobachtet, gezeichnet, fotografiert und gefilmt. Er hat den Blütenbesuch in vier Teile untergliedert und mit Hilfe von Attrappenversuchen die einzelnen, auf die Männchen anlockend wirkenden Signale der Blüte kennengelernt. Er unterscheidet dabei *Duftsignale, optische Signale* und *Tastsignale.* War die Deutung von Maurice Pouyanne reine Phantasie oder konnte Kullenberg mit Experimenten zeigen, daß sie stimmt?

Der Duft der Blüten hat große Ähnlichkeit mit dem von Lindenblüten, er ist aber viel weniger intensiv. Wenn man die verschiedenen Blütenteile getrennt in kleine Glasdosen einschließt, duftet es nur in den Dosen mit Blütenlippen. Der Duft geht also von den Lippen aus. Am Rand der Lippe von Ophrys-Blüten befindet sich ein besonderes Drüsengewebe, in dem die Duftstoffe erzeugt werden. Auch die Weibchen der Grabwespen sondern ein besonderes Parfüm, einen *Sexuallockstoff* ab, der in Duftqualität und chemischer Zusammensetzung dem Duft der Fliegenblume sehr ähnlich ist.

□ **Blüte der Spiegelblume, Ophrys speculum.**

Durch ausführliche Versuche mit künstlich hergestellten Parfümstoffen konnte Kullenberg zeigen, daß die wirksamen Bestandteile ätherische Öle sind, vor allem die drei Terpenoide ▷ Farnesol, Nerolidol und Hydroxycitronellal.
Die Fernanlockung der Grabwespenmännchen erfolgt hauptsächlich durch dieses besondere Parfüm. Schließt man Blütenstände in Glasröhrchen ein, kann sich der Duft nicht mehr mit den Luftströmungen ausbreiten. Solche Blüten werden nie angeflogen, obwohl sie gut zu sehen sind.
Beobachtungen und Experimente zeigen, daß die Grabwespenmännchen gegen den Wind anfliegen, der das Parfüm, fein

Vergleiche die Erklärung auf Seite 53 und die Strukturformeln verschiedener Duftstoffe auf Seite 52.

hergestellt, die natürlichen Blüten verändert und auch Grabwespenweibchen als Attrappen verwendet. Er fand heraus, daß die Form von untergeordneter Bedeutung ist. Es kommt eigentlich nur darauf an, daß die Größe stimmt. Besonders kleine und große Blüten werden von den Männchen schlecht oder gar nicht besucht.

Bei der Farbe sind es vor allem zwei Signale, die auf die anfliegenden Männchen besonders anlockend wirken und den Angriffsflug auslösen: die dunkle Färbung der Lippe und der helle Schillerfleck. Je größer der Farbkontrast zwischen diesen Teilen der Lippe ist, um so größer ist die anziehende Wirkung auf die Männchen. Eine ähnliche Kontrastwirkung erzeugen die Grabwespenweibchen mit den angelegten Flügeln. Diese angelegten Flügel sitzender Weibchen glänzen dann ebenso im schrägen Licht und heben sich dabei kontrastreich vom dunklen Körper ab. Bei Versuchen mit verteilt, mit sich führt. Die Flugrichtung ist bei einem solchen Anflug ziemlich direkt auf das Ziel gerichtet. Die Tiere fliegen in geringer Höhe, knapp über den Pflanzen in sehr charakteristischem Zickzackflug ▷. Sie schlängeln sich sozusagen in der Luft an die Blüten heran.

Abbildung auf Seite 109.

Sobald das anfliegende Männchen in die Nähe der Blüten kommt, ändert es sein Verhalten. Ist es auf etwa zwanzig Zentimeter herangeflogen, dann stürzt es sich blitzschnell und direkt auf die Blüte. So landet es ziemlich hart auf der Lippe der Fliegenblume. Kullenberg vergleicht diesen Teil des Anfluges mit einem Angriff. Der *Angriffsflug* löst den *Zickzackflug* dann ab, wenn das Insekt so dicht an die Blüten herangekommen ist, daß es die Blüte sieht. Zu der Anlockung durch Duftsignale kommen nun optische Signale hinzu.

Bertil Kullenberg hat die Wirksamkeit von Form und Farbe der Blüte genau untersucht. Er hat künstliche Blüten

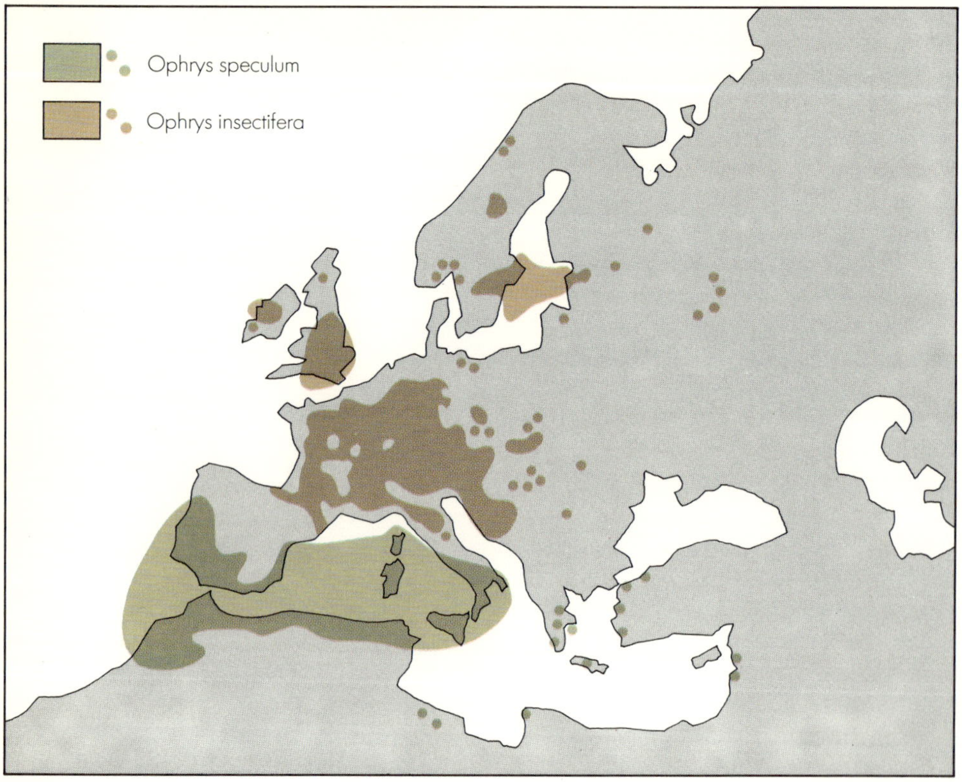

□ Verbreitungskarte (Arealkarte): Während die Spiegelblume vor allem im Mittelmeergebiet vorkommt, ist die Fliegenblume weit nach Mittel- und Nordeuropa vorgestoßen.

bewegungsunfähigen Gorytes-Attrappen zeigte sich, daß die Lichtreflexe der Flügel als stark anlockendes, optisches Signal wirken. Entfernt man die Flügel, so sind die Weibchen nicht mehr so attraktiv. Auch hier hatte Maurice Pouyanne seine Beobachtungen völlig richtig gedeutet.
Die dunkle Färbung der Lippe entsteht durch eine Mischung purpurroter und grüner Farbstoffe, sie wird durch die samtartige Behaarung noch verstärkt. Diese Haare sind Auswüchse der Epidermiszellen. Am Schillerfleck sind die Zellen der Epidermis glatt. Das Schillern kommt dadurch zustande, daß das Licht von einer darunterliegenden besonderen Zellschicht vollständig reflektiert wird. Außerdem besitzen die Zellen dieses Schillerflecks einen mattblauen Farbstoff. Der Metallglanz des Schillerflecks und die samtartige Oberfläche der dunklen Blütenteile verstärken den Kontrast und damit die Signalwirkung der Blütenlippe. Die optischen Signale sind also vielseitig zusammengesetzt, sie werden häufig in der Natur durch eine leichte Bewegung der Blütenstengel im Wind noch verstärkt.

Ein nachgemachter Pelz als Wegweiser

Nach der Landung ist es für das als *Scheinbegattung* bezeichnete weitere Verhalten der Grabwespenmännchen wichtig, daß die Orientierung auf der Lippe richtig erfolgt ist.
Das Männchen muß mit dem Kopf nach oben sitzen. Bei den verschiedenen Insektenarten, die Ophrys-Arten besuchen, werden die Pollenpakete je nachdem einmal am Kopf, einmal am Hinterleib angeklebt. Für eine erfolgreiche Pollinienübertragung ist daher die *Feinorientierung* auf der Blütenlippe von großer Bedeutung. Wodurch wird sie erreicht?
Bertil Kullenberg fand heraus, daß für diese Feinorientierung auf der Blüte die Behaarung der Lippe die wichtigen Signale liefert. Er experimentierte mit vielen verschiedenen Attrappen, die er aus verschiedenartigem Samtstoff anfertigte und

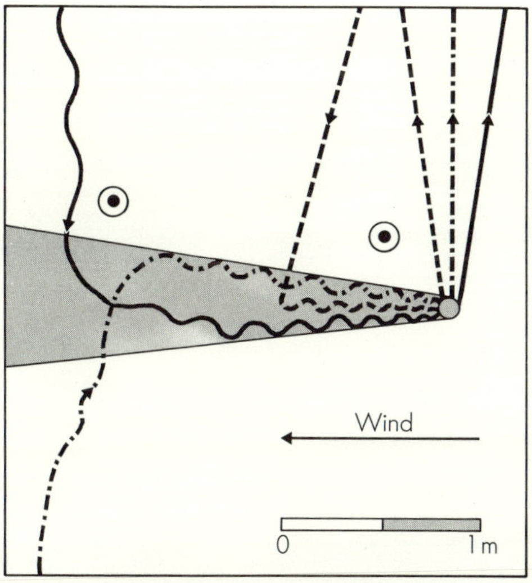

□ Der Wind verfrachtet die Duftmoleküle einer Fliegenblume. Grabwespenmännchen steuern, wenn sie in die »Duftfahne« geraten, auf die Blüte zu und fliegen sie im Zick-Zack-Flug an. Zwei dicht benachbarte Fliegenblumen unter Glasröhrchen bleiben völlig unbeachtet.

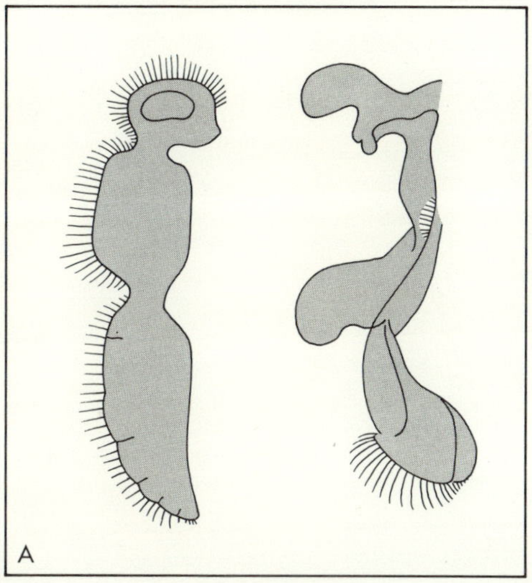

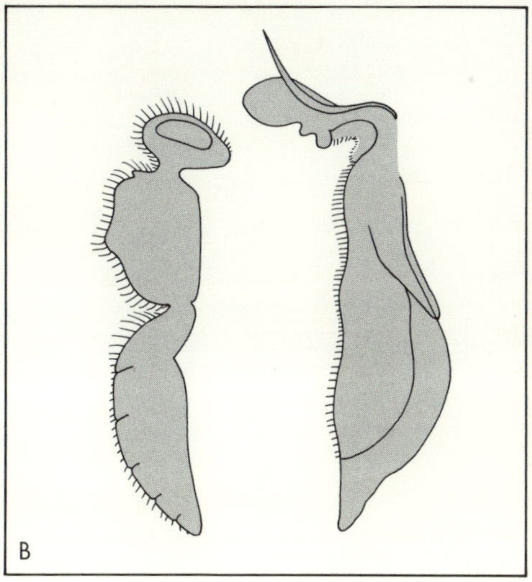

□ Behaarungsmuster von Ophrys-Blüten und den Weibchen der bestäubenden Insekten:
A. Weibchen der Dolchwespe (Trielis) und Lippe der Spiegelblume (Ophrys speculum).
B. Weibchen der Grabwespe (Gorytes) und Lippe der Fliegenblume (Ophrys insectifera).

□ Seite 110: Ein Grabwespenmännchen ist auf einer Blüte der Fliegenblume gelandet. Die Gliederung der Blütenlippe und des Insektenkörpers zeigt große Übereinstimmung.
Seite 111: Eine Langhornbiene der Gattung Eucera ist auf einer Blüte des Ragwurz-Bastards Ophrys x tardans gelandet. Beim Versuch, das »Weibchen« zu begatten, hat sich die Biene zwei Pollenpakete wie kleine Hörner auf den Kopf geklebt.

mit Duftstoff markierte. Nicht die äußere Gestalt der Haare veranlaßt die richtige Orientierung der Insekten auf der Lippe, sondern die mechanischen Eigenschaften wie Biegsamkeit und Spannkraft sind hier entscheidend. Diese Eigenschaften der Haare sind auf den einzelnen Abschnitten der Lippe verschieden. Für die Feinorientierung des Insekts ist sowohl die Strichrichtung der Haare, als auch die Anordnung in Gebiete mit längeren und kürzeren Haaren unterschiedlicher Elastizitätseigenschaft wichtig. Untersuchungen an Grabwespenweibchen zeigten, daß das Behaarungsmuster mit dem der Blütenlippe weitgehend übereinstimmt. Der unbehaarte Schillerfleck übernimmt auch hier die Rolle der unbehaarten zusammengelegten Flügel.

Offensichtlich wird das Männchen durch diese Tastreize zusätzlich erregt, wodurch die Orientierungs- und Kopulationsbewegungen verstärkt werden. Die Tastreize bringen das Männchen dazu, die für eine Pollinienentnahme günstigste Stellung zu suchen. Nur wenn die Tastreize »stimmen«, das heißt denen der Weibchen entsprechen, bleibt das Tier lange genug auf der Lippe sitzen.

Die Nachahmung des Weibchens gelingt der Blüte so gut, daß das Männchen nicht nur angelockt wird, es läßt sich sogar so weit täuschen, daß es, nachdem es sich auf der Blüte zurechtgesetzt hat, die Kopulation einzuleiten versucht. Es preßt sich dicht auf die Lippe und versucht, mit dem Geschlechtsapparat in die Bucht zwischen den Endlappen der Blütenlippe einzudringen. Diese Kopulationsversuche können mehrere Minuten andauern. Plötzlich fliegt das Männchen davon. Hat es seinen Irrtum bemerkt?

Das Verhalten der meisten Insekten bei der Paarung ist durch ein bestimmtes Zeremoniell festgelegt. Es ist von Art zu Art verschieden. Der eine Partner gibt jeweils dem anderen durch sein Verhalten ein Signal, das als auslösender Reiz wirksam wird und entsprechende Reaktionen des Partners veranlaßt. Sind die Partner von der gleichen Art, so kann dieses Zeremoniell ungestört bis zum Ziel, der vollzogenen Kopulation ablaufen, da jeweils der eine dem anderen das entsprechende »Stichwort« für die folgende Verhaltensweise gibt. Bei Partnern nahe verwandter Arten kann man nicht selten den Beginn des Paarungs-Zeremoniells beobachten, doch bricht es dort ab, wo sich das Verhalten des einen Partners als *nicht artgemäß* erweist. Er gibt ein falsches »Stichwort«, das zur Trennung führt. So werden Kreuzungen nahe verwandter Arten verhindert.

In einer Schemazeichnung ▷ ist das »Paarungszeremoniell« zwischen der Fliegenblume und dem Grabwespenmännchen zusammengefaßt. Die Blüte sendet Duftstoffe aus, die dem arteigenen Sexuallockstoff der Weibchen entsprechen. Durch diesen vom Wind verbreiteten Duftstoff wird das Männchen zur Blüte gelockt. Nun werden optische Signale wirksam: ist das Männchen dicht genug herangeflogen, wird es durch die Gestalt und die Färbung der Blütenlippe zur Landung auf der Blüte veranlaßt. Von Bedeutung ist dabei vor allem die dunkle Färbung, die gestreckte Form und die Größe der Lippe. Das metallisch glänzende Mal verstärkt die anlockende Wirkung, es entspricht dem Lichtreflex der zusammengelegten Flügel eines ruhenden Weibchens. Die beiden dunklen, glänzenden Schwielen am oberen Rand der Lippe entsprechen den Augen, die beiden oberen schmalen Blütenblätter den Fühlern. Wir verstehen nun immer besser, warum die Blüte einem Insekt so ähnlich sieht. Denn je genauer diese Blüte in den für das Männchen wesentlichen Signalen dem entsprechenden Weibchen ähnelt, desto sicherer ist ihr der Besuch durch den Bestäuber. Eine solche Pflanze wird mehr Samen erzeugen und damit eine größere Verbreitung erfahren.

Ist das Männchen auf der Lippe gelandet, dann spielen Tastreize der Oberfläche

Im Band 1 »Partnersuche und Ehen im Tierreich« werden weitere Beispiele zum Ablauf des Paarungszeremoniells verschiedener Tierarten beschrieben. Vergleiche insbesondere den Stichling Seite 22f. und den Kaisermantel Seite 41f.

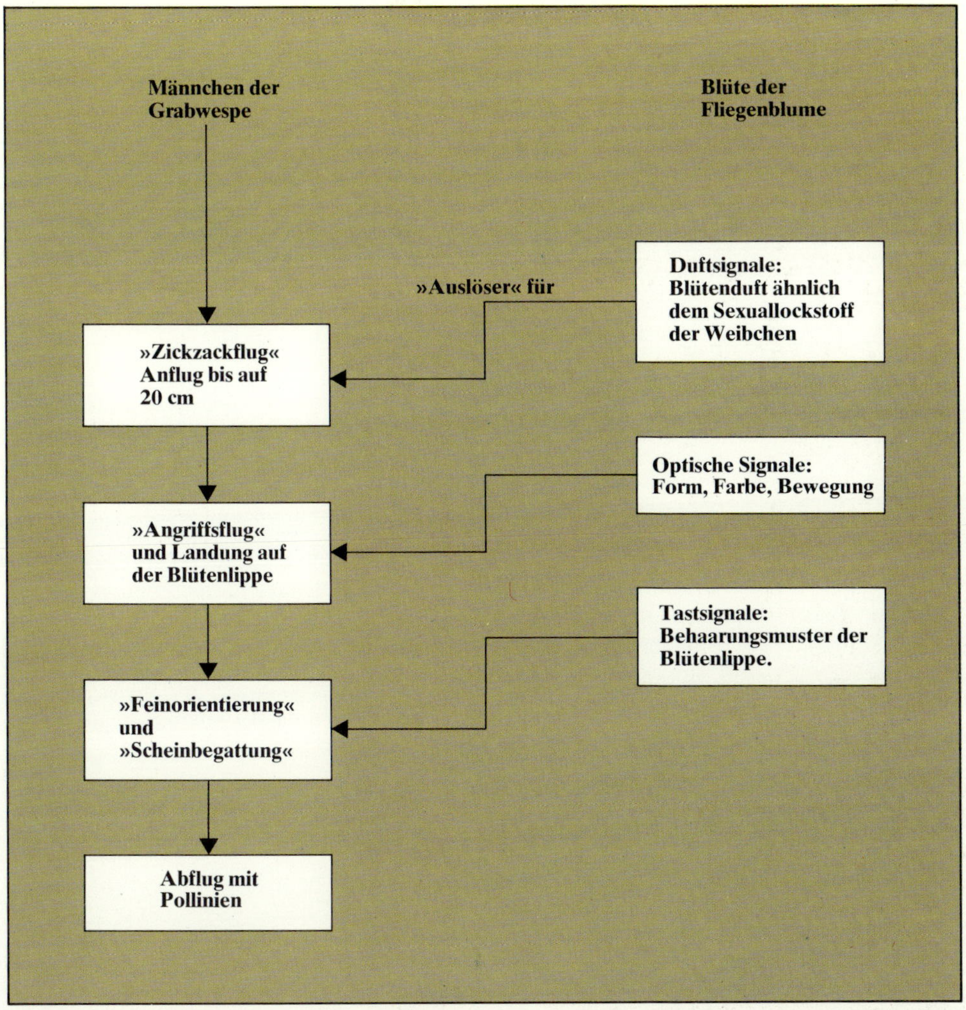

□ Der Ablauf des »Paarungs-Zeremoniells« zwischen den Grabwespenmännchen und den Fliegenblumen.

der Lippe die Rolle der auslösenden Reize. Die samtartige Beschaffenheit bestimmter Teile der Blütenlippe verstärken bei dem Männchen den Eindruck, auf einem Weibchen zu sitzen. Geführt durch diese Tastsignale rückt sich das Männchen auf der Blüte zurecht und versucht, die Kopulation einzuleiten. Der Duftstoff hat dabei eine erregende Wirkung. Bei dieser Feinorientierung kommt das Grabwespenmännchen in eine für die Entnahme der Pollinien günstige Stellung, und wenn nun das Zusammenspiel von Blüte und Insekt endet, weil das *Reiz-Reaktionsschema* aufhört, sind die Pollenpakete schon angeklebt. Die Pflanze hat ihr Ziel erreicht.

Das Männchen fliegt auf, um sich, weiterhin auf der Suche nach einem Weibchen, wieder vom Duft und den übrigen Signalen einer Fliegenblume einfangen zu lassen. Dabei werden die Pollenpakete in die Narbengrube dieser Blüte gebracht, der irregeführte Besucher ist zum Bestäuber geworden.

Wie schon bei den afrikanischen Dolchwespen schlüpfen auch bei den Grabwespen die Männchen vor den Weibchen. Die Fliegenblumen blühen zu einer Zeit, zu der die Konkurrenz von Grabwespenweibchen noch nicht geschlüpft ist. Außerdem sind die Männchen in den Populationen ▷ viel zahlreicher als die Weibchen. Es herrscht ein großer Männ-

Population: Bevölkerung; alle Tiere und Pflanzen einer Art, die in einem Gebiet zusammenleben und eine Fortpflanzungsgemeinschaft bilden.

chenüberschuß, so daß die Blüten auch nach dem Schlüpfen der Weibchen noch attraktiv genug für die Männchen sind.

Die Ausstattung der Ophrys-Blüten ist derart raffiniert, daß sie zunächst auf Entfernung durch Duft und Gestalt anlockt und dann durch Vermittlung von Tastreizen die Insektenmännchen lange genug fesselt, bis für die Blüte der Zweck des Besuchs, die Übernahme und Übertragung des Pollens, erreicht ist. Bei dieser Methode der Anlockung von Bestäubern handelt es sich um einen groß angelegten »Betrug«. Andere Blütenpflanzen »bezahlen« für das Geschäft des Pollenübertragens mit Nahrung. Die Ophrys-Blüten bieten leere Versprechungen, Duft und Berührungsreize.

Vergleicht man diesen komplizierten Apparat, der einzig und allein der Pollenübertragung dient, mit der immer wieder beobachteten geringen Fruchtbarkeit der Fliegenblumen, so zeigt sich, daß solche hochspezialisierten Anpassungen sehr störanfällig sind. Für die Bestäubung kommt nur das einzige Insekt in Frage, auf das die Paarungsreize zugeschnitten sind. Ein Ersatz durch andere Bestäuber ist nicht möglich. Wer zur Erfüllung seiner Wünsche auf nur einen und dabei so speziellen Weg festgelegt ist, muß eben hinnehmen, daß sie eventuell gar nicht erfüllt werden. Spezialisierung bringt nicht nur Vorteile.

Da unsere einheimischen Ragwurz-Arten Fremdlinge sind, Überbleibsel einer wärmeren Zeit vor vielen tausend Jahren, ist es nicht erstaunlich, daß gerade bei uns dieses Zeremoniell besonders störanfällig ist. Im Mittelmeergebiet, in der Heimat der Ragwurz-Arten, funktioniert diese komplizierte Bestäubung gut, aber an den Grenzen des Vorkommens können solche Spezialisierungen zum Aussterben der Art führen. Die geringe Fruchtbarkeit der Fliegenblume in den meisten Jahren zeigt uns auch, daß die Beobachtung des Blütenbesuchs nur einem ausdauernden Beobachter gelingt, der geduldig warten kann.

Bienenblumen brauchen keine Hilfe

Mitte Juni kommen wir noch einmal zum Fundort der Fliegenblume zurück. Wir wollen sehen, ob die im Mai bestäubten Blüten angesetzt haben, ob die Fruchtknoten dicker geworden sind. Wir müssen lange suchen, die abgeblühten Stengel sind gut versteckt.

Unser Blick sucht angestrengt im niedrigen Gras und bleibt an einem rosaroten Farbfleck hängen. Da steht eine blühende Bienen-Ragwurz zwischen den Gräsern. Gleicht ihre Blüte nicht einer pelzigen Biene oder Hummel? Das breite, samtbraun gezeichnete Blütenblatt der Lippe ist die »Biene«. Drei äußere Blütenblätter, fast ebenso groß wie die Lippe, rosarot gefärbt bilden die Blüte, an der die »Biene« sitzt.

Die Bienenblume, Ophrys apifera, erkennt man besonders gut an der stark verlängerten Säule, die in einen kleinen Schnabel ausgezogen ist. Sie sieht wie ein kleines Vögelchen aus. An diesen Blüten kann man besonders deutlich die Klebkörper und das Stielchen der Pollenpakete sehen. Die Lippe ist sehr auffällig gefärbt und tief dreilappig. Die zwei Seitenlappen sehen aus wie zwei kleine Hörner, sie sind auf der Außenfläche dicht und lang, bräunlich oder goldgelb behaart. Auch an ihrem vorderen Rand ist die Lippe auffällig dicht und lang behaart. Ein richtiger kleiner Pelz. Auf der tiefpurpurbraunen, samtartigen Fläche der Lippe finden wir ein auffälliges Muster. Das Grundfeld hebt sich durch seine hell-orangegelbe bis zimtfarbene Tönung von der übrigen Lippe deutlich ab. Die beiden Schwielen sind gelbgrün, je mit einem dunkel glänzenden Fleck an der Spitze. Eine fremdartige Schönheit ist diese merkwürdige Blüte.

Erst die unterste, erste Blüte ist entfaltet, sechs Knospen sitzen noch über ihr am Blütenstengel. Die Bienenblume beginnt erst dann zu blühen, wenn die Fliegenblumen längst verblüht sind. Im Weitergehen sehen wir, daß diese Pflanze nicht

□ **Oben:** Der merkwürdige Schauapparat der Bienenblume, Ophrys apifera, ist funktionslos geworden. An einem langen Stiel fallen die Pollenpakete aus den Staubfächern und gelangen in die Narbengrube.
Unten: Die Geschlechtssäule der Bienenblume. Jede Blüte enthält zwei Pollenpakete mit langem Stiel und einer Klebscheibe. Unterhalb der beiden Klebscheiben liegt die schleimige Narbengrube.

die einzige ist, da und dort steht noch eine »Biene« in der Wiese. Meist sind die Knospen geschlossen, mehr als zwei bis drei Blüten sind noch bei keiner Pflanze offen.
Wir markieren eine besonders große Pflanze, bei der die untersten drei Blüten bereits geöffnet sind.
Am Nachmittag des nächsten Tages ist auch die vierte Blüte entfaltet. Wir untersuchen sie mit der Lupe. Zu unserem Erstaunen bemerken wir, daß die beiden Pollenpakete dieser Blüte aus den Staubfächern herausgefallen sind. An dem bogig gekrümmten Stielchen hängen sie herab und baumeln direkt vor der Narbe, ohne sie jedoch zu berühren. Als wir eine Stunde später die Blüte erneut untersuchen, sind die Stielchen soweit zurückgebogen, daß die beiden Pollinien die klebrige Narbe berühren. Hat sich die Blüte selbst bestäubt oder ist das alles nur ein Zufall?
Zwei Tage später treffen wir um zehn Uhr vormittags die fünfte Blüte gerade entfaltet an. Die Pollenpakete und ihre Stielchen stecken noch verborgen in den Staubblattfächern. Als wir die Blüte um 13 Uhr wieder untersuchen, sind die Stielchen gestreckt. Wenn wir die Blüte von der Seite betrachten, sind die Stielchen wie die Sehne eines Bogens vor dem Spalt des Staubblattfaches gespannt. Pollinien und Klebscheiben stecken noch in ihren Hüllen. Während also in der frisch geöffneten Blüte der Stiel noch gekrümmt ist, spannt er sich nach einiger Zeit. Werden so die Pollinien aus ihren Taschen gezogen?
Es gelingt uns nicht, diesen Vorgang direkt zu beobachten. Erst am sechsten Tag nach dem Aufblühen hängen beide Pollenpakete dieser fünften Blüte herunter, eines berührt die Narbe. Auch bei den übrigen fünf Blüten beobachten wir dieses seltsame Verhalten der Pollinien, unsere erste Beobachtung war also kein Zufall. Bei sieben von den zehn Blüten dieser Pflanze können wir beobachten, daß die Pollinien herunterfallen und dann auf die Narbe derselben Blüte gelangen.
Wir sind gespannt, ob diese Selbstbestäubung auch zur Bildung von Samen führt. Bei einem Besuch vier Wochen später finden wir an diesen sieben Blüten verdickte Fruchtknoten. Die Selbstbestäubung bei der Bienenblume ist also tatsächlich erfolgreich.

Sobald man diesen Vorgang der Selbstbestäubung bei der Bienenblume verstanden hat, stellt man sich die Frage nach dem Sinn des kompliziert gebauten Schauapparates, der doch keine Funktion mehr erfüllt. Er ist eigentlich dafür gedacht, einen Bestäuber anzulocken, der die Pollenpakete zu einer benachbarten Blüte transportieren soll. Hier aber ist das nicht erforderlich. Sie bewegen sich von selbst die wenigen Millimeter zur Narbe hin. Der Schauapparat ist völlig überflüssig.
Wie wir schon bei der Fliegenblume gesehen haben, ist diese luxuriöse Bestäubungseinrichtung, die im warmen Mittelmeergebiet gut funktioniert, in unseren kälteren Gegenden unsicher geworden. Das komplizierte Wechselspiel zwischen bestäubendem Insekt und Blüte ist sehr anfällig gegen Störungen, wie es im Grunde jeder komplizierte Mechanismus ist. Im Laufe der Entwicklung ist hier diese enge Beziehung zu einem Bestäuber gelöst worden. Die Bienenblume hat sich unabhängig gemacht, sie ist selbständig geworden.

Die Ragwurzarten nützen den Paarungstrieb der Männchen zur Bestäubung ihrer Blüten aus. Sie haben sich in das Signalsystem bestimmter Insekten »eingeschlichen«. Auch wenn das Insekt und die Blüte nur für wenige Minuten in ihrem Leben etwas miteinander zu tun haben, ist so eine sehr enge Beziehung mit vielfältigen Anpassungen entstanden.

Eine echte Lebensgemeinschaft

Eine für das Leben vieler Menschen wichtige Pflanzengattung ist die große Gruppe der Feigenbäume, von denen es fast tausend verschiedene Arten gibt. Die meisten dieser Feigenarten sind Gehölze tropischer Wälder, oft sind es mächtige Baumriesen. Der in Ostindien wachsende Banyanbaum, Ficus benegalensis, ist wohl der größte Baum überhaupt. Er keimt hoch oben auf den Ästen anderer Bäume und schickt seine Wurzeln bis zum Boden herab. Diese Wurzeln werden immer dicker und tragen schließlich, wie mächtige Säulen, den weitverzweigten Baum. So entsteht aus der kleinen Keimpflanze ein weitausgedehnter Wald ▷, der aber eine *einzige Pflanze* ist. Auch der Gummibaum, Ficus elastica, den wir nur als kleine Zimmerpflanze kennen, gehört zu den mächtigen Baumriesen des ostindischen Dschungels.

Die für den Menschen wichtigen Feigenbäume sind die eßbaren Feigen, der echte Feigenbaum, Ficus carica, und die Eselsfeige oder Sykomore, Ficus sycomorus. Die Kultur dieser Feigen ist schon sehr alt, wie Grabreste aus ägyptischen Pharaonengräbern zeigen. Heute erstreckt sich die Feigenkultur über alle wärmeren Länder der Erde.

Haben Feigenbäume keine Blüten?

Feigenbäume tragen in den tropischen und subtropischen Gebieten das ganze Jahr hindurch Früchte. Diese Feigen entwickeln sich aus kleinen grünen Knöpfchen, ohne daß man irgend eine Blüte erkennen kann. Albertus Magnus ▷ schrieb schon im 13. Jahrhundert von der Feige, *»die Frucht reift ohne Blüte«*, und in China bezeichnete man die Feige als »Wu-Hua-Kuo«, das heißt *Frucht ohne Blüte.*

Wir wissen, daß es so etwas nicht gibt: Früchte entstehen immer aus Blüten. Schneidet man so ein kleines grünes Knöpfchen von wenigen Millimetern Durchmesser auf und betrachtet es unter dem Mikroskop, so sieht man, daß es gar keine kleine Frucht ist, sondern ein *Blütenstand* ▷. Die Achse dieses Blütenstands ist wie ein kleiner Krug geformt, so daß die einzelnen Blüten im Innern dieser birnenförmigen »Feige« eingeschlossen sind. Am oberen Ende dieses Blütenstandbechers bleibt eine Öffnung, die von zahlreichen winzigen Schuppenblättern dicht verschlossen ist, das »Auge« oder Ostiolum ▷.

Bei der Reife wird der krugförmige Achsenbecher fleischig, saftig und zuckersüß, innen befinden sich dann die kleinen Steinfrüchte ▷, ähnlich wie die Nüßchen in einer Hagebutte. Die Hagebutte ist die Frucht einer einzelnen Blüte, *die Feige ist ein Fruchtstand:* die Samen in der Feige entstehen aus vielen Einzelblüten, jede Steinfrucht im Innern ist aus einer weiblichen Blüte hervorgegangen.

Die Eselsfeige oder Sykomore ist in den Savannengebieten Ostafrikas und des Yemen zu Hause. Dort wachsen die Bäume als Wildpflanzen und verbreiten sich ohne menschliches Zutun durch Samen, die mit den reifen Feigen von Vögeln, Fledermäusen und Affen verschleppt werden.

Im östlichen Mittelmeergebiet, also in Ägypten, in Israel und im Libanon hat der Mensch die Eselsfeige nur durch Stecklinge vermehren können. Hier haben

Abbildung auf Seite 118 und 129.

Das größte bekannte Exemplar eines Banyanbaumes in Indien bedeckt bei einer Höhe von 25 m eine Fläche von über 2 ha. Der Kronenumfang beträgt 530 m, der Kronendurchmesser 170 m.

Ostiolum: lat. Eingang, kleine Tür.

Steinfrucht: Frucht mit einer Fruchtwand aus einem äußeren, fleischigen und einem inneren, harten Teil. Zum Beispiel die Walnuß oder die Steinobstgewächse.

Albertus Magnus: Albert der Große, Graf von Bollstädt (1193–1280), berühmter Lehrer der Hochscholastik, »Doktor universalis«, hatte für seine Zeit ungewöhnliche naturwissenschaftliche Kenntnisse.

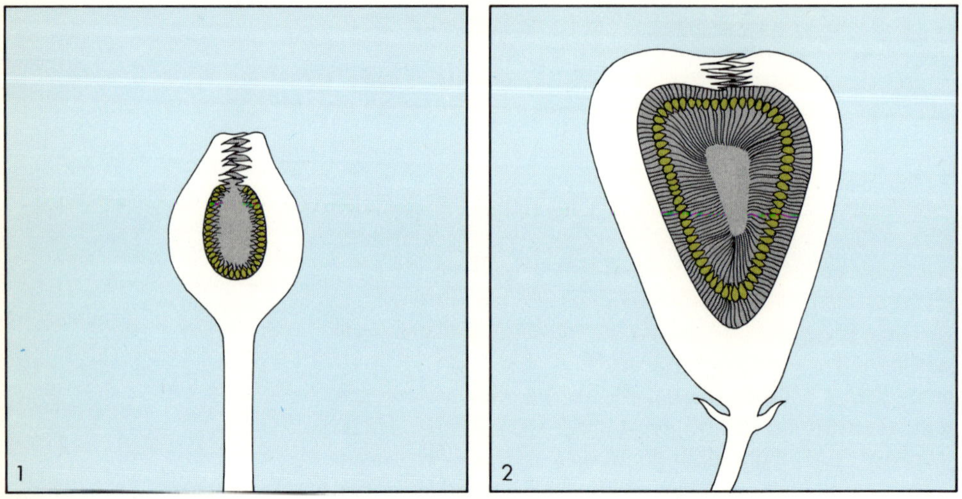

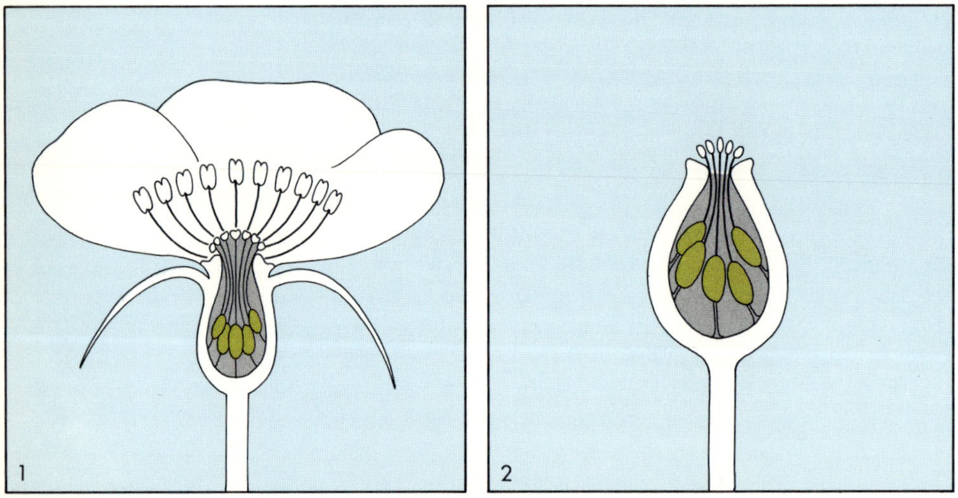

□ Aus der Blüte der Rose entsteht als Frucht die Hagebutte. Im Fruchtfleisch liegen die Samen, kleine Nüßchen, die aus den Samenanlagen der Blüte entstanden sind. Im Blütenstand der Feigenbäume liegen in einem krugförmigen Achsenbecher viele winzig kleine männliche und weibliche Blüten. Im Fruchtstand findet man eine große Zahl von Samen, kleine Steinfrüchte, die sich aus den Samenanlagen der weiblichen Blüten entwickelt haben. Der Achsenbecher ist dick und fleischig geworden.

die Früchte im Gegensatz zu denen in Ostafrika *keine Samen*. Das war schon immer so, Theophrastos ▷ schreibt bereits um 300 v. Chr., daß die Sykomore in Ägypten keine Samen ansetzt.

Wenn man heute auf dem Markt in Kairo Eselsfeigen kauft, sieht man an jeder Feige eine kleine kreisrunde oder ovale Anschnittstelle. Alle Früchte sind vor der Ernte mit einem besonderen Messer *angeschnitten* ▷ worden. Auch in den altägyptischen Gräbern und auf den Abbildungen aus jener Zeit findet man solche angeschnittenen Feigen. Theophrastos schreibt über die Eselsfeige: »Die Frucht reift nicht, wenn sie nicht angekratzt wird. Man kratzt sie mit eisernen Krallen. Wenn die Frucht so angekratzt ist, reift sie in wenigen Tagen«.

Warum enthalten die Eselsfeigen im östlichen Mittelmeergebiet keine Samen? Warum muß man hier die Früchte anschneiden, damit sie reifen? Der Botaniker J. Galil ▷ hat die Sykomoren in Ostafrika und in seiner Heimat im Jordantal genau untersucht. Er hat dabei eine Antwort auf unsere Fragen gefunden.

Theophrastos (371–287 v. Chr.), griechischer Philosoph und Naturforscher.

J. Galil, Professor der Botanik in Tel Aviv, Israel.

Abbildung auf Seite 120.

Werden Feigen überhaupt bestäubt?

Galil untersuchte die Sykomoren zuerst in ihrer Heimat in Ostafrika. Auch dort brauchen die Pflanzen viel Wasser und wachsen besonders auf feuchten Böden, hauptsächlich in den Galeriewäldern ▷ entlang der Flüsse. Am Ufer des Uvaso-Nyiro-Flusses, etwa 100 km südwestlich von Nairobi, stehen mächtige Sykomoren von 25 m Höhe mit weitausladenden Kronen und dicken Stämmen von über 4 m Durchmesser. Diese Bäume tragen das ganze Jahr hindurch Früchte. In dicken Büscheln stehen die Früchte am Stamm oder an den Hauptästen der Bäume. Diese Feigen reifen in 6–7 Wochen heran, so daß bis zu 6 Generationen von Feigen hintereinander im Laufe eines Jahres reif werden können.

Galil hat in Kenya die Entwicklung der Blütenstände und Fruchtstände der Sykomore studiert. Besonders ausführlich hat er sich mit der Frage beschäftigt, wie die Blüten der Sykomoren bestäubt werden. Die Sykomoren sind einhäusig, in einem solchen Blütenstand sind also weibliche und männliche Blüten beisammen. Diese winzigen Blüten sind fest in den Krug der Blütenstandachse eingeschlossen, im Ostiolum stehen dicht bei dicht kleine Schuppenblätter. Eine Übertragung der Pollenkörner durch den Wind oder durch ein Insekt von Blütenstand zu Blütenstand scheint daher zunächst ausgeschlossen.

Wird bei der Sykomore der Blütenstaub innerhalb eines Blütenstandes von den männlichen zu den weiblichen Blüten transportiert? Da die männlichen Blüten oben im Blütenstandsbecher stehen, könnte man sich gut vorstellen, daß bei der Reife der Staubbeutel Pollen nach unten fällt und so die weiblichen Blüten bestäubt.

Die Ergebnisse der Untersuchungen zeigen, daß es so nicht sein kann. Die weiblichen und männlichen Blüten innerhalb eines Blütenstandes reifen nämlich *nacheinander*. Zuerst blühen die weiblichen, vier Wochen später erst die männlichen Blüten. Wenn sich die Staubbeutel öffnen und den Pollen entlassen, sind die weiblichen Blüten längst verblüht. Eine Bestäubung innerhalb eines Blütenstandes ist daher unmöglich.

Entwickeln sich die Samen der Eselsfeigen also *ohne* Bestäubung und Befruchtung? Ganz selten kommt so etwas bei Pflanzen vor, man nennt diese Art der Fortpflanzung *Parthenogenese* ▷. So entstehen bei Brombeeren und Habichtskräutern beispielsweise die Samen häufig ohne vorausgehende Befruchtung. Werden die Samen der Eselsfeigen auch auf diese Art gebildet?

Wenn man reife Eselsfeigen untersucht, findet man dicht neben dem Ostiolum eine oder mehrere kreisrunde Öffnungen von 1,5 mm Durchmesser. Schneidet man eine solche Feige auf, so sieht man, daß diese Öffnung der Ausgang eines winzigen Tunnels ist, der durch die Wand der Feige durchgeht. Er bildet eine Verbindung vom Innern der Feige nach außen. Wann entstehen diese kleinen Löcher? Stets kurz bevor die Feigen weich und saftig werden. Aber wie entstehen diese Öffnungen?

Schneidet man eine Feige wenige Tage vor der Reifung auf, so findet man darin ein dichtes Gewimmel winzig kleiner, nur 1–2 mm langer Insekten. Offensichtlich sind es verschiedene Arten: hellbraune, dunkelbraune und metallisch grün glänzende Tiere, geflügelte und ungeflügelte finden wir in der Feige. Einige der Tiere haben auffällig große Nachtaugen, andere sind augenlos, wieder andere haben leuchtend rote Augen. Eine bunte Gesellschaft! In größeren Feigen hat man viele hundert solcher Tierchen gezählt. Wie kommen diese vielen Tiere in die Feige? Wie leben sie und was tun sie dort? Galil hat dieses Gewimmel von Insekten in den Eselsfeigen untersucht und gefunden, daß es sechs verschiedene Arten sind. Es sind kleine Gallwespen. Galil hat sich sehr lange und gründlich mit ihnen beschäftigt und ihr Verhalten beobachtet.

Gallwespen leben völlig anders als ihre Verwandten, die Wespen und Hornissen. Sie verbringen nämlich fast ihr ganzes

Galeriewälder sind Waldstreifen in Savannengebieten, die entlang von Flußläufen und an Seeufern auftreten.

Parthenogenese: Fortpflanzung durch Eizellen, die sich entwickeln ohne durch eine männliche Keimzelle befruchtet zu sein.

Leben im Innern von Pflanzen. Die weiblichen Gallwespen legen ihre Eier in Blättern, Stengeln, Wurzeln oder Blüten ab, und die Zellen der Pflanze reagieren darauf mit einer Wucherung: sie bilden eine Galle ▷. Diese Galle wächst mit der Larve der Gallwespen und wird immer größer. Die jungen Tiere ernähren sich von dem sie umgebenden, üppig wuchernden Gewebe der Galle. Am bekanntesten sind die Gallen an Eichenblättern, die wie kleine rotbackige Äpfel aussehen, oder die Gallen an Rosensträuchern, die an zierliche, rosarote Korallen erinnern.

Auch in den Feigen leben also solche Gallwespen. Ihr Leben ist ziemlich kompliziert, wir wollen uns deshalb zunächst einmal auf eines dieser Tiere, auf die Feigenwespe, Ceratosolen arabicus, beschränken.

Ein Präzisionsbohrer zum Eierlegen

Beobachtet man einige Zeit eine Feige, in der die kleinen Löcher entstanden sind, so sieht man, wie ein winziges, etwa 2 mm langes, hellbraunes Insekt mit langen Flügeln durch das Loch gekrochen kommt, ein Exemplar von Ceratosolen arabicus. Es bleibt an der Öffnung sitzen, putzt sich sorgfältig, krabbelt auf der Feige hin und her und fliegt dann weg. Viele solcher geflügelten Insekten kommen aus der Feige herausgekrabbelt und fliegen davon.

Meist verlassen diese Gallwespen die Früchte gegen Ende der Nacht oder in den frühen Morgenstunden. Sie fliegen zu benachbarten Feigenbäumen. Dort suchen sie junge Blütenstände im weiblichen Blühstadium. Bei diesen Blütenständen sind die Schuppen am Eingangskanal ausnahmsweise etwas gelockert, deshalb können die kleinen Tiere zwischen den Schuppen ins Innere der Blütenstände durchschlüpfen. Wodurch diese Tiere von den jungen Feigen angelockt werden, weiß man nicht, aber es muß eine starke Anziehungskraft sein, denn die Schuppen am Eingang stehen dicht, und das Eindringen ist recht mühsam und gefährlich. Die meisten Tiere verlieren am Eingang, wenn sie sich zwischen den dichtstehenden Schuppen durchzwängen, die Flügel und oft auch einen Teil der Fühler. So ist der Eingang eines solchen Blütenstandes meist von zahlreichen Flügeln bekränzt, die hier hängengeblieben sind. Es ist erstaunlich, mit welcher Beharrlichkeit und Kraft sich die winzigen Tiere ins Innere der Blütenstände vorarbeiten.

Vom Bau ihres Körpers her sind die Gallwespen für diese Arbeit hervorragend ausgestattet. Mit großen, hakenförmig gekrümmten Mundwerkzeugen und einem spitzen Dorn am Fühler drücken sie die Schuppen auseinander. Dann schieben sie den keilförmig abgeflachten Kopf in die Lücke und stemmen die Schuppen weiter auseinander. Die Fühler werden dabei in eine am Vorderende des Kopfes sitzende Grube, die Gesichtsgrube, eingefaltet. Die Vorderbeine unterstützen das Eindringen und ziehen mit kräftigen Krallen die Schuppen auseinander. Die zarten, mittleren Beine sind zum Brust-

Galle: Durch Stich und Eiablage von Gallwespen oder Milben oder durch parasitische Pilze hervorgerufene Bildungsabweichungen der Pflanzen.

□ An einer Sykomore auf der Mittelmeerinsel Cypern hängen junge »Früchte«. Damit sie schneller reifen, sind sie mit einem Messer angeschnitten worden.

korb hochgefaltet, mit den kräftigen Hinterbeinen stemmen sich die Insekten durch das Hindernis hindurch.

Trotz der guten Ausrüstung erreichen nicht alle Tiere das Ziel. Häufig findet man im Ostiolum bis zu zehn Tiere, die es nicht geschafft haben und tot zwischen den Schuppen hängengeblieben sind. Manchmal erreichen nur 1–2 Gallwespen das Innere der Feige. Wenn genügend Tiere geschlüpft sind, findet man aber häufig 10–20 solcher Gallwespen im Innern der jungen Blütenstände. Was machen die Tiere dort?

Unmittelbar nachdem eine solche kleine Feigenwespe ins Innere einer jungen Feige gelangt ist, beginnt sie, Eier zu legen. Die Eindringlinge sind also *Weibchen!* Schneidet man eine solche Feige auf und leuchtet man mit einem hellen Licht ins Innere, kann man unter einem Mikroskop zusehen, wie diese Gallwespenweibchen ihre Eier legen ▷.

Der Blütenstand der Eselsfeige ist in diesem weiblichen Blühstadium eiförmig und etwa 12–15 mm lang. Die Wand des Fruchtbechers ist 3 mm dick. In dem krugförmigen Blütenstandsbecher sitzen die weiblichen Blüten. Sie bestehen aus einem Fruchtknoten mit Griffel und Narbe und sechs winzigen Blütenblättern. Die Narbe ist in der Mitte etwas eingesenkt und dicht mit kurzen Wimpern besetzt. Der ganze Blütenstandsbecher ist so mit vielen hundert weiblichen Blüten bedeckt. Die Griffel dieser Blüten sind zwischen 0,8 und 1,5 mm lang. Es gibt also *Blüten mit kurzem und Blüten mit langem Griffel.* Da die langgriffeligen Blüten fast ungestielt sind, die kurzgriffeligen aber auf kurzen Stielchen sitzen, stehen die Narben fast in gleicher Höhe. Die Wimpern der Narben sind miteinander verfilzt, und so entsteht innerhalb der Höhlung dieser Feige eine becherförmige Fläche aus dichtstehenden Narben. Galil bezeichnet diese Fläche als Sammelnarbe oder Synstigma ▷.

Die eierlegende Gallwespe stellt sich mit ihren sechs Beinen fest auf den aus verfilzten Narben gebildeten »Zwischenboden« in der jungen Feige. Dann senkt sie am Hinterleib eine Klappe, die wie eine Rinne gebaut ist und den Legestachel führt. Nun lösen sich die beiden Halter des Legestachels. Sie stehen während der Eiablage fast senkrecht nach oben, dann wird der Legestachel in die Rinne eingeführt. Langsam und vorsichtig sucht die kleine Gallwespe eine fürs Eierlegen günstige Stelle. Immer wieder bewegt sie die Spitze des Legestachels hin und her, bis er endlich richtig sitzt. Jetzt schiebt sie den 0,8–0,9 mm langen Legestachel langsam durch die Narbenhöhle und den Griffel in die Blüte hinein. Während sie den Legestachel in die Tiefe bohrt, zittert die kleine Gallwespe leicht mit dem Hinterleib.

Galil hat einige Tiere, nachdem sie den Legestachel ganz abgesenkt hatten, mit Äther betäubt und dann unter dem Mikroskop den Stachel in der weiblichen Blüte freipräpariert. Er wollte ganz genau sehen, wohin der Stachel führt. Die Gallwespe schiebt den Legestachel mit äußerster Präzision durch den dünnen

Synstigma: Stigma = Narbe, Synstigma = gemeinsame Narbe oder Sammelnarbe.

Abbildung auf Seite 122.

□ Am Stamm einer mächtigen Sykomore hängen Büschel reifender »Früchte«.

Griffel bis ins Innere der Samenanlage ▷ einer weiblichen Feigenblüte. Der Legestachel von Ceratosolen arabicus ist mit seinen 0,8 mm gerade so lang, daß er bei den kurzgriffeligen Blüten von der Narbenoberfläche bis ins Innere der Samenanlage reicht. Durch den hohlen Legestachel gleitet dann ein Ei in die Samenanlage. Etwa eine Minute brauchen die Weibchen von Ceratosolen arabicus, um ein Ei zu legen, dann ziehen sie den Legestachel aus dem Griffel zurück. Danach legen die Weibchen weitere Eier in benachbarte Blüten. Wenn die Gallwespe den Legestachel in eine langgriffelige Blüte abgesenkt hat, zieht sie ihn schon nach 5 Sekunden wieder zurück. In diesem Fall legt sie kein Ei, da der Legestachel nicht bis zur Samenanlage reicht. Sie kann also nur in die kurzgriffeligen Blüten ihre Eier legen. Aus den langgriffeligen Blüten entstehen später die Samen der Feige ▷.
Auf diese Weise werden von den Gallwespenweibchen in kurzer Zeit im Innern der Feige viele Eier abgelegt. Immer sind die geflügelten Tiere, die in die jungen Blütenstände eindringen, weibliche Tiere. Wo sind eigentlich die dazugehörenden Männchen? Nie sieht man Männchen mit Weibchen zusammen. Legen diese Weibchen unbefruchtete Eier ab?

Samenanlage: Weiblicher Teil der Blüten, der die Eizelle enthält und sich nach der Befruchtung zum Samen weiterentwickelt.

Der Zusammenhang von Legestachellänge und Entstehung von Feigensamen wird auf Seite 131 ausführlich dargestellt.

□ Ein Weibchen von Ceratosolen arabicus hat den Legebohrer durch den Griffel einer kurzgriffeligen Blüte einer Eselsfeige abgesenkt, um ein Ei abzulegen.

Zwei völlig verschiedene Tiere

Wenn man solche Gallwespenweibchen beim Ausschlüpfen aus der Feige fängt und untersucht, findet man in den Samenblasen ▷ immer männliche Samenzellen. Die Tiere sind also begattet worden, ehe sie die Feigen verlassen. Wir wollen die Entwicklung der Eier in den Feigenblüten weiterverfolgen und dabei den Lebenslauf dieser Gallwespen vollends kennenlernen.

Die Gallwespe legt mit ihrem Legestachel nicht nur ein Ei in die Samenanlage. Gleichzeitig spritzt sie auch durch den Legestachel einen winzigen Tropfen einer Drüsenflüssigkeit. Dieses Drüsensekret regt das Nährgewebe in der Samenanlage zu raschem Wachstum an. Normalerweise entwickelt sich dieses Nährgewebe nach der Befruchtung zusammen mit dem jungen Embryo der Feigenblüte. Die Feigengallwespe regt mit ihrem Drüsensekret das Nährgewebe zu außerplanmäßigem Wachstum an. Wenn nun kurz nach der Eiablage aus dem winzigen Ei eine kleine Larve schlüpft, sitzt sie mitten in diesem Nährgewebe der Samenanlage. So ist sie gut mit Nahrung versorgt; sie braucht nur zu fressen und zu wachsen.

Mit der Eiablage der Gallwespe endet das weibliche Stadium der Blütenstände, die weiblichen Blüten verblühen. In dem nun folgenden Zwischenstadium, in dem die Blütenstände nicht mehr weiblich und

Samenblase: Viele Insektenweibchen werden nur einmal im Leben begattet, können aber über lange Zeit befruchtete Eier ablegen. Die bei der Begattung übertragenen Samenzellen werden in besonderen Samenblasen aufbewahrt.

□ Mit hochgestrecktem Hinterleib und tief eingesenktem Legebohrer sitzt eine kleine parasitische Callimonidae auf einem Mantiden-Kokon. Dies Insekt gehört wie die Gallwespen der Gattung Ceratosolen zur Insektengruppe der Chalcidoidea. Bei der Eiablage wird der Halter des Legebohrers nach hinten gestreckt.

noch nicht männlich sind, entwickeln sich in den kurzgriffeligen Blüten die Larven der Feigenwespen. Dieses Stadium dauert etwa 2–3 Wochen. In dieser Zeit entstehen aus den kurzgriffeligen Blüten sogenannte *Gallenblüten*. Sie schwellen stark an, werden dick und ragen in die Höhlung der heranwachsenden Feige vor. Die äußeren Zellschichten der Gallenblüten werden fest und verholzen. Im Innern fressen die heranwachsenden Gallwespenlarven unermüdlich von dem üppig wuchernden Nährgewebe. Schließlich ist die Gallblüte ganz von der Larve ausgefüllt. Diese ist nun ausgewachsen und verpuppt sich. Wenige Tage später schlüpft eine neue Generation von Feigenwespen.

Die Gallenblüten werden jetzt von innen geöffnet. Mit ihren kräftigen Mundwerkzeugen nagen die Gallwespen ein Loch in die harte Wand und schlüpfen heraus. Zu unserer Überraschung sehen wir aber, daß die aus den Gallenblüten ausschlüpfenden Tiere *völlig anders gebaut* sind als die Tiere, die wir bei der Eiablage in den jungen Blütenständen beobachtet haben. Was ist hier passiert? Haben wir einen Fehler gemacht, haben wir nicht richtig aufgepaßt?

Aus diesen Gallenblüten schlüpfen nämlich winzige flügellose Tiere mit kräftigem Kopf und mächtigen Mundwerkzeugen. Die Augen dieser Tiere sind winzig klein, sie sind fast blind. Der Hinterleib ist auffällig langgezogen und röhrenförmig. Oft ist dieser röhrenförmige Hinterleib nach vorn gebogen und baumelt zwischen den Beinen. Langsam und schwerfällig kriechen diese Tierchen mit dem Hinterleib zwischen den Beinen im Innern der Feige umher. Es ist nicht einfach, sie zu beobachten, denn man muß einen Blütenstand im Augenblick des Ausschlüpfens aufschneiden und mit einem starken Licht hineinleuchten. Nur dann kann man sie unter dem Mikroskop beobachten.

Diese flügellosen, unbeholfenen Tiere krabbeln zwischen den Gallenblüten umher und betasten mit ihren Fühlern eine Gallenblüte nach der anderen. Offensichtlich suchen sie etwas. Beobachten wir ein Tier bei seiner Suche. Nachdem es eine dicke Gallenblüte lange mit den Fühlern »beschnuppert« hat, fängt es an, mit seinen kräftigen Kiefern ein Loch hineinzubeißen. Aus der Wand der Gallenblüte bricht das kleine Insekt Stück um Stück heraus. Ist die Öffnung groß genug, setzt sich das Tier über diese Öffnung und schiebt langsam den röhrenförmigen Hinterleib ins Innere der Gallenblüte. Wenige Minuten später zieht es den Hinterleib wieder heraus, kriecht weiter, öffnet eine andere Gallenblüte und schiebt abermals den Hinterleib in die Öffnung. Diese Tiere nagen immer solche Gallenblüten an, die *noch bewohnt* sind, in denen also noch eine Gallwespe sitzt. Einige Zeit später, manchmal erst nach Stunden, bewegt sich die Gallwespe im Innern dieser geöffneten Gallenblüte. Sie erweitert die Öffnung und schlüpft

□ **Ein flügelloses Männchen der Gallwespe Blastophaga psenes begattet das in der Gallblüte eingeschlossene Weibchen.**

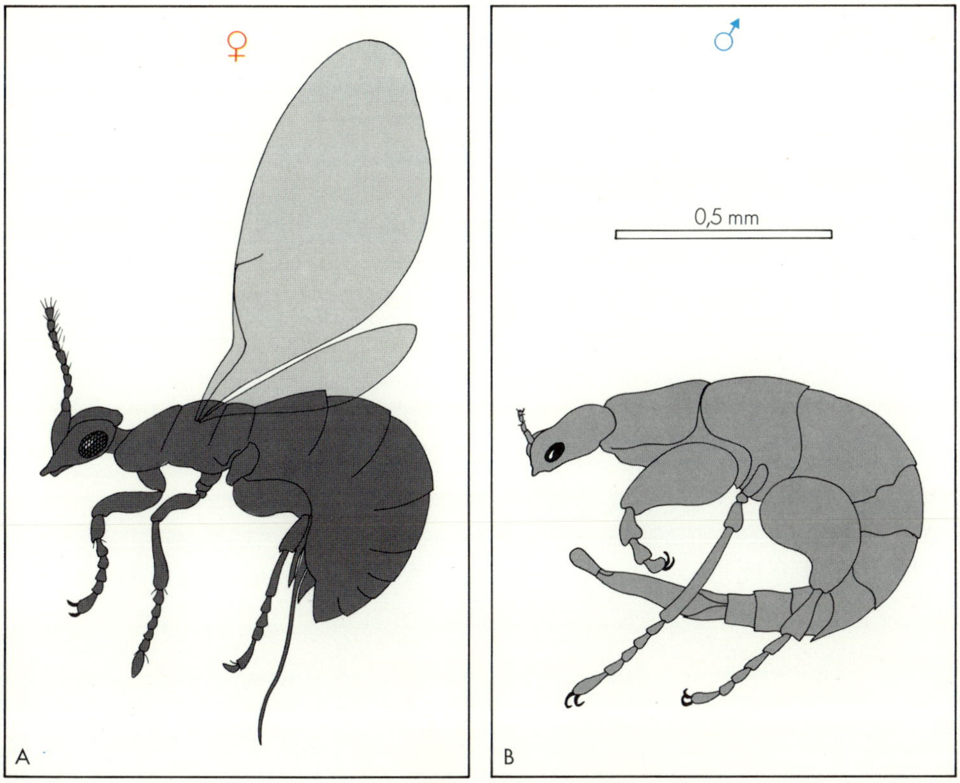

□ **Weibchen (A) und Männchen (B) der Gallwespe Blastophaga quadriceps sind völlig verschieden gebaut.**

heraus. Es ist ein 1–2 mm langes hellbraunes geflügeltes Insekt mit großen Augen. Wir kennen es bereits, es ist ein Weibchen von Ceratosolen arabicus. Wir haben es ja lange bei der Eiablage beobachtet. Was ist hier geschehen? Was machen diese völlig verschiedenen Insekten in der Feige?

Es hat lange gedauert, bis man das Verhalten der Tiere verstanden hat, bis man erkannte, daß bei den Feigengallwespen Männchen und Weibchen sehr unterschiedlich aussehen. Die beiden Geschlechter sind so verschieden, daß man *nur am Verhalten* erkennen kann, daß es männliche und weibliche Tiere derselben Art sind.

Die fast blinden, flügellosen Männchen von Ceratosolen arabicus schlüpfen einen Tag vor den Weibchen aus den Gallenblüten. Man sagt, die Feigengallwespen sind protandrisch ▷. Mit ihrem sehr empfindlichen Geruchssinn suchen sie die noch in den Gallenblüten eingeschlossenen Weibchen, beißen ein Loch in die Wand dieser Gallenblüten und begatten die Weibchen.

Galil hat versucht, die Kopulation von Ceratosolen arabicus auch außerhalb der Feige zu beobachten. Er hat frisch geschlüpfte männliche und weibliche Tiere in kleinen Glasröhrchen zusammengebracht. Es ist ihm nie gelungen, frisch geschlüpfte Männchen und frei bewegliche Weibchen zur Kopulation zu bringen. Das Verhaltensmuster dieser Tiere ist so festgelegt, daß nur Weibchen, die noch in den Gallenblüten eingeschlossen sind, begattet werden.

Mit der Begattung der Weibchen haben die Männchen von Ceratosolen arabicus ihre Aufgabe noch nicht erfüllt. Nun versammeln sich alle männlichen Tiere am oberen Ende der Feige und fressen mit vereinten Kräften einen Tunnel durch die Wand der Feige. In diesem Entwicklungsstadium ist die Wand fast 5 mm dick und noch ziemlich hart. Bis zu 30

Protandrisch: erst- oder vormännlich.

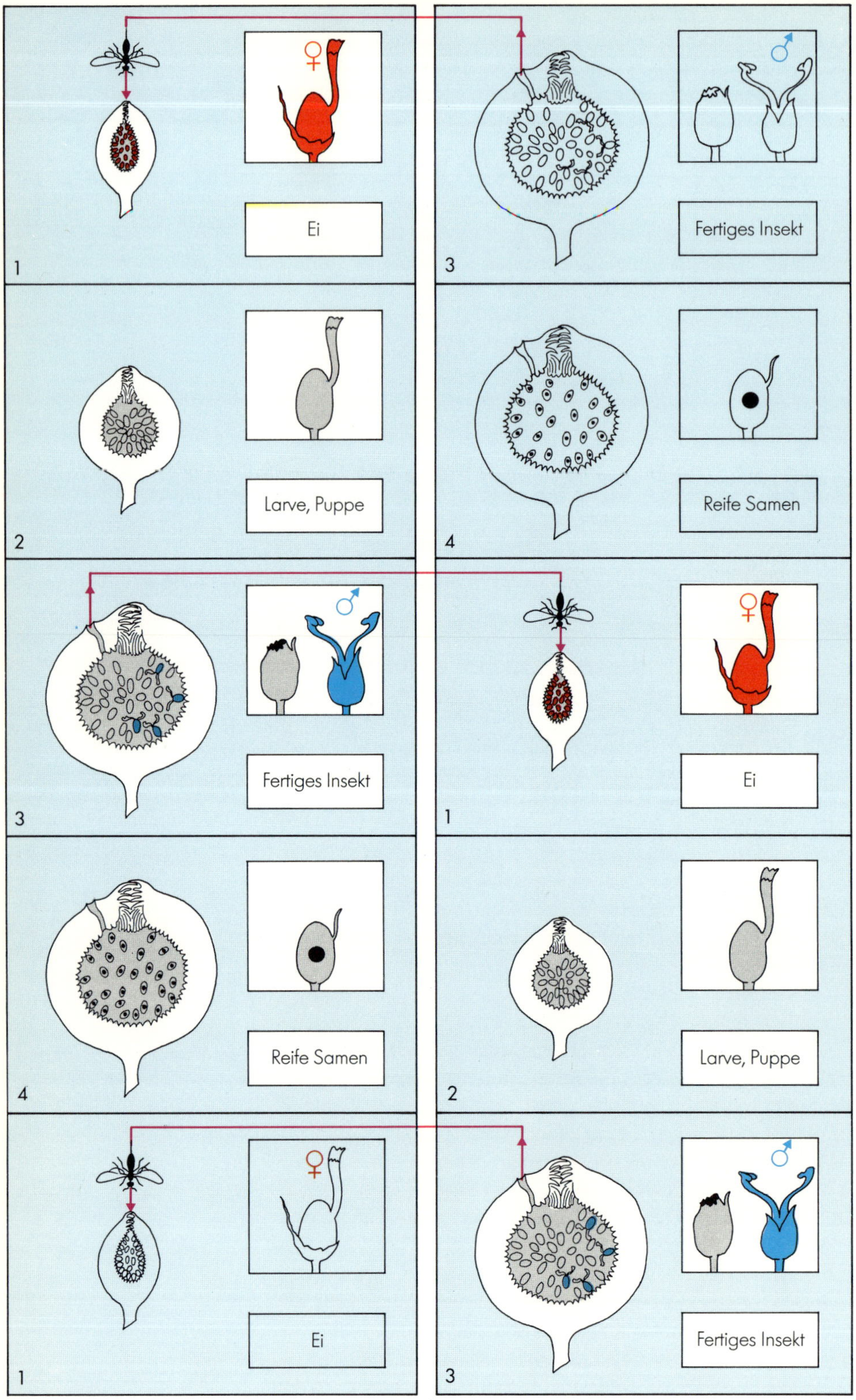

□ **Ablauf der Blühstadien bei der Sykomore, Ficus sycomorus, und Ablauf der Entwicklung der bestäubenden Gallwespe, Ceratosolen arabicus.**
1. Blütenstand im weiblichen Stadium. Die durch das Ostiolum eindringende weibliche Gallwespe legt ihre Eier ab.
2. Zwischenstadium, in dem sich die Larven entwickeln und verpuppen.
3. Blütenstand im männlichen Stadium. Die aus den Gallenblüten ausschlüpfenden weiblichen Gallwespen beladen sich mit Pollen und verlassen die Feige.
4. Reife Feige mit Samen. Mehrere Generationen von Feigen entwickeln sich hintereinander. Die Übertragung des Pollen ist nur zwischen den männlichen und weiblichen Blühstadien benachbarter Feigenbäume möglich.

Männchen hat man in einer Feige bei der gemeinsamen Arbeit beobachtet. Nur langsam kommen sie vorwärts, fast die ganze Tunnelhöhlung ist mit nagenden Männchen angefüllt. Wenn die Öffnung schließlich durchbrochen ist, kriechen die Männchen wieder ins Innere der Feige zurück. Sie sind lichtscheu und leben im Dunkeln. Da sie die Feige nie verlassen, brauchen sie auch keine Augen und keine Flügel. Sie verbringen ja ihr Leben in der Feige und sterben auch dort, wenn sie ihre Aufgaben, Begattung der Weibchen und Öffnung der Feige, erfüllt haben.

Man weiß schon seit langem, daß die Feigen von winzigen Insekten geöffnet werden. Theophrastos und Plinius ▷ meinten, daß durch diese Öffnungen Sonne und frische Luft ins Innere der Feigen eindringen könnten, und daß dadurch die Reife der Feigen beschleunigt werde. Wir werden später sehen, ob diese Annahme richtig ist oder nicht.

Wenn nun die Gallwespenmännchen die Feige geöffnet haben, schlüpfen die Weibchen durch diese Öffnung aus der Feige heraus. Nur die Männchen können den Tunnel durch die Wand beißen, die Weibchen besitzen viel zu schwache Mundwerkzeuge für diese Aufgabe. Obendrein würden bei der harten Arbeit mit Sicherheit die zarten Flügel beschädigt werden. Die Weibchen fliegen dann zu einem jungen Blütenstand, zwängen sich dort durch die Schuppen am Ostiolum und legen Eier in die weiblichen Blüten. So entsteht die nächste Generation der Gallwespen.

Nun kennen wir den Lebenslauf der Gallwespe Ceratosolen arabicus. Diese winzigen Insekten leben fast ausschließlich in den Feigen. In der Feige haben sie eine vorzügliche »Wohnhöhle« und einen Platz, wo die Larven der nächsten Generation genügend Nahrung finden. Diese Gallwespen ernähren sich ausschließlich vom Nährgewebe der Feigenblüten. Außerhalb der Feigen sind sie nicht lebensfähig, schon nach wenigen Stunden gehen sie zugrunde.

Fast sieht es so aus, als seien diese Feigengallwespen richtige Schmarotzer, Parasiten ▷, die es sich auf Kosten der Feige gut gehen lassen. Nach der Eiablage werden ja viele Samenanlagen von den heranwachsenden Larven zerstört. Die Feige muß die Nahrung für diese Insekten liefern. Ist die Beziehung wirklich so *einseitig?* Oder hat vielleicht die Feige auch einen Nutzen von ihren winzigen Bewohnern?

Parasiten: Schmarotzer; Lebewesen, die sich auf oder in einem anderen Lebewesen ansiedeln und auf dessen Kosten leben.

Wo hat die Gallwespe den Pollen versteckt?

Ausgangspunkt unserer Beobachtungen war die Frage nach der Bestäubung der weiblichen Blüten in den Blütenständen der Sykomore. Wir wollten erfahren, wie eigentlich der Pollen von den Feigen im männlichen Blühstadium zu den Feigen im weiblichen Blühstadium gelangt, wie er aus den geschlossenen Blütenständen heraus- und wie er wieder hineinkommt. Galil erkannte bald, daß sich in der Eselsfeige nur dann Samen entwickeln, wenn die winzige Gallwespe Ceratosolen arabicus in der Feige lebt. In Ostafrika werden die Eselsfeigen immer von dieser Gallwespe bewohnt, daher bringen die Bäume dort auch regelmäßig Samen hervor. Aus bisher nicht bekannten Gründen ist die Gallwespe Ceratosolen arabicus nicht mit der Sykomore ins östliche Mittelmeergebiet nach Ägypten und Israel mitgewandert. Daher entwickeln die Eselsfeigen in diesem Gebiet auch nie Samen und können nur vom Menschen mit Stecklingen vermehrt werden.

Plinius der Ältere (23—79 n. Chr.) schrieb eine Naturgeschichte in 37 Büchern.

Es ist naheliegend anzunehmen, daß bei den Eselsfeigen die weiblichen Gallwespen den Blütenstaub übertragen. Wir können uns gut vorstellen, wie sie beim Ausschlüpfen den Blütenstaub mitnehmen und dann in den jungen Blütenständen die weiblichen Blüten bestäuben. Was uns fehlt, ist allerdings der Beweis dafür, daß diese winzigen Insekten wirklich Feigenpollen transportieren.

Die Weibchen von Ceratosolen arabicus sind glatt und völlig unbehaart. Wenn

man einmal gesehen hat, wie sich diese winzigen Tierchen hartnäckig durch die eng gestellten Schuppen des Ostiolums durchzwängen, wie sie dabei ihre Flügel und oft auch die Fühler verlieren, kann man eigentlich kaum glauben, daß diese Tiere genügend Pollen an ihrer Körperoberfläche mitbringen können, um die vielen hundert Blüten in einer Feige zu bestäuben. Wenn sie überhaupt Pollen aus den Feigen herausbringen, müßte er eigentlich im Ostiolum abgestreift werden. Wie könnte aber dieses Insekt sonst Pollen transportieren?
Man hat eine Zeitlang angenommen, die Weibchen würden den Pollen fressen und ihn in der Speiseröhre und im Magen mitnehmen. Daß sie dann im Innern des jungen Blütenstandes den Pollen wieder ausspucken und so die Blüten bestäuben. Galil hat die winzigen Tiere genau untersucht, er hat sie unter dem Mikroskop präpariert und weder in der Speiseröhre noch im Magen irgendwelchen Pollen gefunden. Auch im Darm war kein Pollen zu finden. Die Gallwespen fressen überhaupt keinen Pollen. Auf diesem Wege wird der Pollen also mit Sicherheit nicht transportiert.
Durch einen Zufall fand Galil bei seinen Untersuchungen des Rätsels Lösung. Er war ganz sicher, daß nur diese winzigen Gallwespen als Pollenüberträger in Frage kommen. Irgendwo müssen sie doch den Pollen mitnehmen! Immer wieder hat Galil weibliche Gallwespen aus dem Innern der Blütenstände herauspräpariert und unter dem Mikroskop untersucht. Immer wieder ohne Erfolg. Er konnte einfach keinen Blütenstaub an den Tierchen entdecken.
Eines Tages hatte er ein Gallwespenweibchen beim Eierlegen freipräpariert und gefangen. Um das kleine Tier besser sehen zu können, hatte er dem Präparat einen blauen Farbstoff zugegeben. Zuerst war unter dem Mikroskop auch an dieser Gallwespe nichts Besonderes zu sehen. Nirgends war Blütenstaub zu entdecken. Zufällig drückte er mit einer feinen Nadel von oben auf den Brustkorb der winzigen Gallwespe, da quollen dichte, blaugefärbte Pollenmassen hervor. Plötzlich war das Präparat angefüllt mit dunkelblauen Pollenkörnern. Wo kam auf einmal der viele Pollen her? Wo hat die kleine Gallwespe diese großen Pollenmengen versteckt?
Auf der Unterseite des Brustkorbes fand Galil zwei kleine, längliche Behälter, richtige Pollentaschen. Jede dieser Taschen ist 200 Mikrometer (μm) ▷ lang, 120 μm breit und etwa 60 μm dick. In jeder Tasche zählte Galil zwischen 2000 und 3000 Pollenkörner. Wenn die Taschen ganz mit Pollenkörnern gefüllt sind und wenn man das Präparat anfärbt, sind diese Pollenbehälter gut zu sehen. Nach dieser zufälligen Entdeckung war es ein leichtes, die Bestäubung der Feigen weiterzuverfolgen.
Galil interessierte sich nun natürlich vor allem dafür, wie diese Pollentaschen gefüllt und geleert und wie die Blüten bestäubt werden. Da die Eiablage bei Ceratosolen arabicus nur 60 Sekunden dauert, läßt sich die Bestäubung bei dieser Feigengallwespe nicht gut studieren, es geht einfach zu schnell. Galil hat diese Fragen deshalb an einer anderen Feigenart, Ficus costaricana, in der Umgebung von San José in Costa Rica untersucht. Die in dieser Feige lebende Gallwespe, Blastophaga estherae, braucht etwa 3 bis 4 Minuten, um ein Ei zu legen. Während dieser langen Zeit kann man die Bestäubung gut beobachten. Es zeigte sich, daß das Beladen und Entladen der Pollentaschen eine recht komplizierte Sache ist. Wenn die Gallwespenweibchen begattet worden sind, bleiben sie so lange in der Galle, bis die Männchen den Ausgang aus der Feige freigenagt haben. Dies geschieht immer genau zur Zeit der Entfaltung der männlichen Blüten. Bei Ficus costaricana sind die männlichen Blüten überall zwischen den weiblichen Blüten verteilt, sie besitzen 2 bis 3 Blütenblätter und zwei Staubbeutel. Die ausgeschlüpften Weibchen suchen zwischen den

Mikrometer (μm): Der millionste Teil eines Meters (10^{-6} m).

□ Querschnitt durch einen Blütenstand der Feige Ficus cannonii (Durchmesser etwa 7 Millimeter). Über den kurz- und langgriffeligen weiblichen Blüten eine weiße Schicht verfilzter Narben, das Synstigma. Der Eingang zum Blütenstandsbecher, das Ostiolum, ist dicht mit kleinen Schuppenblättern verschlossen.

Samen- und Gallenblüten nach den männlichen Blüten. Dabei bevorzugen die Weibchen Blüten mit bereits geöffneten Staubbeuteln. Wenn aber der Spalt an den Pollensäcken noch nicht weit genug geöffnet ist, dann stemmen sie mit ihren Fühlern diese schmale Öffnung auseinander und stoßen den Kopf in die offenen Staubbeutel. Nun zerkrümeln sie mit den Mundwerkzeugen den Pollen und transportieren ihn mit blitzschnellen Bewegungen der beiden Vorderbeine zum Brustkorb hin. Man sieht jetzt große Flocken zusammenhängender Pollenmassen an der Unterseite des Brustkorbes hängen. Bis zu 40mal hintereinander schaufelt die kleine Gallwespe so den Pollen aus den Staubbeuteln in die Nähe der Pollentaschen.

Nun erst füllt die Gallwespe die beiden Pollentaschen. Dazu besitzt sie am Hüftglied jedes Vorderbeins ein kleines Pollenkörbchen mit einem Kamm aus langen Borsten. Das winzige Insekt steht jetzt nur auf den Mittel- und Hinterbeinen, die Vorderbeine mit den Pollenkörbchen preßt es fest an den Brustkorb. Dabei streckt es den Nacken nach unten und wölbt den Rücken. Nun bewegt die kleine Gallwespe die Hüftglieder der Vorderbeine von vorn nach hinten, so kämmt sie die am Brustkorb hängenden Pollenkörner zuerst in die Körbchen und dann in die Pollentaschen. Mehrmals hintereinander wiederholt das Tier diese schaufelnden Bewegungen. Wenn die Pollentaschen noch nicht ganz gefüllt sind, krabbelt die Gallwespe zu einer anderen männlichen Blüte und belädt sich noch einmal mit Pollen. Das Beladen der beiden Pollentaschen dauert mehrere Minuten. Die Tiere sind dabei so beschäftigt, daß sie sich auch durch starke Beleuchtung und ein Mikroskop nicht stören lassen. Da die Einzelbewegungen sehr rasch ablaufen und die Pollentaschen winzig klein sind, bedurfte es ausdauernder und genauer Beobachtung, ehe Galil dieses Beladen ganz geklärt hatte.

Wie die Pollenkörner in die fast völlig geschlossenen Pollentaschen hineingelangen, ist noch unklar. Es scheint eine Art Schnappmechanismus vorhanden zu sein, der bei leichtem Druck diese Taschen öffnet und schließt. Galil hat abgetötete Tiere auf einem Objektträger festgeklebt und diesen Schnappmechanismus unter dem Mikroskop untersucht. Er hat die Pollentaschen künstlich beladen und sie mit Kartoffelstärke, Farnsporen und kleinen Eisenkügelchen gefüllt. Zuerst hat er diese kleinen Teilchen zwischen die Vorderbeine am Brustkorb gebracht. Dann hat er eine feine Nadel von vorn nach hinten geführt und dabei ganz leicht auf den Brustkorb gedrückt. Er hat also versucht, die Schaufelbewegungen der Vorderbeine nachzuahmen. So füllten sich die Pollentaschen mit den kleinen Partikeln, und Galil konnte auch genau untersuchen, wieviel Pollenkörner in diese kleinen Behälter hineinpassen.

Nun war eigentlich nur noch die Frage zu lösen, wie der Pollen wieder aus den Taschen herausgeholt wird, und wie er auf die Narben der Blüten gelangt. Bei Ficus costaricana hat Galil auch diese beiden Vorgänge gut beobachten können. Die Gallwespe holt den Pollen bei der Eiablage wieder aus den Pollentaschen. Das Entladen der Pollentaschen beginnt, wenn der Legestachel noch tief im Griffel sitzt. Plötzlich streckt die Wespe den Nacken und krümmt den Rücken nach oben, dann hebt sie die beiden Vorderbeine. Sie sitzt nun in der gleichen Haltung wie beim Beladen der Pollentaschen über den Narben. Rasch bewegt sie die Hüftglieder an der Unterseite des Brustkorbes entlang. So befördert sie den Pollen aus den Taschen zurück in die Körbchen an den Vorderbeinen. Die Vorderbeine hängen zuerst frei nach unten, dann krümmen sie sich rasch nach oben, so daß die Vordertarsen ▷ bis zu den Pollenkörbchen gelangen. Mit mehreren schnellen Pendelbewegungen der Vorderbeine holt die Gallwespe Blütenstaub aus den Pollenkörbchen, dann streckt sie die Vorderbeine plötzlich und streift mit

Tarsus, Tarsen: Der Fuß eines Insekts, der in ein bis fünf Segmente gegliedert sein kann.

raschen Bewegungen über die bewimperten Narben der weiblichen Blüten. Jedesmal wenn ein Ei gelegt ist, werden so einige Pollenkörner aus den Taschen in die Körbchen transportiert und dann mit den Vorderbeinen über die Narben verteilt. So bestäubt die kleine Feigengallwespe fein säuberlich die vielen Blüten einer Feige.

Ein empfindliches Gleichgewicht

Feigen ohne Gallwespen werden nicht bestäubt und sind daher unfruchtbar. Die Feige ist also bei ihrer Fortpflanzung ganz auf die Gallwespe angewiesen. Wenn sich aber die Feigen nicht mehr fortpflanzen, ist auch die Gallwespe zum Aussterben verurteilt. Die Bestäubung der Feigenblüten, und damit die Fortpflanzung der Feigen, ist deshalb auch von lebenswichtigem Interesse für die Gallwespe. Die Entwicklung der Insekten und der Feigen ist völlig voneinander abhängig, nur wenn beide sich fortpflanzen, ist das Überleben für beide gesichert. Die beiden Lebewesen können nur miteinander existieren. Man sagt: sie leben in einer Symbiose ▷.

Symbiose: Lebensgemeinschaft, aus der beide Partner Nutzen ziehen.

Nur wenn zwischen beiden Partnern ein *ausgewogenes Gleichgewicht* herrscht, kann diese Lebensgemeinschaft erfolgreich sein. Keiner der Partner darf auf Kosten des anderen das Übergewicht bekommen. Wir können diesen Gleichgewichtszustand am besten an dem Verhältnis von Gallenblüten und Samenblüten in einer Feige erkennen. Denn nur wenn beide Lebewesen sich im *richtigen Zahlenverhältnis fortpflanzen,* ist das Weiterbestehen der Lebensgemeinschaft sichergestellt. Welche Faktoren bestimmen dieses Gleichgewicht der beiden Partner?

Der Lebensraum innerhalb einer Feige ist begrenzt, es kann sich deshalb in diesem abgeschlossenen Raum ein Partner immer nur auf Kosten des anderen vermehren. Wenn die Gallwespe in eine Blüte ein Ei abgelegt hat, entsteht aus der Samenanlage kein Feigensamen mehr, sondern eine kleine Gallwespe. Die Nachkommen der Gallwespe verdrängen also die Nachkommen der Feige. Fast das ganze Jahr hindurch sind die Gallwespen in großer Zahl vorhanden und es gibt kaum Feigen, die nicht von ihnen bewohnt sind. Es besteht also die Gefahr, daß so viele Gallwespen in die Blütenstände eindringen und ihre Eier ablegen, daß alle Blüten zu Gallenblüten umgewandelt werden. Die Entwicklung der langgriffeligen Blüten, deren Samenanlagen vom Legestachel der Gallwespen nicht erreicht werden, ist deshalb für das Überleben der Feigen entscheidend. Man kann darin eine Art »Verteidigungs-Reaktion« sehen, mit der sich Feigen gegen die Eindringlinge schützen. Galil hat die Abhängigkeit des Gleichgewichts der Lebensgemeinschaft von der Länge des Griffels der Blüten und der Länge des Legestachels der Gallwespen untersucht.

Er hat mit Gallwespen, deren Legestachel unterschiedlich lang waren, experimentiert. Bei frisch geschlüpften Weibchen von Ceratosolen arabicus verkürzte er den Legestachel, indem er ihn dicht am Hinterleibsende mit einer scharfen Rasierklinge abschnitt. Bei diesen Gallwespen war der Legestachel 0,2–0,3 mm lang. Die normalen Weibchen von Ceratosolen arabicus besitzen Legestachel von 0,8–0,9 mm Länge. Als weitere Versuchsobjekte nahm er Weibchen der Gallwespe Sycophaga sycomori mit einem Legestachel von 1,7–2,0 mm Länge. Diese drei Arten von Weibchen hat er getrennt in Gläsern mit jungen Blütenständen zusammengebracht. So konnten die Blütenstände jeweils nur von einer der drei Arten besiedelt werden. Das Ergebnis dieses Experiments zeigt uns ganz deutlich die Abhängigkeit des Gleichgewichts von der Länge des Legestachels ▷.

Abbildung auf Seite 132.

Bei der Gallwespe Sycophaga sycomori ist der Legestachel so lang, daß er auch in den langgriffeligen Blüten die Samenanlagen erreichen kann. Fast alle Blüten der Feige entwickeln sich also zu Gallen-

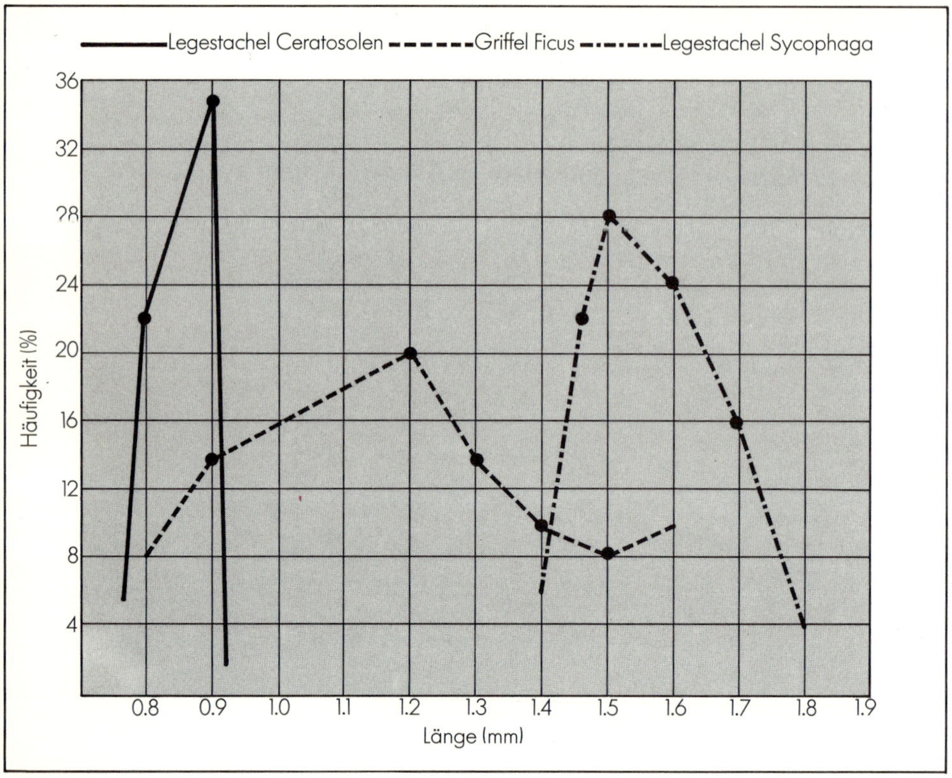

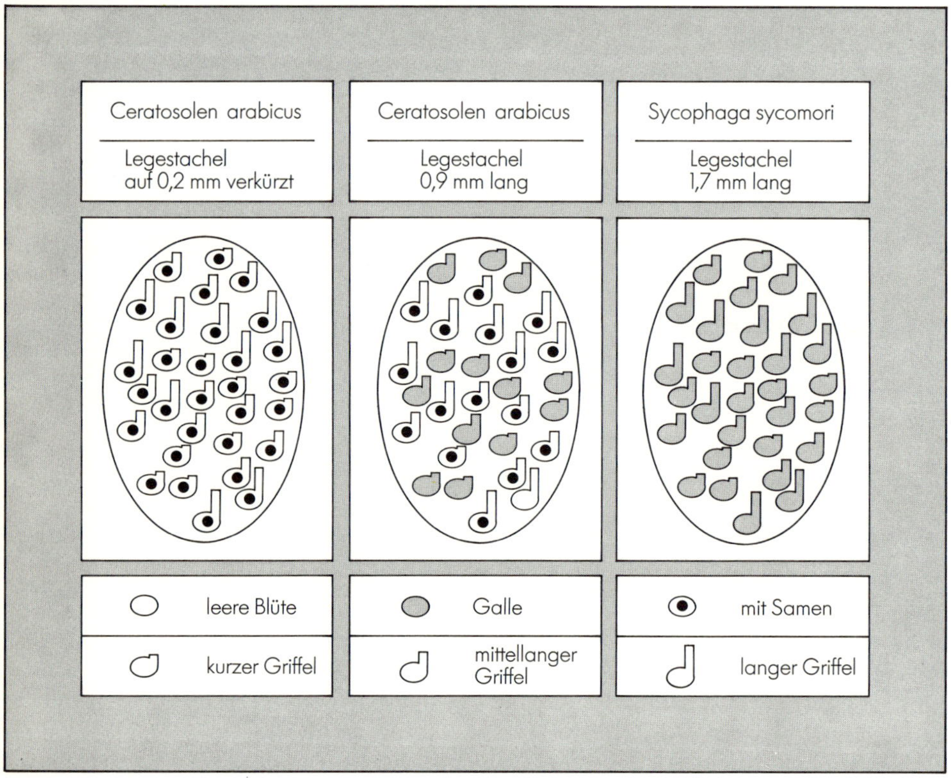

□ **Oben: Verteilung der Griffellänge bei weiblichen Blüten der Sykomore und Länge des Legebohrers bei den Feigengallwespen Ceratosolen und Sycophaga. Unten: Abhängigkeit der Entstehung von Gallenblüten und Feigensamen von der Länge des Legebohrers der bestäubenden Gallwespen.**

blüten. Hier hat die Gallwespe das Übergewicht, der Gleichgewichtszustand zwischen Feige und Gallwespe ist *zugunsten der Gallwespe* gestört.
Die Weibchen von Ceratosolen arabicus mit dem verkürzten Legestachel verhielten sich in den Blütenständen ganz normal. Sie führten den Stumpf des Legestachels in den Griffel ein. Da der Legestachel auch bei den kurzgriffeligen Blüten die Samenanlage nicht erreichte, konnten sie aber keine Eier ablegen. Bei dem Versuch, Eier abzulegen, bestäubten die Tiere die Blüten, und so entstanden in diesen Feigen aus fast allen Blüten Samen. Hier ist das Gleichgewicht *zugunsten der Feige* verschoben.
Nur in den von normalen Ceratosolen arabicus bewohnten Feigen entwickelten sich zugleich Gallenblüten und Samenblüten. Kennzeichnend für den Symbiosepartner einer Feige ist, daß die Länge des Legestachels zwischen der Länge des Griffels der kurz- und langgriffeligen Blüten liegt. Nur wenn der Legestachel kürzer ist als der Griffel der langgriffeligen Blüten, bleiben genügend Blüten für die Entwicklung der Feigensamen übrig. Das Gleichgewicht der Entwicklungsmöglichkeit von Gallwespen und Samen ist *ausgewogen.*
Wie in der Natur das Gleichgewicht bei den Eselsfeigen wirklich eingestellt wird, wissen wir noch nicht genau, da in einer Feige ja bis zu sechs verschiedene Gallwespenarten zusammenleben, die in Anzahl und Länge des Legestachels sehr verschieden sind. Aber wir können aus den Experimenten schließen, daß das Verhältnis von kurz- und langgriffeligen Blüten in einer Feige und die Anteile, in denen Gallwespen mit unterschiedlich langem Legestachel die Feige bewohnen, das Verhältnis von Gallenblüten und Samenblüten und damit auch das Verhältnis der Nachkommen der beiden Symbiosepartner bestimmen.
Ein weiterer wichtiger Faktor bei der Einstellung des oben beschriebenen Gleichgewichts ist das *Zahlenverhältnis der beiden Geschlechter* der Partner. Dieses Zahlenverhältnis ist bei Tieren und Pflanzen nicht zufällig, es spiegelt die mit der Fortpflanzung zusammenhängenden Aufgaben wider. Da nur das weibliche Geschlecht neue Lebewesen hervorbringt, ist es für eine Art zweckmäßig, nur so viele Männchen zu haben, wie unbedingt nötig sind. Bei der Symbiose von Feigen und Gallwespen gilt das für beide Partner.
Innerhalb des begrenzten Raumes einer Feige ist die Anzahl von weiblichen Blüten und männlichen Blüten voneinander abhängig. Es stehen um so mehr weibliche Blüten für die Erzeugung von Nachkommen der Feigen und Gallwespen zur Verfügung, je weniger männliche Blüten gebraucht werden. Wenn man die Anzahl der männlichen Blüten in einer Feige zählt, sieht man, daß sie bei den einzelnen Feigenarten sehr verschieden sein kann. Vergleicht man die Anzahl der männlichen Blüten mit der Ausrüstung der dazugehörigen Gallwespen ▷, so wird eine deutliche Abhängigkeit sichtbar: je besser die Gallwespe für die Pollenübertragung ausgerüstet ist, um so weniger männliche Blüten werden gebraucht. Um so mehr Platz ist dann in der Feige für die weiblichen Blüten und damit auch für die Nachkommen von Gallwespen und Feigen. Auch hier sehen wir, daß eine möglichst effektive Pollenübertragung für die Gallwespe von Nutzen ist.

Vergleiche die Tabelle auf Seite 134.

Das Zahlenverhältnis der Geschlechter bei den Gallwespen ist ebenfalls wichtig für das Gleichgewicht der Symbiosepartner. Es können um so mehr weibliche Tiere aus einer Feige ausschwärmen, je weniger männliche Tiere in den Gallenblüten heranwachsen. Um in der nächsten Generation recht viele Nachkommen zu erzeugen, ist es daher zweckmäßig, wenn möglichst wenig Männchen entstehen. Je nach den Aufgaben, die diese Männchen zu erfüllen haben, ist ihre Anzahl bei den verschiedenen Feigenarten unterschiedlich ▷.

Vergleiche die Tabelle auf Seite 134.

Bei der echten Feige, Ficus carica, müssen die Männchen keine besondere Ausschlupföffnung schaffen. Die Schuppen des Ostiolums stehen hier so weit auseinander, daß die Weibchen ohne Hilfe der Männchen ausschlüpfen können. Die einzige Aufgabe der Männchen von Blastophaga psenes ist es daher, die Weibchen in den Gallenblüten zu begatten. Die Zahl der Männchen ist bei dieser Gallwespenart sehr niedrig. Da die Weibchen nicht von selbst aus den Gallenblüten ausschlüpfen und die Feigen verlassen, ist auch bei einer geringen Anzahl von Männchen sichergestellt, daß alle Weibchen begattet werden. Es gibt aber in der echten Feige auch Gallwespen, bei denen die Weibchen die Gallenblüten selbständig öffnen und ausschlüpfen. Bei der parasitischen Gallwespe Psilotrypesis caricae findet die Begattung außerhalb der Gallenblüten im Blütenstandsbecher statt. Bei solchen Gallwespen muß die Anzahl der Männchen höher sein, damit keine unbegatteten Weibchen die Feige verlassen.

Bei der Eselsfeige, Ficus sycomorus, und dem Pipalbaum, Ficus religiosa ▷, müssen die Männchen der Gallwespen nach der Begattung der Weibchen noch gemeinsam eine Öffnung durch die Feigenwand schaffen. Bei beiden Feigen werden die Weibchen in den Gallenblüten begattet. Es wäre also eine ähnlich geringe Anzahl von Männchen wie bei der echten Feige ausreichend. Für die zusätzliche Aufgabe, die Feige zu öffnen, werden aber zusätzliche Männchen benötigt. Nur wenn genügend Männchen in der Feige sind, gelingt es, die Feige zu öffnen. Entsprechend dieser zusätzlichen Aufgabe ist die Anzahl der Männchen bei Ceratosolen arabicus und Blastophaga quadriceps höher als bei der Gallwespe der echten Feige.

Wir finden also bei der Lebensgemeinschaft von Feigen und Gallwespen ein ausgewogenes Gleichgewicht der beiden Partner. Der Blütenstandsbecher mit seiner Öffnung, die Anzahl von männlichen und weiblichen Blüten in einer Feige, das Verhältnis von kurz- und langgriffeligen Blüten, das Verhältnis von Männchen und Weibchen bei den Gallwespen

Erklärung auf Seite 135.

Verschluß der Röhrchen	zusätzliche Behandlung	Kohlendioxid-Konzentration in %	Verhalten der Weibchen
Gummistopfen	—	11	nicht geschlüpft
Wattestopfen	—	0,4	geschlüpft
Gummistopfen	NaOH	0,05	geschlüpft

Wirkung der CO_2-Konzentration auf das Ausschlüpfen der Gallwespenweibchen.

Gallwespe	Feigenbaum	Anzahl männlicher Blüten
Gallwespen ohne besondere Pollenbehälter:		
Blastophaga clavigera	*F. elastica*	100
Blastophaga javana	*F. hirta*	170
Blastophaga psenes	*F. carica*	200
Gallwespen mit Pollenbehältern:		
Ceratosolen arabicus	*F. sycomorus*	60
Blastophaga estherae	*F. costaricana*	40
Blastophaga quadriceps	*F. religiosa*	20
Ceratosolen hewittii	*F. fistulosus*	20

Ausstattung der Gallwespen mit Pollenbehältern und Anzahl männlicher Blüten in einem Blütenstand.

Feigenbaum	Gallwespe	Anzahl Männchen:Weibchen
Ficus carica	*Blastophaga psenes*	10:100
	Philotrypesis carica	60:100
Ficus sycomorus	*Ceratosolen arabicus*	36:100
Ficus religiosa	*Blastophaga quadriceps*	40:100

Verhältnis Männchen : Weibchen bei den verschiedenen Gallwespen.

und die Anteile der vielen verschiedenen Gallwespenarten in einer Feige mit ihrem unterschiedlich langen Legestachel sind für dieses Gleichgewicht bestimmend. Es ist wirklich ein kompliziertes Gleichgewicht. Nur wenn die vielen Wechselbeziehungen stimmen, entwickeln sich die Feigen normal und bringen schließlich in einem ausgewogenen Zahlenverhältnis eine neue Generation von Gallwespen und Feigen hervor. So wie bei einem Lebewesen die verschiedenen Organe in ihrer Tätigkeit aufeinander abgestimmt sein müssen, so sind es hier die beiden Partner mit ihren vielfältigen Wechselbeziehungen.

Wer synchronisiert die beiden Partner?

Damit die Symbiose bei den Feigenbäumen funktioniert, muß die Entwicklung der beiden beteiligten Lebewesen, der Feigen und der Gallwespen, im *zeitlichen Ablauf* gut übereinstimmen, sie muß synchronisiert werden ▷.

Reifen die Feigen zu früh und fallen sie bereits vom Baum, wenn die Gallwespen noch im Larvenstadium sind, dann gehen die Insekten zugrunde. Reifen andererseits die Feigen nicht rechtzeitig, dann sind sie, wenn die Insekten aus den Gallenblüten ausschlüpfen, noch grün und hart. Die Gallwespen sind dann in der Feige eingeschlossen und gehen ebenfalls zugrunde. Nur wenn die Entwicklung der Feigen und Gallwespen genau synchron verläuft, wenn beide Lebewesen in ihren Entwicklungsstadien genau übereinstimmen, ist die Symbiose erfolgreich. Diese Synchronisation muß anpassungsfähig sein, da sich die Außenbedingungen ändern können. Wenn beispielsweise ein besonders warmer oder ein besonders kalter Sommer herrscht, muß diese Synchronisation von Feige und Gallwespe auch funktionieren. Wie wird sie gesteuert?

Eigentlich können wir uns gar nicht vorstellen, wie diese Synchronisation erfolgen soll. Wie soll sich ein Tier und eine Pflanze »verständigen«, zwei so völlig verschiedene Lebewesen? Galil konnte dies nicht bei der Sykomore studieren, da die bestäubende Gallwespe, Ceratosolen arabicus, in Israel nicht vorkommt. Er hat das Problem der zeitlichen Koordination an einer anderen Feige, dem Pipalbaum, Ficus religiosa ▷, untersucht. Dieser Baum wird in Israel regelmäßig von der Gallwespe Blastphaga quadriceps bewohnt und bestäubt. Die Entwicklung der Feigen und der Gallwespen ist ganz ähnlich wie die bei den Sykomoren. Mit einer zufälligen Beobachtung fand Galil den Schlüssel zur Lösung der Frage nach der Synchronisation.

Für Bestäubungsexperimente wollte Galil eine größere Anzahl Weibchen von Blastophaga quadriceps fangen. Er legte daher reifende Feigen in ein Glasröhrchen und verschloß es mit einem Gummistopfen, damit die ausschlüpfenden Weibchen nicht wegfliegen konnten. Dieses Experiment war nicht erfolgreich: die Weibchen blieben in den Feigen! Überrascht vom Mißerfolg des Versuchs schnitt Galil diese Feigen auf. Alle Gallenblüten waren geöffnet, die Weibchen waren also begattet, aber sie saßen reglos in den Gallenblüten. Kein einziges war ausgeschlüpft. Was war passiert? Warum kamen diese Weibchen nicht aus den Gallenblüten heraus?

In einem weiteren Versuch verschloß Galil die Röhrchen statt mit Gummistopfen mit Stopfen aus Watte. In diesen mit Wattestopfen verschlossenen Glasröhrchen fand er am nächsten Tag eine große Zahl ausgeschlüpfter Weibchen. Warum ging es jetzt? Welcher Unterschied bestand zwischen den beiden Experimenten? Eigentlich nur die Eigenschaften der Stopfen: Wattestopfen sind luftdurchlässig, Gummistopfen nicht. Offensichtlich schlüpfen die Weibchen der Gallwespen nur dann, wenn die Luft in den Röhrchen mit der Außenluft in Verbindung steht.

Wenn die Feigen zu reifen beginnen, erhöht sich ihre Atmung. Eine solche ver-

Ficus religiosa: Dieser in Indien heimische Feigenbaum ist sowohl den Hindus als auch den Buddhisten heilig.

In Band 1 »Partnersuche und Ehen im Tierreich« werden im Kapitel »Woher wissen sie, wann Paarungszeit ist« weitere Beispiele für Synchronisation besprochen. Vergleiche insbesondere den Kanarienvogel Seite 101f.

stärkte Atmungsaktivität ist für alle Früchte ein Zeichen beginnender Reife. Schließt man nun, wie Galil, solche stark atmenden Feigen luftdicht in kleine Glasröhrchen ein, so ändert sich die Zusammensetzung der Luft in den Röhrchen rasch. Die atmenden Feigen nehmen Sauerstoff auf und geben Kohlendioxid, CO_2, ab. Galil hat den CO_2-Gehalt in den Röhrchen gemessen, er steigt in kurzer Zeit von 0,03 % auf 5—7 % an. Die CO_2-Konzentration in den dicht verschlossenen Röhrchen liegt also um das 200fache über dem Normalwert der Luft. Werden die Weibchen durch diese hohe CO_2-Konzentration in den Röhrchen am Ausschlüpfen gehindert?

Galil machte drei Versuchsreihen: Er steckte die Feigen in Röhrchen mit Wattestopfen, in Röhrchen mit Gummistopfen und in Röhrchen mit Gummistopfen, die zusätzlich etwas Natronlauge ▷ enthielten. Sowohl in den mit Wattestopfen verschlossenen als auch in den mit Gummistopfen verschlossenen Röhrchen, die zusätzlich etwas Natronlauge enthielten, waren am nächsten Tag viele Gallwespenweibchen ausgeschlüpft ▷. Die Gallwespenweibchen reagieren offenbar empfindlich auf die CO_2-Konzentration der sie umgebenden Luft.

Um den Einfluß der CO_2-Konzentration auf das Verhalten der Gallwespen besser beobachten zu können, baute sich Galil eine gasdichte Beobachtungskammer. In dieser Kammer konnte er beliebige Gaskonzentrationen mischen und die Reaktionen der Gallwespen auf diese Gasmischungen unter dem Mikroskop beobachten.

Zuerst untersuchte er das Verhalten der Gallwespen bei hohen CO_2-Konzentrationen von etwa 10 %. Die Gallwespenmännchen verhalten sich bei dieser hohen CO_2-Konzentration ganz normal. Sie suchen die Gallenblüten mit den Weibchen, beißen ein Loch in die Wand und begatten die eingeschlossenen Weibchen. Die Weibchen verlassen danach nicht die Gallenblüten. Reglos bleiben sie in den angebohrten Gallenblüten sitzen. Die *Gallwespenweibchen werden durch die hohe CO_2-Konzentration gehemmt.* Erst wenn man die CO_2-Konzentration in der Beobachtungskammer unter 2 % senkt, verhalten sich die Weibchen normal. Dann erweitern sie die kleine Öffnung in der Wand der Gallenblüte und schlüpfen heraus. Die Gallwespenweibchen werden also durch die niedrige CO_2-Konzentration aktiviert. Auch die Männchen reagieren auf die Veränderung der CO_2-Konzentration, aber gerade umgekehrt wie die Weibchen.

Stellt man zu Beginn des Vesuchs in der Kammer eine niedrige CO_2-Konzentration von unter 2 % ein, dann bewegen sich die Männchen auffallend langsam und ziellos. Sie beißen keine Löcher in die Wand der Gallenblüten und begatten daher die Weibchen auch nicht. Sie sind wie gelähmt. Die *Gallwespenmännchen werden von der niedrigen CO_2-Konzentration gehemmt.* Die bei dieser Konzentration aktiven Weibchen beginnen von sich aus, die Gallenblüten zu öffnen und herauszuschlüpfen, obwohl sie noch nicht begattet worden sind. Erhöht man die CO_2-Konzentration nun auf 10 %, dann ändert sich das Verhalten der Tiere völlig. Nun werden die Weibchen gehemmt, während sich die Männchen normal verhalten und die Gallenblüten öffnen und die Weibchen begatten.

Diese Versuche zeigen also, daß die Männchen und Weibchen der Feigengallwespe Blastophaga quadriceps auf die CO_2-Konzentration der sie umgebenden Luft völlig verschieden reagieren. Die Geschlechter unterscheiden sich also nicht nur im Körperbau und im Verhaltensmuster, sondern auch in ihrer Reaktion auf die CO_2-Konzentration der Luft. Sie sind in ihrer Tätigkeit an völlig verschiedene Gaszusammensetzungen angepaßt.

Natronlauge absorbiert Kohlendioxid und verringert dadurch die CO_2-Konzentration in den Röhrchen.

Vergleiche die Tabelle auf Seite 134.

Frische Luft läßt Feigen reifen

Als nächstes untersuchte Galil die Gaszusammensetzung im Innern der Feigen. Er wollte wissen, welche CO_2-Konzentration normalerweise in einer Feige herrscht. Er entnahm dem Innern der Feigen mit einer Injektionsspritze kleine Proben von Luft und brachte diese Luftproben in einen Gaschromatographen ▷. Mit diesem Gerät konnte er die CO_2-Konzentration der Luftproben messen und gleichzeitig den Anteil eines weiteren, für die Reifung der Früchte wichtigen Gases, des Äthylens ▷, bestimmen. Diese Messungen zeigten, daß sich die Gaszusammensetzung im Innern einer reifenden Feige tatsächlich in ganz kurzer Zeit ändert. Bei Ficus religiosa dauert das männliche Blühstadium, in dem die Gallwespen aus den Gallblüten schlüpfen, sich mit Pollen beladen und die Feige verlassen, etwa 24 Stunden. Diese entscheidenden 24 Stunden hat Galil genau untersucht, das Ergebnis ist in der Grafik ▷ zusammengefaßt. Etwa 48 Stunden, bevor dieses männliche Blühstadium erreicht wird, erhöht sich die Äthylenerzeugung und die Atmung in den noch harten und grünen Feigen. Die Konzentrationen beider Gase steigen an, und die CO_2-Konzentration erreicht rasch Werte von über 3 %. Wenn also das männliche Blühstadium erreicht ist, herrscht in den nun am oberen Ende weich werdenden Feigen eine hohe CO_2-Konzentration von über 5 %. Bei dieser Konzentration fühlen sich die jetzt ausschlüpfenden Männchen wohl, sie sind voll aktiv. Die Weibchen sind dagegen gehemmt, sie bleiben in den Gallenblüten, die sie bei niedrigeren CO_2-Konzentrationen von selbst öffnen würden, um auszuschlüpfen. Wie wir wissen, können die Männchen aber nur die eingeschlossenen Weibchen begatten, die hohe CO_2-Konzentration synchronisiert also hier das Verhalten der beiden Geschlechter, so daß das Zusammenspiel ablaufen kann.

Wenn alle Weibchen begattet worden sind, versammeln sich die Männchen am oberen Ende des Blütenstandes, wo die Wand bei der beginnenden Reife der Feige inzwischen recht weich geworden ist, und nagen einen Ausgangstunnel durch die Wand. Jetzt ist eine Verbindung von innen nach außen hergestellt, und die Gaszusammensetzung in der Feige ändert sich rasch. In ganz kurzer Zeit sinkt die CO_2-Konzentration im Innern der Feige unter 1 % ab.

Diese niedrige CO_2-Konzentration hemmt die Männchen, während nun die Weibchen aktiv werden. Sie erweitern die Öffnungen an den Gallenblüten, schlüpfen heraus, beladen sich an den männlichen Blüten im oberen Teil der Feige mit Pollen und verlassen die Feige. Dies geschieht immer bei Nacht. Wie finden die Weibchen den Weg aus der ebenfalls dunklen Feige? Galil entdeckte, daß die Gallwespenweibchen ihren Weg zur Tunnelöff-

Erklärung auf der Seite 53.

Äthylen: Ein hochwirksames Gas ($H_2C=CH_2$). Ein für die Entwicklung der höheren Pflanzen wichtiges Pflanzenhormon, das bei der Fruchtreife von großer Bedeutung ist.

Vergleiche die Abbildung auf dieser Seite unten.

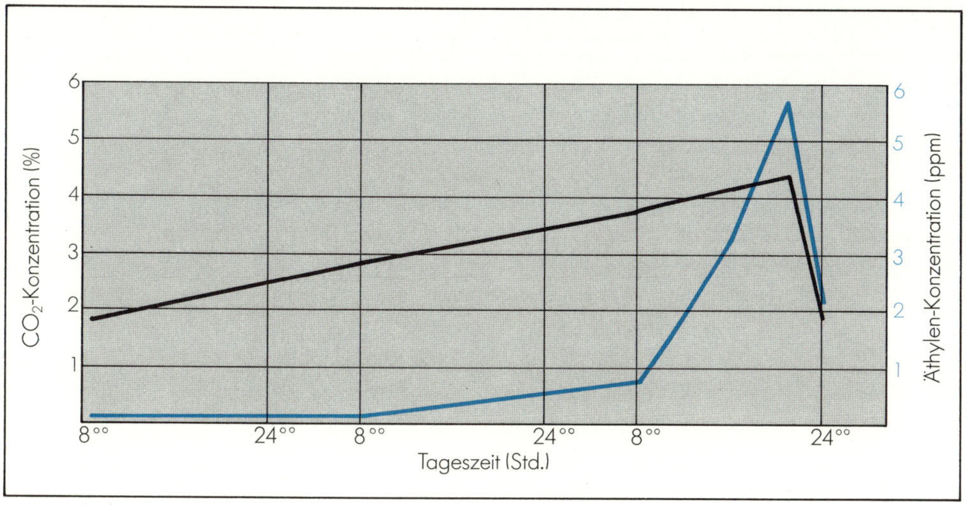

□ Kohlendioxid- und Äthylenkonzentration im Innern reifender »Früchte« von Ficus religiosa.

nung und hinaus ins Freie entlang der abnehmenden CO_2-Konzentration finden. Wie die Änderung der Konzentration von Duftmolekülen in der Luft bestimmten Insekten den Weg zu den Blüten zeigt ▷, so leitet die Änderung der CO_2-Konzentration die Weibchen aus dem Innern der Feige.

Die Änderung der CO_2-Konzentration hat auch einen großen Einfluß auf die Reifung der Feigen. Nach dem Ausschlüpfen der Weibchen nehmen die Feigen rasch an Größe zu, sie verfärben sich violett und werden weich und saftig. Bringt man Feigen nach dem Ausschlüpfen der Gallwespenweibchen in Glasröhrchen und hält man so die CO_2-Konzentration im Innern der Feigen künstlich hoch, so bleiben die Feigen grün und hart, sie reifen nicht. Das rasche Absinken der CO_2-Konzentration in den Feigen löst also die letzte Reifungsphase der Feigen aus. Insofern hatte Plinius mit seiner Ansicht völlig recht, daß durch die Tätigkeit der kleinen Insekten frische Luft in die Feigen gelangt und die Reife beschleunigt. Das tritt auch ein, wenn man sie, wie in Ägypten üblich, mit dem Messer einschneidet.

Schneidet man weibliche Blütenstände im weiblichen Blühstadium mit dem Messer an, dann steigt die Äthylenproduktion rasch auf sehr hohe Werte an, und die CO_2-Konzentration in den Blütenständen sinkt ab. Solche Feigen reifen in wenigen Tagen, werden rasch dick, süß und saftig. So kann man auch von den Sykomoren eßbare Früchte ernten.

In Ägypten hat man die Sykomore schon vor 5000 Jahren gekannt. Die Ägypter schätzten den Baum als wohltuenden Schattenspender. Sie galten den Ägyptern als heilige Bäume. In den Gräbern der Pharaonen fand man Zweige, die so gut erhalten sind, daß man die Sykomoren der Pharaonen heute, nach vielen tausend Jahren, noch so genau untersuchen kann wie frisches Material. Die ägyptische Kultur war damals weitgehend vom Holz der Sykomore abhängig, es gab kein anderes gleichwertiges Holz im Lande. Obwohl die Früchte im Vergleich zu den echten Feigen uns nicht gerade wohlschmeckend erscheinen, waren sie damals geschätzte Speisefrüchte.

Läßt man die Eselsfeigen am Baum reifen, so sind sie dicht gefüllt mit leeren Gallenblüten und winzigen Insekten, sie sind ungenießbar! Um eßbare Früchte mit möglichst wenig Insekten zu bekommen, haben die Ägypter das Verfahren erfunden, Früchte anzuschneiden, bevor sie von den Gallwespen besiedelt werden.

Wie sich Insekten entlang eines Gefälles der Duftkonzentration orientieren, vergleiche Seite 56.

Bei der echten Feige, Ficus carica, ist das nicht notwendig. Hier hat der Mensch Blütenstände gezüchtet, die lauter langgriffelige Blüten enthalten. Diese Blütenstände werden von der Gallwespe Blastophaga psenes regelmäßig bestäubt, sie enthalten aber, wenn sie reif sind, keine Insekten und keine Gallblüten, da die Gallwespen in den langgriffeligen Blüten keine Eier ablegen können. Ficus carica ist eine richtige Kulturpflanze. Bei ihr nutzt der Mensch die Eigenschaften der Gallwespen, den Pollen zu übertragen, aus, gibt der Gallwespe aber keine Möglichkeit, sich in den Früchten, die geerntet werden sollen, zu vermehren. Die Gallwespe der echten Feige legt ihre Eier in die sogenannten Bocksfeigen, welche die männlichen Blüten und die kurzgriffeligen Blüten enthalten.

Die für den Erfolg der Lebensgemeinschaft wichtige Synchronisation der Entwicklung der Feigensamen und der Gallwespen wird also über die Gaszusammensetzung im Innern der Feige gesteuert. Von entscheidendem Einfluß ist dabei die CO_2-Konzentration. Nachdem wir eine Fülle von Anpassungen im Bau und Verhalten der Gallwespen kennengelernt haben, erfahren wir nun, daß rasche Änderungen der Außenbedingungen in der Wohnhöhle der Feigeninsekten auftreten und nacheinander die verschiedenen Tätigkeiten der Insekten auslösen. Man kann diese Wechselbeziehungen zwischen der Feige und der Gallwespe in Art eines »Schlüsselreiz«-Schemas zu-

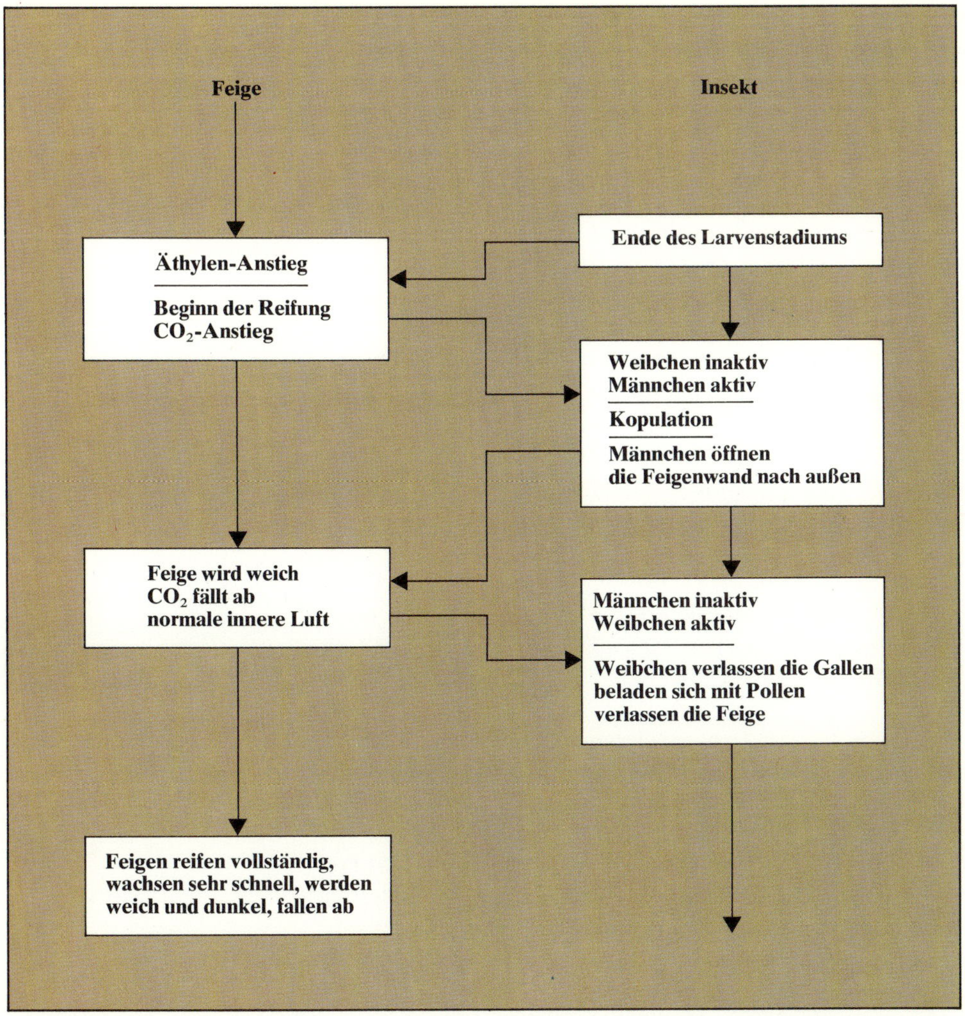

□ Synchronisation der Entwicklung von Ficus religiosa und dem Verhaltensmuster von Männchen und Weibchen der Gallwespe Blastophaga quadriceps.

sammenfassen. Ähnlich wie bei den Ragwurz-Arten läuft hier das *Reiz-Reaktions-Spiel* nicht zwischen Lebewesen der gleichen Art ab, sondern zwischen einer Pflanze und einem Tier. In dieser Zusammenfassung sehen wir deutlich, wie eng verknüpft das Leben dieser in Symbiose lebenden Organismen ist.

Die gegenseitige Abhängigkeit der Feigen und der Feigengallwespen ist ein einzigartiges Beispiel für eine Bestäubungs-Symbiose. Durch die außergewöhnliche Spezialisierung der beiden Partner ist eine absolute gegenseitige Abhängigkeit entstanden. Wie konnte eine so komplizierte gegenseitige Abhängigkeit entstehen?

Aus einer lockeren Beziehung zwischen einem Insekt und einer Pflanze, die ursprünglich nur die Brutpflege und die Pollenübertragung sichern sollte, hat sich eine enge Lebensgemeinschaft entwickelt. Man kennt Feigen bereits aus der Kreidezeit und Feigenwespen aus der Jurazeit ▷. Beide Lebewesen sind also sehr alt. Das hohe Alter der beiden, an dieser Bestäubungs-Symbiose beteiligten Organismen, und die lange Zeit, die also für diese gegenseitige Anpassung zur Verfügung stand, erklärt uns etwas die außerordentliche Kompliziertheit und Präzision der wechselseitigen Beziehungen.

Kreide und Jura sind geologische Zeitabschnitte.

Zum Schluß: Ein Blick zurück

Wir haben uns in den verschiedenen Kapiteln dieses Buches ausführlich mit den Beziehungen beschäftigt, die bei den von Tieren bestäubten Pflanzen zwischen den Blüten und Insekten bestehen.

Die Fliege, die vom Tisch auffliegt, die Blume am Waldesrand, Dinge die uns so selbstverständlich erscheinen, erweisen sich bei genauem Zusehen als hochkomplizierte Systeme ▷. Die technischen Systeme des Menschen, zum Beispiel ein Auto oder ein Flugzeug, sind im Vergleich dazu ganz einfach. Biologische Systeme besitzen die Eigenschaft, sich selbst zu reproduzieren und sich im Laufe der Zeit veränderten Anforderungen anzupassen.

Die Untersuchung von Blüten und Insekten hat Erstaunliches zutage gebracht: Hummeln und Weidenröschen, Prachtbienen und Parfümblumen, Gallwespen und Feigen haben vielfältige wechselseitige Beziehungen. Überrascht stellen wir fest, daß auch in dem spielerischen und scheinbar so zufälligen Miteinander von Blumen und Insekten Lebensbeziehungen verborgen sind, die als nicht weniger hochkomplizierte Systeme ineinandergreifen. Alle diese Anpassungen stehen im Zusammenhang mit der Fortpflanzung der Pflanzen.

Vor allem zwei Erscheinungen standen dabei immer wieder im Mittelpunkt der Betrachtung: Zum einen Einrichtungen, die der Verhütung der Bastardierung dienen, also vor allem die Reproduktion vorhandener Formen sichern. Zum andern Einrichtungen, die die Fremdbestäubung fördern, also zur ständigen Durchmischung des Erbgutes beitragen. Fortpflanzung als Grundeigenschaft aller Lebewesen beinhaltet Erhaltung des Bestehenden und gleichzeitig die Möglichkeit zur Veränderung.

Die hinter diesen Anpassungen verborgenen Zusammenhänge von Vererbung und Evolution können wir hier nicht weiter verfolgen. Grundeinheit für die Evolution ist die Population, die Fortpflanzungsgemeinschaft aller Individuen einer Art. Die deshalb für eine solche Betrachtung notwendigen mathematischen Überlegungen würden den Rahmen sprengen. Wir konnten uns jeweils nur mit den Einzellebewesen beschäftigen. Die aus den einfachen Beobachtungen und Experimenten gewonnenen Kenntnisse über die Beziehungen der Einzellebewesen sollten uns Anlaß zum Nachdenken und, wo möglich, auch zu eigenen Beobachtungen sein.

System: griech. Zusammenstellung; bezeichnet eine gegliedert aufgebaute und sinnvoll zusammenwirkende Einheit.

Weiterführende Literatur

Bei den ausgewählten Beispielen ist jeweils der derzeitige Stand der wissenschaftlichen Forschung dargestellt worden. Dazu mußten umfangreiche, z. T. fremdsprachige Originalveröffentlichungen verwendet werden. Es ist deshalb nicht leicht, »weiterführende« Literatur anzugeben. Es werden daher unter »Allgemeine Literatur« vor allem Bücher genannt, die sich auf breiter Basis mit der Biologie der Blüte beschäftigen.

Allgemeine Literatur:

O. von Kirchner: Blumen und Insekten. Leipzig 1911, Teubner.

F. Knoll: Die Biologie der Blüte. Berlin 1956, Springer.

H. Kugler: Blütenökologie. 2. Aufl. Stuttgart 1970, G. Fischer.

L. Lepper: Blüten, Blumen und Bestäubung. Leipzig 1973, Urania.

M. Proctor and P. Yeo: The Pollination of Flowers. London 1973, Collins.

Literatur zu Kapitel 1:

K. Mägdefrau: Geschichte der Botanik. Kapitel 10; Sexualität, Bestäubung und Befruchtung. Stuttgart 1973, G. Fischer.

W. Nachtigall: Gläserne Schwingen. Aus einer Werkstatt biophysikalischer Forschung. München 1968, Moos.

Literatur zu Kapitel 2:

K. Daumer: Blumenfarben, wie sie die Bienen sehen. Zeitschrift für vergl. Physiologie, Bd. **41**, Seite 49—110. Berlin 1958, Springer.

O. von Helversen: Dressurversuche mit Bienen. Biologie in unserer Zeit. 4. Jahrgang, Nr. 4, Seite 119—124. Weinheim 1974.

K. von Frisch: Aus dem Leben der Bienen. 8. Aufl. Berlin 1969, Springer.

K. von Frisch: Tanzsprache und Orientierung der Bienen. Berlin 1965, Springer.

H. Stern: Bemerkungen über Bienen. Hamburg 1974, Rowohlt.

Literatur zu Kapitel 3:

A. von Aufsess: Geruchliche Nahorientierung der Biene bei entomophilen und ornithophilen Blüten. Zeitschrift für vergl. Physiologie, Bd. **43,** Seite 469—498. Berlin 1960, Springer.

R. Koltermann: Lern- und Vergessensprozesse bei der Honigbiene — aufgezeigt anhand von Duftdressuren. Zeitschrift für vergl. Physiologie, Bd. **63,** Seite 310—334. Berlin 1969.

I. Kriston: Die Bewertung von Duft- und Farbsignalen als Orientierungshilfen an der Futterquelle. Zeitschrift für vergl. Physiologie, Bd. **84,** Seite 77—94. Berlin 1973, Springer.

M. Lindauer und H. Martin: Über die Orientierung der Biene im Duftfeld. Naturwissenschaften, Bd. **50,** Seite 509—514. Berlin 1963, Springer.

St. Vogel: Duftdrüsen im Dienste der Bestäubung. Akademie der Wissenschaften und der Literatur in Mainz. Abhandlungen der Math.-Nat. Klasse, Jahrgang 1962, Nr. 10.

Literatur zu Kapitel 4:

F. Knoll: Insekten und Blumen. IV. Die Arum-Blütenstände und ihre Besucher. Abhandlungen Zool. Bot. Gesellschaft Wien, Bd. **12,** Seite 383—481. Wien 1926.

Literatur zu Kapitel 5:

L. van der Pijl and C. H. Dodson: Orchid Flowers; Their Pollination and Evolution. Coral Gables 1966, Univ. Miami Press.

St. Vogel: Die Bestäubung der Kesselfallen-Blüten von Ceropegia. Beiträge zur Biologie der Pflanzen, Bd. **36,** Seite 159—237. Berlin 1961, Duncker und Humblot.

St. Vogel: Parfümsammelnde Bienen als Bestäuber von Orchidaceen. Österreichische Bot. Zeitschrift, Bd. **113,** Seite 302—361. Wien 1966, Springer.

Literatur zu Kapitel 6:

B. Kullenberg: Studies in Ophrys-Pollination. Zool. Bidrag Uppsala, Bd. **34,** Seite 1—340. Uppsala 1961, Almquist.

Literatur zu Kapitel 7:

Eine zusammenfassende Darstellung gibt es bisher nicht.

Abbildungsnachweis

Abbildung des Einbandes: O. Danesch.

Abbildung Seite 6: H. Pfletschinger; 10: H. Roggen (2 Abbildungen); 11 (links): G. Jurzitza; 12, 13: Nach B. Heinrich; 14: H. Pfletschinger; 18: M. Renner; 19: H. Pfletschinger; 21: M. Renner; 23: Foto-Bavaria; 24: Nach R. Menzel; 25: Nach K. Daumer; 31, 35: H. Pfletschinger; 38, 39: Nach R. Menzel; 42: Nach R. Koltermann; 43, 46, 49: Nach I. Kriston; 51: Nach M. Francis und C. Allcock; 58: Nach H. Martin; 59: Nach Th. Lex; 64: Bavaria; 65: L. Zier; 71 (oben): Nach B. Meeuse; 71 (unten): Nach Ph. Matile; 73: Nach F. Knoll; 75: H. Pfletschinger; 76, 77: Nach F. Knoll; 78 (oben/unten): Nach F. Knoll; 78 (Mitte): Nach Th. Homolka; 92: Nach R. L. Dressler; 95: Nach C. H. Dodson; 97: Nach St. Vogel; 98: Bavaria; 100: Nach R. L. Dressler; 101: M. Renner; 103: Nach St. Vogel; 106: L. Zier; 107: O. Danesch; 108: Nach H. Meusel; 109: Nach B. Kullenberg; 110: U. Costabel; 111: O. Danesch; 113: Nach B. Kullenberg; 115: L. Zier (3 Abbildungen); 120: J. Galil; 121: O. L. Lange; 122: Nach J. Galil; 123: R. Abraham; 124: Nach G. Grandi; 125, 132, 137, 139: Nach J. Galil.

Alle übrigen Fotos vom Autor.

Alle übrigen Grafiken nach Vorlagen des Autors.

Register

Aufgeführt sind Fachausdrücke, Pflanzennamen, Tiernamen und Namen von Wissenschaftlern, auf die im Text Bezug genommen wird.
Zeichenerklärung:
\+ = Abbildung
10f = auf Seite 10 und der folgenden Seite (den folgenden Seiten)
Fettgedruckte Zahlen = auf diesen Seiten findet man den Begriff kurz erklärt oder definiert.